工业和信息化普通高等教育"十三五"规划教材立项项目
21世纪高等学校计算机规划教材

# 大学计算机应用基础教程
## （Windows 10+MS Office 2016）

University Computer Basic Practice
(Windows 10+MS Office 2016)

■ 刘艳慧　主编
■ 高慧 巴钧才　副主编
■ 李娜 王瑾 许得翔 马智峰　参编

人民邮电出版社
北　京

**图书在版编目（CIP）数据**

大学计算机应用基础教程：Windows 10+ MS Office 2016 / 刘艳慧主编. -- 北京：人民邮电出版社，2020.9

21世纪高等学校计算机规划教材

ISBN 978-7-115-54388-2

Ⅰ. ①大… Ⅱ. ①刘… Ⅲ. ①Windows操作系统—高等学校—教材②办公自动化—应用软件—高等学校—教材 Ⅳ. ①TP316.7②TP317.1

中国版本图书馆CIP数据核字(2020)第117913号

## 内 容 提 要

本书根据教育部考试中心制定的《全国计算机等级考试二级 MS Office 高级应用考试大纲（2018年版修订版）》《全国计算机等级考试二级公共基础知识考试大纲（2020 年版）》编写而成。自 2021 年起，二级 MS Office 高级应用软件将升级为 MS Office 2016（中文专业版），本书内容涵盖计算机基础知识、Windows 10 操作系统、Word 2016 文字处理软件、Excel 2016 电子表格软件、PowerPoint 2016 演示文稿软件、网络基础与 Internet 应用、公共基础知识、计算机新技术简介等。本书结合案例进行讲解，以使读者在掌握计算机基础知识的基础上，熟练掌握 MS Office 2016 办公软件的应用方法，了解计算机新技术的发展情况，并能顺利通过全国计算机等级考试二级 MS Office 高级应用考试。

本书既可作为高等院校非计算机专业大学计算机基础课程的教材和计算机等级考试的参考教材，也可作为计算机应用基础课程的培训教材，还是办公室管理人员和计算机爱好者的自学参考书和速查手册。

◆ 主　　编　刘艳慧
　　副 主 编　高　慧　巴钧才
　　责任编辑　李　召
　　责任印制　王　郁　陈　犇
◆ 人民邮电出版社出版发行　　北京市丰台区成寿寺路 11 号
　　邮编　100164　电子邮件　315@ptpress.com.cn
　　网址　https://www.ptpress.com.cn
　　大厂回族自治县聚鑫印刷有限责任公司印刷
◆ 开本：787×1092　1/16
　　印张：17.5　　　　　　　　　2020 年 9 月第 1 版
　　字数：416 千字　　　　　　　2024 年 8 月河北第 13 次印刷

定价：55.00 元

读者服务热线：(010)81055256　印装质量热线：(010)81055316
反盗版热线：(010)81055315
广告经营许可证：京东市监广登字 20170147 号

# 序

  2016 年 1 月，教育部高等学校大学计算机课程教学指导委员会修订出版《大学计算机基础课程教学基本要求》（高等教育出版社），提出以计算思维为导向，把"思维能力"作为培养目标，构建"宽专融"课程体系，鼓励探索多元化教学方案，推动以在线开放课程为代表的教学模式改革，在教学内容、教学方式及学时安排上都进行了较大幅度的调整。同时，明确在学习具体的计算机知识和技能的基础上，通过计算思维能力的引领，提升学生的计算思维能力与创新思维意识。

  教育部高等学校大学计算机课程教学指导委员会于 2019 年 3 月在西安交通大学召开第二次全体会议，会议主题是全方位推进大学计算机课程体系、内容、教材、资源和实践平台建设，指导学生树立计算思维，实现计算机赋能教育。

  为深化教学改革，提高计算机公共基础课程的教学水平，西北师范大学知行学院出台《计算机公共基础课程教学改革实施意见（试行）》，对计算机公共基础课程的课程设置、教学内容、考核方式及管理模式进行了改革。课程设置为"1+$X$"模式，即第一学期开设"计算机应用基础"课程，第二学期开设"计算机应用技术"系列选修课程。"计算机应用基础"课程侧重于 MS Office 办公软件的应用与实践操作，以全国计算机等级考试二级 MS Office 高级应用内容为主，全面贯彻计算思维培养，根据专业特点精心选择教学案例，贴近学生学习、工作、生活，注重对学生操作技能的培养与操作技巧的强化。"计算机应用技术"系列课程实行选修，主要有"Office 高级应用与高效办公""Photoshop 图形图像处理""Flash 二维动画制作""3DMax 动画制作""虚拟现实技术基础""Excel 在财务管理中的应用（经管系开设）""AutoCAD（产品设计专业开设）"等课程，注重对学生实践动手能力的培养，侧重学习成果与作品制作效果。

  本书基于上述背景，紧密联系课程改革需要，面向应用，根据教育部考试中心制定的《全国计算机等级考试二级 MS Office 高级应用考试大纲》，由多名长期担任计算机课程教学工作、实践经验丰富的教师编写而成。本书内容详略适当，章节安排合理，难度适中，具有很强的实用性和可操作性，对学生学习计算机相关知识和准备计算机等级考试很有帮助。

甘肃省计算机教学指导委员会 副主任

西北师范大学教务处 处 长 王治和

2020 年 8 月

# 前　言

2015 年 5 月，教育部高等学校大学计算机课程教学指导委员会《大学计算机基础课程教学基本要求》修订工作会议在中国人民大学召开。会议明确了计算机基础课程"面向应用"的基本定位，提出以计算思维为导向，鼓励探索多元化教学方案，提出构建"宽专融"课程体系，推动以在线开放课程为代表的教学模式改革，进一步强调了知识的学习要为培养学生解决问题的能力服务的基本原则，让学生在理解知识的基础上，掌握和应用知识，从而实现能力和素质的提升。

为深化教学改革，提高计算机公共基础课程的教学水平，经充分调研论证，西北师范大学知行学院决定对计算机公共基础课程的课程设置、教学内容、考核方式及管理模式进行改革。调整改革后，"大学计算机应用基础"课程侧重于 MS Office 办公软件的应用与实践操作，以计算机等级考试二级 MS Office 高级应用内容为主，全程贯穿计算思维培养，根据专业特点精心选择教学案例，贴近学生学习、工作、生活，注重对学生操作技能的培养与操作技巧的强化，把计算思维融入教学内容。

《大学计算机应用基础教程：Windows 7+MS Office 2010》（人民邮电出版社）自 2016 年 8 月出版以来，产生了较好的社会反响。现根据教育部高等学校大学计算机课程教学指导委员会修订出版的《大学计算机基础课程教学基本要求》和计算机等级考试最新大纲，组织从事计算机基础教学工作多年、实践经验丰富的教师修订改版。本书紧扣计算机等级考试最新大纲，图文并茂，教学案例丰富，语言简明扼要、通俗易懂，具有很强的可操作性和实用性。全书共 8 章，内容主要包括计算机基础知识、Windows 10 操作系统、Word 2016 文字处理软件、Excel 2016 电子表格软件、PowerPoint 2016 演示文稿软件、网络基础与 Internet 应用、公共基础知识、计算机新技术简介等。

本书由西北师范大学知行学院刘艳慧主编，刘艳慧负责编写第 4 章、第 7 章、第 8 章、附录及其他章节的部分内容，同时负责大纲拟定、统稿及校对工作。参与本书编写工作的还有高慧、巴钧才、李娜、王瑾、许得翔、马智峰等。王瑾编写第 1 章的内容，李娜编写第 2 章的内容，高慧编写第 3 章和第 5 章的部分内容，巴钧才编写第 5 章部分内容和第 6 章的内容，许得翔、马智峰参与了部分内容的修改、校对工作。本书编写结束后，为求严谨，编者组织校内教师代表、学生代表进行了详细审阅与修改；在此基础上，将书稿呈送多位在其他高校长期负责计算机课程教学的教授、副教授把关，并获得了他们的指导。本书还得到了西北师范大学教务处处长王治和教授、西北师范大学任小康教授，以及西北师范大学知行学院院长孙建安教授、副院长杨晓宏教授的指导与帮助。另外，西北师范大学知行学院的部分同学也参与了本书的校稿工作。在此一并向他们表示感谢！

本书提供配套的案例资源、习题答案及操作题解题步骤，读者可登录 http://www. ryjiaoyu. com.cn 进行下载。

由于编者水平有限，本书难免存在不足之处，欢迎广大读者批评指正。

编者

2020 年 8 月

# 目　　录

# 第1章
# 计算机基础知识

主要知识点

- 计算机的发展、分类及其应用领域。
- 计算机软硬件系统的组成及主要技术指标。
- 计算机中数据的表示与存储。
- 计算机病毒的定义、特点、传播与防范。
- 多媒体技术的概念与应用。
- 计算思维。
- 金山打字通软件介绍。

## 1.1　计算机概述

### 1.1.1　计算机的发展

20 世纪初，电子技术迅猛发展，这为第一台通用电子计算机的诞生奠定了基础。1946 年 2 月 14 日，世界上第一台通用电子计算机 ENIAC（Electronic Numerical Integrator And Calculator）在美国宾夕法尼亚大学研制成功，如图 1-1 所示。这台计算机使用了大约 18 800 个真空管、1500 个继电器、10 000 只电容、70 000 个电阻及其他电子元器件，占地约 170 平方米，重达 30 英吨（1 英吨≈1016 千克），每秒可进行 5000 次加减运算。

ENIAC 的问世是计算机发展史上的一座丰碑，具有划时代的意义，标志着现代计算机时代的到来。现代计算机的发展阶段通常以构成计算机的电子元器件为标准来划分，至今已经历了电子管、晶体管、中小规模集成电路及大规模和超大规模集成电路 4 个发展时代，正在向第五代迈进。计算机发展的 4 个阶段如表 1-1 所示。

#### 1. 第一代：电子管计算机

第一代计算机使用的主要元器件是电子管，主存储器采用磁鼓、磁芯，辅助存储器采用磁带、纸袋、卡片等。第一代计算机体积大、耗电量大、速度慢、可靠性差、成本高、使用不便，仅采用机器语言和汇编语言，主要应用于一些军事和科研部门的科学计算。其代表机型有

IBM650（小型计算机）、IBM709（大型计算机）。

图 1-1　世界上第一台通用电子计算机 ENIAC

表 1-1　计算机发展的 4 个阶段

| 代次 | 起止年份 | 所用电子器件 | 数据处理方式 | 应用领域 |
| --- | --- | --- | --- | --- |
| 第一代 | 1946 年—1958 年 | 电子管 | 汇编语言、代码程序 | 军事及科学研究 |
| 第二代 | 1958 年—1964 年 | 晶体管 | 高级程序设计语言 | 数据处理、自动控制 |
| 第三代 | 1964 年—1972 年 | 中小规模集成电路 | 结构化、模块化程序设计和分时、实时处理 | 科学计算、数据处理、事务管理和工业控制 |
| 第四代 | 1972 年至今 | 大规模和超大规模集成电路 | 数据库、面向对象语言和计算机网络 | 工业、生活等各个方面 |

### 2. 第二代：晶体管计算机

1947 年底，美国贝尔实验室发明了晶体管，10 年后晶体管取代了计算机中的电子管，并由此诞生了晶体管计算机。第二代计算机使用的主要元器件是晶体管，内存储器大量使用由磁性材料制成的磁芯存储器，其容量扩大到几十万字节，运算速度为几十万～几百万次 / 秒。与第一代电子管计算机相比，晶体管计算机体积小、耗电少、成本低、逻辑功能强、使用方便、可靠性高。第二代计算机广泛采用高级语言，并出现了早期的操作系统。其代表机型有 IBM7090。

### 3. 第三代：中小规模集成电路计算机

第三代计算机使用的主要元器件是小规模集成电路和中等规模集成电路，集成电路是在几平方毫米的硅片上，集中了几十个或上百个电子元件而组成的逻辑电路。主存储器逐渐开始采用半导体元件，运算速度提高到百万～几百万次 / 秒。由于采用了集成电路，第三代计算机的各方面性能都有了极大提高：体积缩小、价格降低、功能增强、可靠性大大提高。软件上广泛使用操作系统，产生了分时、实时等操作系统和计算机网络，其应用领域不断扩大，已可以处理文字和图像等数据形式。典型机型有 IBM360 系统、PDP11 系列等。

### 4. 第四代：大规模和超大规模集成电路计算机

第四代计算机使用的主要元器件是大规模和超大规模集成电路，计算机的体积、重量、成本均大幅度降低；作为主存储器的半导体存储器，其集成度越来越高，容量越来越大，外存储器除广泛使用软、硬磁盘外，还引进了光盘；运算速度可达几百万～千亿次/秒；输入、输出设备有了很大的发展，如鼠标、扫描仪、激光打印机、数码相机、绘图仪等。操作系统不断发展、完善，数据库技术进一步发展，计算机的应用进入了以网络化为特征的时代，它的迅速普及改变了人们的生活，加速了人类社会向信息化社会的变迁。

### 5. 第五代计算机

第五代计算机即新一代计算机，是对第四代计算机之后的各种未来型计算机的统称。新一代计算机突破了前四代计算机存储控制的基本原理和工作方式，它能够最大限度地模拟人类大脑的机制，具有人脑所特有的联想、推理、判断、学习等功能，具有对语音、声音、图像及各种模糊信息进行感知、识别和处理的能力。从 20 世纪 80 年代开始，科研人员已提出超导计算机、量子计算机、神经网络计算机、光子计算机、纳米计算机及 DNA 计算机等各种设想和描述，在实际研制过程中也取得了一些重要进展。

## 1.1.2　计算机的分类

计算机的分类方法有很多种。按功能与用途，计算机可分为通用计算机与专用计算机；按处理对象，计算机可分为数字电子计算机、模拟电子计算机和混合电子计算机；按性能和规模，如运算速度、存储容量、输入输出能力、外部设备、软件配置等，又可将计算机分为巨型机、大型机、小型机、微型机和工作站。

### 1. 巨型机

巨型机又称为超级计算机，是一种超大型电子计算机，具有很强的计算和处理数据的能力，主要特点表现为高速度和大容量，并配有多种外部设备及丰富的多功能软件系统。

我国的"天河一号""天河二号"，美国的"泰坦"（Titan），日本的"京"（K Computer）都是世界上有名的巨型机。"天河二号"超级计算机如图 1-2 所示，其系统是由中国国防科技大学研发的，综合技术处于国际领先水平，已 6 次获得世界超级计算机 TOP500 排行榜第一名。目前，"天河二号"已应用于生物医药、新材料、工程设计与仿真分析、天气预报、智慧城市、电子商务、云计算与大数据、数字媒体和动漫设计等多个领域，未来还将广泛应用于大科学、大工程、信息化等领域，为我国的经济社会转型升级提供重要支撑。

图 1-2　"天河二号"超级计算机

### 2. 大型机

大型机的运算速度和存储容量次于巨型机，但仍具有高速度、大容量的特点，它的通用性好、外部设备负载能力强、通信联网功能完善、可靠性高，并且有丰富的系统软件和应用软件，因此大型机常用于银行业务等领域或大型企业、科研机构中。美国 IBM 公司生产的 IBM390、IBM Z 系列，就是国际上比较有代表性的大型机。

### 3. 小型机

小型机是比大型机存储容量小、处理能力弱的中等规模的计算机。小型机结构简单、操作简便、容易维护、成本较低，通常用在一般的科研与设计机构、中小企业和普通高校中。

### 4. 微型机

微型机也称为个人计算机（Personal Computer, PC），是目前发展最快、应用最广的机型。微型机集成度高、体积小、灵活性好、价格低廉、使用方便。微型机又分为台式机和便携机，便携机有笔记本电脑及现在很流行的平板电脑等。

### 5. 工作站

工作站实际上就是一台高档微型机，介于 PC 和小型机之间。它拥有大屏幕、高分辨率的显示器，配有大容量主存储器，具有较强的信息处理能力和联网功能，主要用于图形、图像处理和计算机辅助设计及制造等领域。

## 1.1.3 计算机的应用

计算机的高速发展促进了计算机的全面普及，其应用范围遍及教育、经济、政治、商业、军事及社会生活的各个领域。计算机主要应用于以下几个方面。

### 1. 科学计算

科学计算即数值计算，是计算机最早的应用领域。科学研究和工程设计中经常会遇到各种各样复杂的数学问题，计算量很大，用一般的计算工具难以完成。例如，人造卫星轨迹的计算、气象预报中卫星云图资料的分析计算等。借助计算机的高速运算能力和大存储容量，人们可以完成这类复杂的数值计算任务，大大缩短计算周期，节省人力和物力。另外，计算机的逻辑判断能力和强大的运行能力还给许多学科提供了新的研究方法。

### 2. 信息处理

信息处理也称为信息加工或数据处理。信息处理是目前计算机应用最广泛的领域之一。信息处理包括对各种形式的信息（如文字、图形、图像、声音、视频等）的收集、分类、整理、加工、存储和传输等工作，其目标是为管理和决策提供有用的信息。目前，信息处理已广泛地应用于办公自动化、事务处理、企业管理、医疗管理和诊断、情报检索和决策等领域。

### 3. 过程控制

过程控制又称实时控制，指用计算机即时采集检测数据，将数据处理后按最佳值迅速地对控制对象进行自动控制或自动调节。从 20 世纪 60 年代起，实时控制就开始应用于冶金、机械、电力和石油化工等领域。例如，在高炉炼铁的过程中，计算机被用于控制投料、出铁、出渣以及对原料和生铁成分进行管理与控制，通过对数据的采集和处理，实现对各个工作环节的操作指导。

### 4. 计算机辅助系统

计算机辅助系统是指能够部分或全部代替人工完成各项工作的计算机应用系统，目前主要包括计算机辅助设计（Computer Aided Design，CAD）、计算机辅助制造（Computer Aided Manufacturing，CAM）、计 算 机 集 成 制 造 系 统（Computer Integrated Manufacturing System，

CIMS）和计算机辅助教育（Computer Based Education，CBE）等。

　　计算机辅助设计是指利用计算机帮助各类设计人员进行设计。由于计算机有快速的数值计算能力、较强的数据处理及模拟的能力，计算辅助设计技术得到了广泛的应用，如飞机设计、船舶设计、建筑设计、机械设计等领域。计算机辅助设计不但可以减少设计人员的工作量、提高设计速度，而且可以提高设计的质量。

　　计算机辅助制造是指用计算机进行生产设备的管理、控制和操作的技术。例如，在产品的制造过程中，用计算机控制机器的运行、处理生产过程中所需的数据、控制和处理材料的流动、对产品进行检验等。

　　计算机集成制造系统是集设计、制造、管理三大功能于一体的现代化工厂生产系统，它是在信息技术、自动化技术的基础上，通过计算机技术把产品设计、制造过程中各种孤立的自动化子系统有机地集成起来，形成适用于多品种、小批量生产，能实现整体效益的集成化和智能化的制造系统。

　　计算机辅助教育是指以计算机为主要媒介所进行的教育活动，也就是使用计算机帮助教师教学，帮助学生学习，帮助教师管理教学活动和组织教学，等等。

### 5. 网络与通信

　　计算机技术与现代通信技术的结合构成了计算机网络。利用计算机网络可以实现不同地区的计算机之间的软、硬件资源共享，从而大大促进和发展地区间、国际间的通信和数据的传输及处理。现代计算机的应用已离不开计算机网络，如银行服务系统、交通订票系统、电子商务、公用信息通信网、企业信息管理系统等都建立在计算机网络的基础之上。利用网络进行通信已成为现代生活不可或缺的一部分。

### 6. 人工智能

　　人工智能（Artificial Intelligence，AI），它是一门研究、开发用于模拟、延伸和扩展人的智能的理论、方法、技术及应用系统的新技术。它试图了解智能的实质，并制造出一种新的能以与人类智能相似的方式做出反应的智能机器，该领域的研究对象包括机器人、模式识别、机器翻译、智能搜索和专家系统等。

# 1.2　计算机的系统组成

　　一个完整的计算机系统是由硬件系统和软件系统两大部分组成的，如图 1-3 所示。硬件系统是组成计算机的各种物理设备；软件系统是运行、管理和维护计算机的各类程序和文档的总称。

　　硬件是软件工作的基础，离开硬件，软件无法运行；软件是对硬件功能的扩充和完善，有了软件的支持，硬件的功能才能得到充分的发挥。所以硬件系统与软件系统相辅相成、缺一不可。

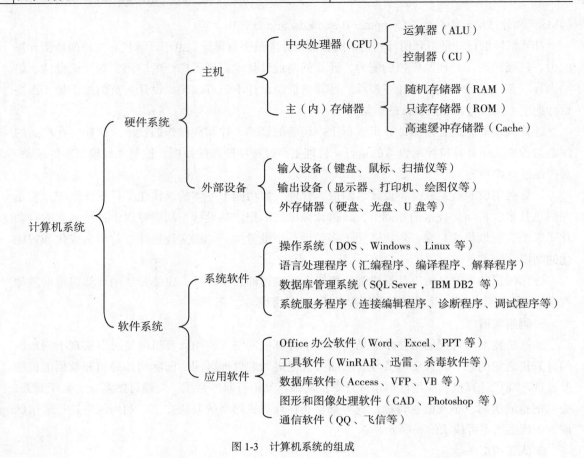

图 1-3　计算机系统的组成

# 1.2.1　计算机硬件系统

### 1. 五大逻辑功能部件

计算机硬件系统由运算器、控制器、存储器、输入设备和输出设备五大逻辑功能部件组成。

（1）运算器

运算器的主要功能是对二进制信息进行算术运算和逻辑运算。

（2）控制器

控制器的主要功能是向有关部件发出控制信号，使其执行该指令。

（3）存储器

存储器用来保存信息，如数据、程序、指令和运算结果等。

（4）输入设备

输入设备是计算机用来接收外来信息的设备。它的功能是把原始数据和处理这些数据的程序、命令通过输入接口输入计算机。键盘、鼠标、摄像头、扫描仪、光笔、触摸屏、手写板、游戏杆、语言输入装置等都属于输入设备。

（5）输出设备

输出设备是用来输出信息的部件。输出设备把计算机加工处理后得出的结果转换成人或其他设备所能接收和识别的信息形式，如文字、数字、表格、图形、图像、声音和视频等。常用的输出设备有显示器、打印机、绘图仪和音箱等。

**2. 常见的微型机硬件设备**

（1）中央处理器（CPU）

目前市面上流行的品牌主要有 Intel 和 AMD。图 1-4 所示为 Intel 酷睿 i7 970 CPU。

（2）主板

主板是计算机的躯干，是计算机最基本、最重要的部件之一，图 1-5 所示为华硕 Z390-P 主板。主板为中央处理器、内存条、显卡、硬盘、光驱、网卡、声卡、鼠标、键盘等部件提供了插槽和接口，计算机的所有部件都必须与它结合才能运行，它起着统一协调计算机所有部件的工作的作用，目前大部分主板上都集成了声卡和网卡，部分主板还集成了显卡。常见的主板品牌有华硕、技嘉、微星、精英、七彩虹等。

图 1-4　Intel 酷睿 i7 970 CPU　　　　　　　　图 1-5　华硕 Z390-P 主板

（3）内部存储器（内存条）

在主机箱内部，内存储器表现为一根内存条，如图 1-6 所示。常见的内存条种类有 DDR、DDR2、DDR3、DDR4，常见的内存储器品牌有金士顿、三星、威刚、现代等。DDR3 代的内存储器只能插在有 DDR3 插槽的主板上，无法兼容，购买前请留意主板内存插槽旁边标注的类型。

图 1-6　金士顿 DDR3 内存条

（4）硬盘

硬盘通常用作大型机、小型机和微型机的外部存储器，如图 1-7 所示。硬盘是计算机中最重要的数据存储设备，计算机中的文件都存储在硬盘中。硬盘通常被固定在主机箱内部，其性能直接影响计算机的整体性能，它的容量很大，常以兆字节（MB）或以吉字节（GB）为单位。随着硬盘技术的发展，其容量已从几百兆字节提升至几千兆字节甚至几万兆字节。目前，常见的硬盘容量为 500GB ～ 2TB，转速多为 7200 转 / 分钟，接口类型有 SATA、IDE 和 SCSI 3 种。

（5）U 盘

U 盘是利用闪存（Flash Memory）在断电后还能保持存储的数据不丢失的特点制成的。其优点是重量轻、体积小，一般只有拇指大小，重 15 ～ 30 克；通过计算机的 USB 接口即插即用，使用方便；一般的 U 盘容量有 8GB、16GB、32GB、64GB、256GB、512GB 等。U 盘有基本型、增强型和加密型 3 种。基本型 U 盘只提供一般的读写功能，价格是这 3 种 U 盘中最低的；增强型在基本型 U 盘上增加了系统启动等功能，可以替代软驱启动系统；保密型 U 盘提供文件加密和密码保护功能，在这 3 种 U 盘中，它的价格最贵。

（6）光盘

光盘是一种大容量辅助存储器，呈圆盘状，需要光盘驱动器来读写，光盘驱动器如图 1-8 所示。根据性能的不同，光盘分为只读型光盘（CD-ROM）、一次性写入光盘（CD-R）、可擦除型光盘（CD-RW）、DVD 光盘等。

（7）移动硬盘

移动硬盘主要以硬盘为存储介质，体积小、重量轻、存储容量大，是强调便携性的存储产品，如图 1-9 所示。绝大多数的移动硬盘为 2.5 英寸（1 英寸约为 2.54 厘米）的笔记本硬盘，一般采用 USB 接口为数据接口，没有外置电源，直接从计算机的 USB 接口取电，以较快的速度与系统进行数据交换，目前市场上的主流品牌移动硬盘有 USB 2.0 和 USB 3.0 两种规格，存储容量可达 3TB。

图 1-7　硬盘　　　　　　　　　图 1-8　光盘驱动器　　　　　　　图 1-9　移动硬盘

（8）各种功能的接口扩展卡

各种接口扩展卡的作用是扩展计算机的功能并用于连接各种外部设备，如显示卡、声卡、网卡、电视卡等。

（9）键盘和鼠标

键盘和鼠标是最基本的输入设备，主要有两种接口：PS/2 接口和 USB 接口。现在绝大多数计算机都使用 USB 接口。随着无线电技术的广泛应用，无线键盘和鼠标越来越受到广大计算机用户的青睐。

（10）显示器

显示器是计算机最重要的输出设备之一，用户通过显示器能方便地查看输入的内容和经过计算机处理后的各种信息。PC 的显示系统由显示器和显卡组成，它们共同决定了图形输出的质量。显示器的种类很多，目前主要使用 LCD 液晶显示器。常见的显示器品牌有三星、LG、飞利浦、冠捷等。

## 1.2.2　计算机软件系统

软件系统是计算机系统的重要组成部分。软件系统着重研究如何管理和使用机器，即研究怎样通过软件更好地发挥计算机的功能。计算机软件的种类繁多，按照软件的功能通常可将其分为系统软件和应用软件两大类。

**1. 系统软件**

系统软件支持程序人员（计算机用户）方便地使用和管理计算机，它的功能是对整个计算机系统进行调度、管理、监视并为系统提供服务，为用户使用计算机提供方便，并可扩充计算机的功能，提高计算机的使用效率。系统软件主要包括操作系统、语言处理程序、数据库管理系统和系统服务程序。

（1）操作系统

操作系统（Operating System，OS）是控制和管理计算机中所有硬件资源和软件资源协调工作的系统软件。它是系统软件的核心，是直接在计算机硬件上运行的最基本的系统软件。操作系统，首先是作为用户与计算机的接口，用户通过操作系统与计算机交流；其次是统一管理计算机系统中的全部资源，合理组织计算机的工作流程，提高计算机的工作效率。常见的操作系统有 DOS、Windows、Linux、UNIX 和 Mac OS 等。

（2）语言处理程序

人与人的交流需要语言，人与计算机的交流同样需要语言。实现人与计算机之间的信息交换的语言称为计算机语言，通常分为机器语言、汇编语言和高级语言 3 类。

机器语言是由二进制代码"0"和"1"组成的一组指令代码，可以直接被计算机硬件识别并执行；汇编语言是指用一些有意义的符号作为编程用的语言，它实际上是一种符号语言；高级语言是一种独立于机型的、接近人的习惯的自然语言，其可读性强、可靠性好、利于维护，使用它可大大提高程序设计的效率。常用的高级程序设计语言有 C、C++、Visual Basic、Java。

（3）数据库管理系统

数据库管理系统是一种操纵和管理数据库的大型软件，用于建立、使用和维护数据库。它对数据库进行统一的管理和控制，以保证数据库的安全性和完整性。常用的数据库管理系统有Access、SQL Server、Oracle 等。

（4）系统服务程序

这类程序有软件调试程序、错误测试和诊断程序、编辑程序以及连接程序等。这些服务程序为计算机用户提供了极大的方便。

**2. 应用软件**

应用软件是指为解决各种实际问题而编制的计算机程序，它可以拓宽计算机系统的应用领域。常见的应用软件如办公软件（Word、Excel、PPT 等）、网页开发软件（Dreamweaver、Fireworks、Flash 等）、图像处理软件（Photoshop、CorelDraw 等）、计算机辅助设计软件（AutoCAD）、多媒体开发软件（Authorware）、游戏软件等。

### 1.2.3　计算机的主要技术指标

一台计算机的功能或性能受体系结构、硬件组成、软件配置、指令系统等多方面因素的影响，不是由某一项指标单独决定的。一般说来，表示计算机性能的主要技术指标有以下 4 个。

#### 1. 字长

字长是指计算机内部一次能同时处理的二进制数据的位数。它反映了计算机内部寄存器、算术逻辑部件和数据总线的位数，直接影响着计算机的硬件规模和造价。

字长是衡量计算机性能的一个重要指标。字长越长，计算机的运算精度就越高，数据处理能力就越强，运算速度也就越快。通常，计算机的字长总是 8 的倍数，如 8 位、16 位、32 位和 64 位，也就是通常所说的 8 位机、16 位机、32 位机或 64 位机。64 位字长的高性能微型机已逐渐成为目前市场上的主流产品。

#### 2. 主频

主频就是 CPU 的时钟频率，计算机中的系统时钟是一个典型的频率相当精确和稳定的脉冲信号发生器，简单地说，主频就是 CPU 运算时的工作频率（1 秒内发生的同步脉冲数）。频率的标准计量单位是赫兹（Hz），它决定了计算机的运行速度。随着计算机的发展，主频的数量级由过去的兆赫兹（MHz）发展到了现在的吉赫兹（GHz）。

通常来讲，在同系列处理器中，主频越高就代表计算机的速度越快，但对于不同类型的处理器，主频就只能作为一个参考数据。主频仅仅是 CPU 性能的一个表现方面，并不代表 CPU 的整体性能。

#### 3. 主存容量

主存容量是指主存储器（内存）所能存储的二进制信息的总量。存储器只能识别由"0"和"1"组成的二进制数，其基本单位为字节 B（Byte）。计算机中规定每个字节由 8 个二进制位 b（bit）组成，即 1B = 8b。由于存储器的容量一般都较大，因此常用 KB、MB、GB、TB 等来表示，它们之间的换算关系如下。

$1 \text{ KB} = 2^{10} \text{ B} = 1024 \text{ B}$

$1 \text{ MB} = 2^{10} \text{ KB} = 1024 \text{ KB}$

$1 \text{ GB} = 2^{10} \text{ MB} = 1024 \text{ MB}$

$1 \text{ TB} = 2^{10} \text{ GB} = 1024 \text{ GB}$

#### 4. MIPS

MIPS 是英文 Million Instructions Per Second 的缩写，意思是每秒百万条指令，即"百万条指令 / 秒"，是指 CPU 每秒处理的百万级的机器语言指令数。它是测量处理器运行速度的工具，是衡量计算机运行速度的一个主要指标。

# 1.3　计算机中数据的表示与存储

计算机所表示和使用的数据可分为两大类：数值数据和字符数据。数值数据用于表示量的大小、正负，如整数、小数等。字符数据也叫非数值数据，用于表示一些符号、标记，如英文字母 A～Z、a～z，数字 0～9，各种专用字符 +、-、*、/、[ ]、( ) 及标点符号，等等。

在计算机内，各种数据都要进行二进制编码才可以传送、存储和处理。

# 1.3.1　数制的概念

**1. 进位计数制**

数制也称计数制，是指用一组固定的符号和统一的规则来表示数值的方法。按进位的原则计数的方法称为进位计数制。比如，在十进制计数制中，是按照"逢十进一"的原则计数的；而在十六进制中，则是按照"逢十六进一"的原则计数的。常用的计数制包括十进制、二进制、八进制和十六进制等。

**2. 进位计数制的基数、数位与位权**

计数制由基数、数位和位权 3 个要素组成。

（1）基数

基数指进位计数制的每位数字上所使用的数码的个数。例如，十进制数每位上的数字有 $0 \sim 9$ 这 10 个数码，所以十进制的基数是 10。

（2）数位

数码所处的位置不同，代表数的大小也不同。例如，十进制数 33.3 可表示为：$33.3 = 3 \times 10^1 + 3 \times 10^0 + 3 \times 10^{-1}$。

（3）位权

位权指一个数码的每位数字的权值大小。十进制整数从低位到高位的位权分别是 $10^0$、$10^1$、$10^2$、$10^3$、$10^4$……例如，十进制数 24 175 按位权展开后为：$2 \times 10^4 + 4 \times 10^3 + 1 \times 10^2 + 7 \times 10^1 + 5 \times 10^0$。

**3. 几种常用的进位计数制**

（1）十进制

十进制的基本数码是 $0 \sim 9$ 这 10 个数字，采用的是"逢十进一，借一当十"的运算规则，基数为 10，位权是以 10 为底的幂。通常十进制的表示形式为 345、（345）$_{10}$ 或 345D。

（2）二进制

二进制的基本数码只有 0 和 1 两个数字，采用的是"逢二进一，借一当二"的运算规则，基数为 2，位权是以 2 为底的幂。通常二进制的表示形式为（1101）$_2$ 或 1101B。

（3）八进制

八进制的基本数码是 $0 \sim 7$ 这 8 个数字，采用的是"逢八进一，借一当八"的运算规则，基数为 8，位权是以 8 为底的幂。通常八进制的表示形式为（74）$_8$ 或 74O。

（4）十六进制

十六进制的基本数码是 $0 \sim 9$ 这 10 个数字和 $A \sim F$ 这 6 个字母，采用的是"逢十六进一，借一当十六"的运算规则，基数为 16，位权是以 16 为底的幂。通常十六进制的表示形式为（3D4E5）$_{16}$ 或 3D4E5H。

表 1-2 总结了以上 4 种进制数的特点。

表 1-3 列出了以上 4 种进位计数制之间的关系。

表 1-2　4 种进制数的特点

| 数制 | 二进制 | 八进制 | 十进制 | 十六进制 |
| --- | --- | --- | --- | --- |
| 基数 | R=2 | R=8 | R=10 | R=16 |

| 数制 | 二进制 | 八进制 | 十进制 | 十六进制 |
| --- | --- | --- | --- | --- |
| 基本数码 | 0，1 | 0～7 | 0～9 | 0～9，A～F |
| 位权 | 以 2 为底的幂 | 以 8 为底的幂 | 以 10 为底的幂 | 以 16 为底的幂 |
| 进位规则 | 逢二进一 | 逢八进一 | 逢十进一 | 逢十六进一 |

表 1-3  4 种进位计数制对照表

| 十进制 | 二进制 | 八进制 | 十六进制 | 十进制 | 二进制 | 八进制 | 十六进制 |
| --- | --- | --- | --- | --- | --- | --- | --- |
| 0 | 0000 | 0 | 0 | 8 | 1000 | 10 | 8 |
| 1 | 0001 | 1 | 1 | 9 | 1001 | 11 | 9 |
| 2 | 0010 | 2 | 2 | 10 | 1010 | 12 | A |
| 3 | 0011 | 3 | 3 | 11 | 1011 | 13 | B |
| 4 | 0100 | 4 | 4 | 12 | 1100 | 14 | C |
| 5 | 1010 | 5 | 5 | 13 | 1101 | 15 | D |
| 6 | 0110 | 6 | 6 | 14 | 1110 | 16 | E |
| 7 | 0111 | 7 | 7 | 15 | 1111 | 17 | F |

## 1.3.2  数制的转换

计算机是如何对不同进制数进行转换，即数字化的信息是如何转换成信息编码的呢？在不同的数制间进行转换时，通常会对整数部分和小数部分分别进行转换。

### 1. 非十进制数转换成十进制数

利用按权展开的原理，如要将一个有 $n$ 位整数和 $m$ 位小数的任何进制数 $K_nK_{n-1}\cdots K_1.K_{-1}\cdots K_{-m}$，转换为 $R$ 进制数，可用以下公式计算。

$$K=K_n \times R^{n-1}+K_{n-1} \times R^{n-2}+\cdots+K_1 \times R^0+K_{-1} \times R^{-1}+\cdots+K_{-m} \times R^{-m}$$

对于二进制、八进制、十进制和十六进制，其 $R$ 值分别为 2、8、10、16。下面是将二进制、八进制和十六进制数转换为十进制数的例子。

例 1.1  将二进制数 101.101 转换成十进制数。

$(101.101)_2 = 1 \times 2^2 + 0 \times 2^1 + 1 \times 2^0 + 1 \times 2^{-1} + 0 \times 2^{-2} + 1 \times 2^{-3} = 4+1+0.5+0.125 = (5.625)_{10}$

例 1.2  将二进制数 110101 转换成十进制数。

$(110101)_2 = 1 \times 2^5 + 1 \times 2^4 + 0 \times 2^3 + 1 \times 2^2 + 0 \times 2^1 + 1 \times 2^0 = 32+16+4+1 = (53)_{10}$

例 1.3  将八进制数 37.2 转换成十进制数。

$(37.2)_8 = 3 \times 8^1 + 7 \times 8^0 + 2 \times 8^{-1} = 24+7+0.25 = (31.25)_{10}$

例 1.4  将十六进制数 B7.A 转换成十进制数。

$(B7.A)_{16} = 11 \times 16^1 + 7 \times 16^0 + 10 \times 16^{-1} = 176+7+0.625 = (183.625)_{10}$

### 2. 十进制数转换成非十进制数

十进制数转换成任意非十进制数的规则基本相同，整数部分与小数部分方法不同，故需要将其分开转换成相应的二进制数,而后再连接起来。

整数部分:除基取余,直至商为零;余数反向排列。

小数部分:乘基取整,直至满足精度为止;余数正向排列。

(1)十进制数转换成二进制数

把十进制整数转换成二进制整数的方法是"除 2 取余"法。具体步骤是:用十进制整数除以 2,得一个商数和一个余数;再将所得的商除以 2,得到一个新的商数和余数;这样不断地用 2 去除以所得的商数,直到商等于 0。每次相除所得的余数便是对应的二进制整数的各位数字。第一次得到的余数为最低有效位,最后一次得到的余数为最高有效位。

将十进制小数转换成二进制小数的方法是"乘 2 取整"法。具体步骤是:用 2 多次乘以需要被转换的二进制数的小数部分,取每次相乘后所得乘积的整数部分作为对应的二进制数,直至小数部分全为零或满足精度要求。第一次所得乘积的整数部分为二进制小数部分的最高有效位,其次为次高位,最后一次得到的是最低有效位。

例 1.5　把十进制数 205.75 转换成二进制数。

解:根据整数部分的运算规则,运算过程如下。

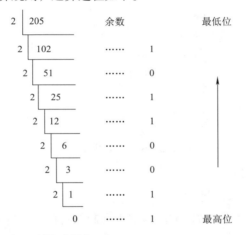

根据小数部分的运算规则,运算过程如下。

$$
\begin{array}{r}
0.75 \\
\times 2 \\
\hline
\boxed{1}.50 \quad \cdots\cdots \quad 1 \quad \text{最高位}\\
0.50 \\
\times 2 \\
\hline
\boxed{1}.00 \quad \cdots\cdots \quad 1 \quad \text{最低位}
\end{array}
$$

0.00　(小数部分为零,结束)

即 205.75=(11001101.11)$_2$。

(2)十进制数转换成八进制数

把十进制数转换成八进制数的方法与把十进制数转换成二进制数的方法类似,只需在运算时把基数 2 换成 8 即可。

例 1.6　把十进制数 1645.625 转换成八进制数。

解:整数部分的运算过程如下。

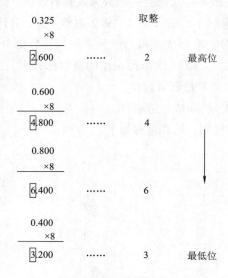

小数部分的运算过程如下。

0.200(小数部分保留4位，结束)

即 1645.625=(3155.2463)$_8$。

（3）十进制数转换成十六进制数

把十进制数转换成十六进制数的方法与把十进制数转换成二进制数的方法类似，只需在运算时把基数 2 换成 16 即可。

例 1.7　将十进制数 205 转换成十六进制数。

解：

```
16 | 205              余数        最低位
16 | 12    ……   D        ↑
       0    ……   C        最高位
```

即 205 =(CD)$_{16}$。

### 3. 八进制数、十六进制数转换成二进制数

将八进制数和十六进制数转换成二进制数的方法非常简单，由于 $2^3=8^1$、$2^4=16^1$，因此，一位八进制数恰好等于三位二进制数，一位十六进制数恰好等于四位二进制数。具体的转换方法为：以小数点为界，向左或向右的每一位八进制数（十六进制数）用相应的三位（四位）二进制数取代，然后将其连在一起，去掉最左和最右的零即可。

例 1.8　将下列八进制数 (3724.51)$_8$ 和十六进制数 (5B4.AE)$_{16}$ 分别转换成二进制数。

即 $(3724.51)_8 = (11111010100.101001)_2$。

即 $(5B4.AE)_{16} = (10110110100.1010111)_2$。

**4. 二进制数转换成八进制数、十六进制数**

其过程与将八进制数、十六进制数转换成二进制数的过程相反，即将三位（四位）二进制数用与其等值的一位八进制数（十六进制数）替代。具体的转换方法为：将二进制数从小数点开始，整数部分从右向左每三位（四位）一组，小数部分从左向右每三位（四位）一组，不足三位（四位）的用 0 补足，再用相应的一位八进制数（十六进制数）替代即可。

例 1.9　将二进制数 101001000011.101011 转换成八进制数和十六进制数。

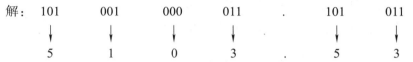

即 $(101001000011.101011)_2 = (5103.53)_8$。

即 $(101001000011.101011)_2 = (A43.AC)_{16}$。

## 1.3.3　计算机中的信息编码

键盘是计算机主要的输入设备，从键盘上敲入的命令和数据，实际上表现为一个个英文字母、标点符号和数字，它们都是非数值数据。然而计算机只能存储二进制数据，这就需要用二进制的"0"和"1"对各种字符进行编码，编码过程就是将复杂多样的信息在计算机中转化为"0"和"1"构成的二进制字符串的过程。例如，在键盘上按下英文字母"A"，存入计算机的是"A"的编码"01000001"，它已不再代表数值量，而代表一个文字信息。

常用的编码有 ASCII 码和汉字编码。

**1. ASCII 码**

ASCII 码，即美国信息交换标准代码，它已被国际标准化组织批准为国际标准，称为 ISO 646 标准，适用于所有拉丁字母，已在全世界通用。

ASCII 码是用七位二进制数表示一个字符，由于从 0000000 到 1111111 共有 128 种编码，因此其可用来表示 128 个不同的字符，包括 10 个数字、26 个小写字母、26 个大写字母、运算符号、标点符号及控制符号等。ASCII 字符编码表如表 1-4 所示。

表 1-4　ASCII 字符编码表

| 十进制 | 十六进制 | 字符 | 十进制 | 十六进制 | 字符 | 十进制 | 十六进制 | 字符 | 十进制 | 十六进制 | 字符 |
|---|---|---|---|---|---|---|---|---|---|---|---|
| 0 | 0 | NUL | 32 | 20 | space | 64 | 40 | @ | 96 | 60 | 、 |
| 1 | 1 | SOH | 33 | 21 | ! | 65 | 41 | A | 97 | 61 | a |
| 2 | 2 | STX | 34 | 22 | " | 66 | 42 | B | 98 | 62 | b |
| 3 | 3 | ETX | 35 | 23 | # | 67 | 43 | C | 99 | 63 | c |
| 4 | 4 | EOT | 36 | 24 | $ | 68 | 44 | D | 100 | 64 | d |
| 5 | 5 | ENQ | 37 | 25 | % | 69 | 45 | E | 101 | 65 | e |
| 6 | 6 | ACK | 38 | 26 | & | 70 | 46 | F | 102 | 66 | f |
| 7 | 7 | BEL | 39 | 27 | ' | 71 | 47 | G | 103 | 67 | g |
| 8 | 8 | BS | 40 | 28 | ( | 72 | 48 | H | 104 | 68 | h |
| 9 | 9 | HT | 41 | 29 | ) | 73 | 49 | I | 105 | 69 | i |
| 10 | 0A | LF | 42 | 2A | * | 74 | 4A | J | 106 | 6A | j |
| 11 | 0B | VT | 43 | 2B | + | 75 | 4B | K | 107 | 6B | k |
| 12 | 0C | FF | 44 | 2C | ' | 76 | 4C | L | 108 | 6C | l |
| 13 | 0D | CR | 45 | 2D | − | 77 | 4D | M | 109 | 6D | m |
| 14 | 0E | SO | 46 | 2E | . | 78 | 4E | N | 110 | 6E | n |
| 15 | 0F | SI | 47 | 2F | / | 79 | 4F | O | 111 | 6F | o |
| 16 | 10 | DLE | 48 | 30 | 0 | 80 | 50 | P | 112 | 70 | p |
| 17 | 11 | DC1 | 49 | 31 | 1 | 81 | 51 | Q | 113 | 71 | q |
| 18 | 12 | DC2 | 50 | 32 | 2 | 82 | 52 | R | 114 | 72 | r |
| 19 | 13 | DC3 | 51 | 33 | 3 | 83 | 53 | S | 115 | 73 | s |
| 20 | 14 | DC4 | 52 | 34 | 4 | 84 | 54 | T | 116 | 74 | t |
| 21 | 15 | NAK | 53 | 35 | 5 | 85 | 55 | U | 117 | 75 | u |
| 22 | 16 | SYN | 54 | 36 | 6 | 86 | 56 | V | 118 | 76 | v |
| 23 | 17 | TB | 55 | 37 | 7 | 87 | 57 | W | 119 | 77 | w |
| 24 | 18 | CAN | 56 | 38 | 8 | 88 | 58 | X | 120 | 78 | x |
| 25 | 19 | EM | 57 | 39 | 9 | 89 | 59 | Y | 121 | 79 | y |
| 26 | 1A | SUB | 58 | 3A | : | 90 | 5A | Z | 122 | 7A | z |
| 27 | 1B | ESC | 59 | 3B | ; | 91 | 5B | [ | 123 | 7B | { |
| 28 | 1C | FS | 60 | 3C | < | 92 | 5C | \ | 124 | 7C | \| |
| 29 | 1D | GS | 61 | 3D | = | 93 | 5D | ] | 125 | 7D | } |
| 30 | 1E | RS | 62 | 3E | > | 94 | 5E | ^ | 126 | 7E | ~ |
| 31 | 1F | US | 63 | 3F | ? | 95 | 5F | ＿ | 127 | 7F | DEL |

### 2. 汉字编码

汉字也是字符，但它比西文字符量多且更复杂，给计算机处理带来了困难。汉字处理技术首先要解决汉字输入、输出及计算机内部的编码问题。根据汉字处理过程中的不同要求，主要分为汉字输入码、汉字交换码、汉字机内码和汉字字形码等编码形式。

（1）汉字输入码

汉字编码的实质就是用字母、数字和一些符号代码的组合来描述汉字。目前，汉字编码的方案主要可分为 4 种：数字编码、字音编码、字形编码和形音编码。

（2）汉字交换码

汉字交换码是指在汉字信息处理系统之间或信息处理系统与通信系统之间进行汉字信息交换时所使用的编码。设计汉字交换码编码体系应该考虑如下几点：被编码的字符个数尽量多，编码的长度尽可能短，编码具有唯一性，码制的转换尽可能方便。

（3）汉字机内码

汉字国标码，创建于 1980 年，是为了使每个汉字有一个全国统一的代码而颁布的汉字编码的国家标准。汉字机内码或汉字内码是汉字在信息处理系统内部最基本的表达形式，是在设备和信息处理系统内部存储、处理、传输汉字用的代码。汉字机内码与汉字交换码有一定的对应关系，它借助某种特定标识信息来表明它与单字节字符的区别。

汉字机内码＝汉字国标码＋8080H。例如，汉字"啊"，其国标码为 3021H，则其机内码为：3021H ＋ 8080H ＝ B0A1H。

（4）汉字字形码

汉字字形码用于显示或打印输出汉字时产生的字形，该种编码是以点阵形式表示的。汉字不论笔画多少，都可以在同样大小的方块中书写，从而把方块分割为许多小方块，组成一个点阵，每个小方块就是点阵中的一个点，即二进制的一个位。每个点由"0"和"1"分别表示"白"和"黑"两种颜色。这样就得到了字模点阵的汉字字形码，如图 1-10 所示。

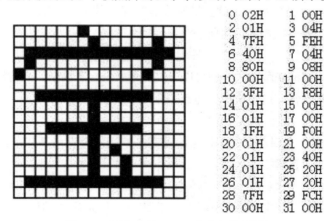

```
 0 02H    1 00H
 2 01H    3 04H
 4 7FH    5 FEH
 6 40H    7 04H
 8 80H    9 08H
10 00H   11 00H
12 3FH   13 F8H
14 01H   15 00H
16 01H   17 00H
18 1FH   19 F0H
20 01H   21 00H
22 01H   23 40H
24 01H   25 20H
26 01H   27 20H
28 7FH   29 FCH
30 00H   31 00H
```

图 1-10　"宝"字的 16×16 点阵字形示意图

目前计算机上显示使用的汉字字形大多采用 16×16 点阵，这样每个汉字的汉字字形码就要占 32（16×16÷8）个字节，书写时常用十六进制数来表示。打印使用的汉字字形大多为 24×24 点阵，即一个汉字要占 72 个字节，更为精确的汉字字形还有 32×32 点阵、48×48 点阵等。显然，点阵的密度越大，汉字输出的质量也就越好。

# 1.4 计算机病毒及防治

随着计算机在人类社会各领域中的广泛应用，计算机病毒也在不断产生和传播，计算机网络不断地遭到非法入侵、病毒破坏，重要情报资料不断地被窃取，甚至由此造成网络系统的瘫痪。这些情况给众多企业造成巨大的经济损失，甚至危害国家和地区的安全。可以说，计算机安全问题是一件关系人类生活与生存的大事。因此，如何提高计算机及网络的防御能力，增强信息的安全措施，已成为当前亟待解决的问题。

## 1.4.1 计算机病毒的定义及特点

### 1. 计算机病毒的定义

计算机病毒，是指编制或在计算机程序中插入的破坏计算机功能或毁坏数据，影响计算机使用，并能自我复制的一组计算机指令或程序代码。也就是说，计算机病毒是人为制造出来专门威胁计算机系统安全、网络安全和信息安全的程序。这些程序有独特的复制能力，可以很快地蔓延，又常常难以根除，类似于生物学上的病毒，因此被称为计算机病毒。

### 2. 计算机病毒的特点

计算机病毒的特点包括寄生性、传染性和传播性、隐蔽性、潜伏性、破坏性和触发性。

（1）寄生性

病毒一般不是独立存在的，而是依附在系统区或其他文件内的宿主程序中，只有宿主程序被执行，病毒才有机会发作。

（2）传染性和传播性

计算机病毒能从一个被感染的文件扩散到许多其他文件中。特别是在网络环境下，计算机病毒能通过电子邮件、Web 文档等迅速而广泛地传播。

（3）隐蔽性

计算机病毒具有很强的隐蔽性，有的可以通过病毒软件检查出来，有的根本就查不出来，有的甚至时隐时现、变化无常，这类病毒处理起来通常很困难。

（4）潜伏性

有些病毒入侵后不会立刻发作，而是会隐藏起来，当病毒满足某些条件被激活时，才开始传染并起破坏作用，如黑色星期五病毒。

（5）破坏性

几乎所有的计算机病毒都具有不同程度的破坏力，只是病毒的破坏情况表现不一。如降低计算机运行速度，篡改、删除、丢失系统数据，导致系统崩溃，甚至破坏计算机主板等硬件系统。

（6）触发性

病毒的触发性是指病毒因某个事件或数值的出现，实施感染或进行攻击的特性。这些条件可能是时间、日期、文件类型或某些特定数据等。

## 1.4.2　计算机病毒的传播

计算机病毒主要是通过 U 盘、硬盘、光盘及网络进行传播的。

（1）U 盘传播

通过 U 盘进行传播是最常见的，如进行复制操作就有可能使病毒传染到 U 盘上，从而使另一台计算机感染上病毒。

（2）硬盘传播

由于大量的文件一般都存放于用户的硬盘中，硬盘成为病毒的一个重要载体和重要的传播媒介。

（3）光盘传播

现在大部分软件都存储在光盘上，特别是盗版软件，几乎无一例外地使用光盘。盗版光盘的情况又十分严重，这些盗版光盘很多时候都带有病毒，像特洛伊木马病毒、CIH 病毒等都可在盗版光盘中找到踪迹；而且光盘只能读不能写，所以光盘中的病毒不能被清除，危害更大。

（4）网络传播

网络传播已成为病毒最主要、最快速的传播途径，包括从网络上下载文件、使用聊天软件或发送电子邮件时被病毒感染。如果下载的软件中包含病毒，下载后执行该软件，病毒就会感染本机。使用聊天软件时，不法分子会通过发送带病毒的程序、链接或文件传播病毒。电子邮件中的附件可能会携带病毒，执行含有病毒的附件，本机就会被感染；甚至有的邮件只要一打开病毒就可传染到本机上，根本不用执行其中的附件。

## 1.4.3　计算机病毒的防范

对计算机用户来说，对待计算机病毒应采取"预防为主，防治结合"的方针，可以从管理和技术两方面入手。在管理方面，主要是思想上要做到足够重视，从加强管理措施上下功夫，制定切实可行的管理措施，并严格贯彻落实。而在技术方面，为了预防计算机病毒，可以采取以下防范措施。

①利用 Windows 的更新功能及时对操作系统进行更新，防止系统漏洞。

②谨慎使用资源共享功能，尽量避免将其设定为"可写"状态。

③注意经常将重要的资料备份，并加写保护。

④谨慎使用来路不明的文件和闪存，使用前务必先查毒、杀毒。

⑤安装正版有效的杀毒软件，一旦发现异常现象，及时检测并清除病毒。

⑥最好能定期使用杀毒软件对计算机系统进行检测，并及时更新杀毒软件。

⑦不轻易打开来历不明的电子邮件及附件。

⑧坚决不使用盗版光盘，杜绝从光盘传染病毒的可能性。

⑨调高浏览器的安全级别，不浏览不安全的网站。

⑩建立正确的病毒观念，了解病毒感染、发作的原理，提高自己的警觉性。

当计算机系统受到病毒感染时，应立即用专门的防治病毒软件对计算机病毒进行检测和清除。常用的计算机病毒清除软件有 360 杀毒软件、KV 系列杀毒软件、瑞星杀毒软件、金山毒霸、诺顿杀毒软件和卡巴斯基等。要注意的是，这些杀毒软件往往只能清除部分病毒，可能还会有某些检测不出或一时无法清除的病毒，因为目前计算机病毒的发展仍领先于反病毒技术的发展。

总之，对待病毒要以"防为主，杀为辅"为原则。而在防的过程中，最主要的是切断传染源，其次是要做好备份，以免在计算机被病毒感染时，遭受不可补救的损失。

### 1.4.4　计算机职业道德

随着社会的进步与科技的发展，人们的生活越来越离不开计算机了，计算机网络正在改变着人们的行为方式、思维方式乃至社会结构，它对于信息资源的共享起到了巨大的作用，并且蕴藏着无尽的潜能。但是计算机网络的作用不是单面的，在它广泛的积极作用背后，也有可能使人遭受损失的消极作用。

因此，作为一名合格的计算机职业从业人员，除了需要具有工作所需的基础能力、专业知识、运用工具或技术的能力以及行业经验等能力素质外，还需要遵循计算机职业所特有的职业道德要求。社会对计算机职业的道德规范要求如下。

①应该使用正版软件，坚决抵制盗版，尊重软件作者的知识产权。

②不对软件进行非法复制。

③不为保护自己的软件资源而制造病毒保护程序。

④不擅自篡改他人计算机内的系统信息资源。

⑤不蓄意破坏和损伤他人的计算机系统设备及资源。

⑥不制造病毒程序，不使用带病毒的软件，更不能有意将病毒传播给其他计算机系统（传播带有病毒的软件）。

⑦维护计算机的正常运行，保护计算机系统数据的安全。

⑧被授权者对自己享用的资源负有保护责任，不得泄露口令密码给其他人。

⑨不利用电子邮件进行广播型的宣传，这种强加于人的做法会使别人的信箱充斥无用的信息，从而影响对方的正常工作。

⑩不应该窥探他人的计算机，不蓄意破译别人的口令。

# 1.5　多媒体技术

自 20 世纪 80 年代中后期以来，多媒体技术成为人们关注的热点之一，相关产品种类繁多，令人目不暇接。多媒体技术在人类信息科学技术史上，是继活字印刷术、无线电 - 电视技术、计算机技术之后的又一次新的技术革命，它从根本上改变了基于字符的计算机信息处理方式，提供了丰富多彩的信息表现形式，形成了视听媒体的人机界面，在一定程度上改变了人们的生活方式、交互方式、工作方式，甚至是整个经济社会的面貌，以极强的渗透力进入了人类生活、工作的各个领域。

### 1.5.1　多媒体技术的概念

媒体在计算机领域有两种含义：一是指存储信息的载体，如磁盘、光盘、磁带、半导体存储器等；二是指信息的表现形式，如文本、图形、图像、声音等。多媒体技术中的媒体通常是指后者。

　　"多媒体"一词译自英文 Multimedia，它由 Multiple 和 Media 复合而成，顾名思义，Multimedia 意味着多种媒体的总和。对计算机而言，多媒体主要指的是文本、图形、图像、视频、声音或数据等多种形态的信息的处理和集成呈现。

　　多媒体技术不是各种信息媒体的简单复合，而是一种把文本（Text）、图形（Graphics）、图像（Image）、动画（Animation）、视频（Video）和声音（Audio）等不同形式的信息结合在一起，并通过计算机进行综合处理和控制，使多种媒体信息之间建立逻辑连接，能支持完成一系列交互式操作的信息技术。它是一种以计算机为核心的综合技术，包括数字化处理技术、数字化音频视频技术、现代通信技术、现代网络技术、计算机硬件和软件技术、大众媒体技术、虚拟现实技术、人机交互技术等，因而它是一门跨学科的综合性高新技术。

## 1.5.2　多媒体技术的特点

　　从多媒体技术的定义可知，多媒体技术具有以下特点。

### 1. 多样性

　　多样性主要指信息表现媒体类型的多样性，同时包括媒体输入、表现和传播手段的多样性。多媒体技术目前提供了多维信息空间下的视频和音频信息的获取和表示方法，使计算机中的信息表达方式不再局限于文字、数字或单一的语音、图像，而是广泛采用图像、图形、视频、声音等多种信息形式来综合表达，使得计算机变得更加人性化，人们能够从计算机世界里真切地感受到信息的美妙。

### 2. 集成性

　　多媒体的集成性包括两方面：一是多媒体信息媒体的集成；二是处理这些媒体的设备和系统的集成。在多媒体系统中，各种信息媒体不再像过去那样采用单一方式进行采集与处理，而是多通道同时统一采集、存储和加工处理，更强调各种媒体之间的协同关系及利用它们所包含的大量信息。设备集成是指显示和表现媒体设备的集成，计算机能够和各种外部设备，如打印机、扫描仪、数码相机、音箱等设备联合工作。软件方面，有集成一体化的多媒体操作系统、适合多媒体创作的软件系统和各类应用软件等，为多媒体系统的开发和实现创建了一个理想的集成环境。在网络的支持下，这些多媒体系统的硬件和软件被集成为处理各种复合信息媒体的信息系统。

### 3. 交互性

　　交互性就是媒体和受众之间的信息传递的双向性，强调信息交流的双方在活动中均能随意地进行"对话"。得益于这一特性，多媒体技术可以更有效地控制和使用信息，增强受众对信息的理解，使其获取更多的信息。例如，在多媒体远程计算机辅助教学系统中，学习者可以人为地改变教学过程，研究自己感兴趣的问题、得到新的知识，从而激发学习者学习的主动性、自觉性和积极性，使人们获取信息和使用信息的方式由被动变为主动。

### 4. 实时性

　　多媒体系统需要处理各种复合的信息媒体，这决定了多媒体技术必然要支持实时处理。多媒体系统接收到的各种信息媒体在时间上必须是同步的，比如声音及活动的视频图像、网络在线电影、视频、电视会议等。

### 5. 数字化

　　数字化是指各种媒体的信息都是以数字（"0"和"1"）的形式进行存储和处理的，而不是采用传统的模拟信号方式。模拟信号易衰减，传播中存在积累误差，会导致信号质量较差；而数字不仅易于进行加工、压缩等数值运算，还可提高信息的安全性和处理速度，而且它的抗干扰能力很强。

## 1.5.3 多媒体信息中的媒体元素

### 1. 文本

文本是各种文字及其属性的总称。文本的多样化主要是通过文字的属性（格式、字体、对齐方式、大小、颜色）及属性的组合表现出来的。

### 2. 图形和图像

图形是指由外部轮廓线条构成的矢量图，即由计算机绘制的直线、圆形、矩形、曲线、图表等构成。图像则是指由输入设备捕捉的实际场景画面或以数字化形式存储的任意画面。

（1）分辨率

分辨率分为显示分辨率与图像分辨率。显示分辨率是指显示器所能显示的像素数，显示屏大小固定时，显示分辨率越高，图像越清晰。图像分辨率则是指单位英寸中所包含的像素点数，通常情况下，图像分辨率越高，单位英寸中所包含的像素点就越多，图像就越清晰，印刷的质量也就越好，同时，文件占用的存储空间也会越大。

（2）图像灰度

图像灰度是指每个图像的最大颜色数。单色图像的灰度为 1 位二进制码，表示亮或暗。每个像素用 4 位二进制码表示支持 16 色，8 位支持 256 色，24 位支持 1677 万种颜色。

（3）图像文件的大小

图像文件的大小用字节数来表示，其描述方法为：（水平像素 × 垂直像素 × 灰度位数）÷8。例如，一幅分辨率为 800 像素 ×600 像素的真彩色图像，其所占的存储空间为：$800 \times 600 \times 24 \div 8 = 1\,040\,000B \approx 1.37MB$。

（4）图像文件类型

常用的图像文件类型如下。

BMP：是一种位图文件（bitmap file）存储格式，是图像的原始格式。

JPG：是一种应用 JPEG 压缩标准压缩后的图像格式。

GIF：是一种基于 LZW 算法的连续色调的无损压缩格式。GIF 格式的另一个特点是其在一个GIF 文件中可以存储多幅彩色图像，如果把存于一个文件中的多幅图像数据逐幅读出并显示在屏幕上，就可构成一种最简单的动画。

TIF：是一种灵活的位图文件存储格式，主要用来存储包括照片和艺术图在内的图像。

PNG：是一种位图文件存储格式，使用无损数据压缩算法，压缩比高，文件容量小。

### 3. 视频

视频，泛指将一系列静态影像以电信号的方式加以捕捉、记录、处理、储存、传送与重现的技术。连续的图像变化每秒超过 24 帧画面时，根据视觉暂留原理，人眼无法辨别单幅的静态画面。

视频图像压缩普遍采用 MPEG 标准，常见的视频文件类型如下。

AVI：是微软（Microsoft）公司推出的视频音频交错格式（视频和音频交织在一起进行同步

播放），是一种桌面系统上的低成本、低分辨率的视频格式。

MOV：是苹果（Apple）公司开发的一种音频、视频文件格式。

WMV：是一种独立于编码方式的在 Internet 上实时传播多媒体信息的技术标准。

FLV：是随着 Flash MX 的推出发展而成的新的视频格式，其全称为 FlashVideo。此种格式的文件极小、加载速度极快，这使得在网络上观看视频文件成为可能。

MP4：是一种常见的多媒体容器格式，被认为可以在其中嵌入任何形式的数据以及各种编码的视频、音频等。

3GP：主要是为了配合 3G 网络的高传输速度而开发的一种视频格式。

### 4. 音频

音频是通过介质（空气、固体或液体）传播并能被人或动物的听觉器官所感知的波动现象，包括音乐、语音和各种音响效果。

通常用振幅的大小来表示声音的强弱，用频率的大小表示音调的高低。由于声音是模拟量，模拟信号需要经过采样并数字化后方可放到计算机中进行音频处理。声音的数字化过程参数包括：采样频率、量化位数和声道数。声音文件所占的存储空间可表示为：（采样频率 × 量化位数 × 声道数）÷8。

采样频率：即声音波形被等分的份数，份数越多，频率越高，声音质量越好。单位为 Hz。目前最常用的标准采样频率是 44.1kHz。

量化位数：即每次采集的信息量，位数越高，采集的质量越好。声音采样时通常用模/数（A/D）转换器将每个波形垂直等分，目前常用 8 位 A/D 转换器或 16 位 A/D 转换器。

声道数：指声音通道的个数，如单声道、双声道和多声道。声道数越多，声音的效果越好。

常见的音频文件类型如下。

WAV：波形音频文件。

MID：数字音频文件。

MP3：压缩存储的音频文件。

### 5. 动画

动画是指人工创作出来的由连续图形组成的动态影像，可分为二维动画和三维动画。

### 6. 超文本

超文本是通过超链接来实现的线性文本，类似于人类思维的联想。

## 1.5.4　多媒体技术的应用

多媒体技术的发展使计算机的信息处理在规范化和标准化的基础上更加多样化和人性化，特别是多媒体技术与网络通信技术的结合，使得远距离多媒体应用成为可能，也加快了多媒体技术在经济、科技、教育、医疗、文化、传媒、娱乐等各个领域的广泛应用。多媒体技术已成为信息社会的主导技术之一，其典型的应用主要有以下 5 个方面。

### 1. 在家庭娱乐方面

（1）交互式电视

交互式电视现已成为电视传播的主要方式。用户看电视可以使用点播、选择等方式找到自己想看的节目，还可以通过交互式电视进行家庭购物、多人游戏等多种娱乐活动。

（2）交互式影院

交互式影院是交互式娱乐的另一方面。通过互动的方式，观众可以以一种亲身参与的方式去"看"电影。这种电影不仅可以通过声音、画面制造效果，也可以通过座椅产生触感和动感，而且可以控制电影情节的进展。电影全数字化后，电影制造厂只需要把电影的数字文件通过网络发往电影院或家庭就可以了，但影片的质量和效果会比普通电影更好。

（3）交互式立体网络游戏

游戏是多媒体的一个重要应用领域，运用了三维动画、虚拟现实等先进的多媒体技术的游戏变得更加丰富多彩，深受年轻一代用户的喜爱，给他们的日常生活带去了更多的乐趣。用户可以沉浸在虚拟的游戏世界中，驾车、旅游、战斗、飞行。这一技术的发展与普及造就了数千亿美元的市场。

**2. 在教育培训方面**

多媒体教学是多媒体的主要应用领域之一，利用多媒体技术编制的教学课件、测试和考试课件能创造出图文并茂、绘声绘色、生动逼真的教学环境和交互式学习方式，从而大大激发学生学习的积极性和主动性，大幅提高教学质量。通过多媒体通信网络，学校可以建立起具有虚拟课堂、虚拟实验室和虚拟图书馆的远程学习系统。通过该系统，学生可以在线上听课、讨论、实验和考试，也可以得到导师"面对面"的指导。

用于军事、体育、医学和驾驶等培训的多媒体系统不仅提供了生动、逼真的场景，省去大量的设备和原材料消耗费用并避免不必要的身体伤害，而且能够设置各种复杂环境提高受训人员面对突发事件的应变能力。此外，由于教学内容直观生动并能自由交互，受训者对培训的印象会更深刻，培训效果也会成倍提升。

**3. 在电子出版物方面**

多媒体电子出版物，是计算机、视频、通讯、多媒体等技术与现代出版业相结合的产物，其内容丰富多彩。它提倡"无纸"，是一种顺应时代潮流的"绿色出版物"。多媒体电子出版物的开发，可节省大量的木材资源，有利于保护地球生态环境。因此，多媒体电子出版产业的前景广阔，有专家预测，今后全球的多媒体电子出版产业的平均年增长率将达到24%，多媒体电子出版物在出版物中所占的份额将越来越大。

**4. 在网络及通信方面**

计算机网络技术、通信技术和多媒体技术的结合是现代通信发展的必然要求。现有的计算机网、公用通信网和广播电视网相互渗透并趋于融合，使高速、宽带、大容量的光纤通信实用化，改变了人们的生活方式和习惯，并将继续对人类的生活、学习和工作产生深远的影响。具体的应用如目前流行的互联网直播、视频点播（Video On Demand，VOD）、远程教育及视频会议系统。

**5. 虚拟现实技术**

虚拟现实技术（Virtual Reality，VR）是一项与多媒体技术密切相关的边缘技术。它通过综合应用计算机图像处理、模拟与仿真、传感技术及显示系统等技术和设备，以模拟仿真的方式为用户提供一个真实反映操作对象变化与相互作用的三维图像环境，从而构成虚拟世界，并通过特殊设备（如头盔、数据手套等）进行表达和交互，展现给用户一个接近真实的虚拟世界。例如，美国一个"虚拟物理实验室"系统的设计就使得学生可以通过亲身实践——做、看、听来学习。

此外，在虚拟现实技术的帮助下，残疾人能够通过自己的形体动作与他人进行交流。例如，在高性能计算机和传感器的支持下，残疾人戴上数据手套，就能将自己的手势"翻译"成讲话的声音；佩戴上目光跟踪装置后，就能将眼睛的动作"翻译"成手势、命令或讲话的声音。

# 1.6　计算思维

计算思维是指用计算机所能有效执行的方式来对问题进行表述并提出解决方案的一系列思维活动，这一概念由周以真于 2006 年首次提出。2010 年，周以真教授又指出计算思维是与形式化问题及其解决方案相关的思维过程，其解决问题的表示形式应该能有效地被信息处理代理执行。

计算思维以抽象化和自动化为特征。计算思维的实质是人类求解问题的一种思维方式，培养学生的计算思维强调要把思维方式融入具体的工作任务中，以有效地解决问题。

在数字化的大时代里，每一个人都应掌握计算思维这种思维逻辑，并运用这种技能解决自己在生活与工作中遇到的问题。例如，当学生早晨去学校时，他把当天需要的东西放进背包，这就是预置和缓存；当你弄丢东西时，建议你沿走过的路去寻找，这就是回推；作业收齐后需要按照学号顺序排序，以最快的方式进行排序就是排序技术；当你排队乘坐电梯时，先排到先乘坐，这就是队列；上电梯后，最先进入电梯的人最后出电梯，这就是栈；在超市排队付账时，你对于所排队列的选择就是多服务器系统的性能模型；停电时你的电话仍然可用就是失败的无关性和设计的冗余性；通过学习，知识经过大脑加工，转化为写作能力、语言表达能力和解决问题的能力，这就是信息输入、信息处理与输出。

在大学计算机基础课程教学中，要不断激发学生探索计算机领域科学的兴趣，帮助他们理解数字化工具的本质特征，使其形成计算思维逻辑，有效利用信息技术创新性地解决专业发展中的问题。在教学过程中，老师要不断地引导学生发现问题，然后鼓励他们寻找解决问题的途径，最终解决问题，这一过程就是训练计算思维能力的过程。完成案例的过程能充分地锻炼学生的各种综合能力，包括对问题的建构、对问题的分析、问题的解决思路，以及如何使用计算机有效地解决问题，这也是计算思维能力的重要培养过程。

# 1.7　金山打字通

金山打字通是金山公司推出的一款功能齐全、数据丰富、界面友好、集打字练习和测试于一体的打字软件。金山打字通提供英文打字、拼音打字、五笔打字等专项输入法，方便练习者进行针对性的练习，每种输入法均能从最简单的字母或字根开始，循序渐进、由易到难地练习，练习者还可以通过打字测试来检测学习效果，也可玩打字游戏，学习娱乐两不误。

下面以金山打字通 2016 版为例，介绍如何使用金山打字通练习打字。

## 1.7.1　安装与基本操作

### 1. 金山打字通界面

从金山打字通官网下载金山打字通 2016，安装时根据需要选择安装选项，点击下一步即可完成安装。金山打字通 2016 启动后的主界面如图 1-11 所示，包括新手入门、英文打字、拼音打字、五笔打字 4 个主要模块，以及打字测试、打字教程、打字游戏、在线学习和安全上网 5 个辅助功能模块。

图 1-11　金山打字通 2016 主界面

启动金山打字通 2016，单击"新手入门"，在弹出的"登录"对话框中输入一个昵称，如图 1-12，单击"下一步"按钮，进行绑定 QQ 设置，也可以不绑定，直接关闭对话框。接下来有两种选择模式：自由模式、关卡模式。这里建议选择自由模式，以便灵活选择学习内容。

图 1-12　"登录"对话框

**2. 认识键盘**

单击"新手入门"→"打字常识"，打开"认识键盘"页面。整个键盘分为主键盘区、功能键区、控制键区、数字键区和状态指示区，如图 1-13 所示。

（1）主键盘区

它是键盘的主要部分，包括 26 个英文字母键、10 个数字键及其他特殊功能键。

图 1-13　键盘分区图

空格键：当按下此键时，输入一个空格，当前光标后移一个字符位。

回车键 "Enter"：在文字编辑时使用这个键，可将当前光标移至下一行的行首。

控制键 "Ctrl"：这个键不能单独起作用，总是与其他键配合使用，如按 "Ctrl+Alt+Del" 组合键可以热启动计算机。

转换键 "Alt"：它也不能单独起作用，总是和其他键配合使用。

退格键 "Backspace"：用它可以删除当前光标前的字符，并将光标左移一个位置。

制表键 "Tab"：分段定位光标，每按一次，光标右移 8 个空格的长度。

换挡键 "Shift"：上挡键，也叫字符换挡键。当输入双字符键的上挡字符时，应按住该键不放，再按所需字符键，即可输入该键的上挡字符；在小写状态下按 "Shift" 键和字母键，可输入大写字母。

大写字母锁定键 "Caps Lock"：转换字母键大小写状态的开关。启动计算机后，字母键默认为小写输入状态，若按下该键则转换为大写输入状态。

（2）功能键区

功能键区位于主键盘上方，共有 12 个功能键，分别标为 "F1" ～ "F12"，它们的具体功能由操作系统或应用程序来定义，一般 "F1" 键为帮助键。

屏幕打印键 "Print Screen"：按下此键可以将屏幕上的全部内容存入剪贴板。

开始菜单启动键：按下此键可以启动开始菜单。

（3）控制键区

"Insert" 键：用来转换插入和改写状态。

"Delete" 键：用来删除当前光标位置的字符。当一个字符被删除后，光标右侧的所有字符左移一个位置。

"Home" 键：按下此键，当前光标会移到本行的行首。

"End" 键：按下此键，当前光标会移到本行最后一个字符的右侧。

"Page Up" 键：按下此键即上翻一页。

"Page Down" 键：按下此键即下翻一页。

光标移动键：当分别按下 "←" "→" "↑" "↓" 键时，当前光标将分别按箭头所指方向移动一个位置。

（4）数字键区

数字键区位于键盘右部，俗称小键盘，包括锁定键、数字键、小数点，以及加、减、乘、除、"Enter" 键。

（5）状态指示区

状态指示区位于数字键区的上方，包括 3 个状态指示灯，分别为数字锁定信号灯、大写字母锁定信号灯和滚动锁定信号灯，用于提示键盘的工作状态。

### 3. 打字姿势

打字之前一定要端正坐姿，正确坐姿的要领包括以下几点。

①头正、颈直、两脚放平、腰部挺直，手腕放松且保持水平。

②身体正对屏幕，调整屏幕，使眼睛感到舒服。

③眼睛平视屏幕，保持 30 ～ 40 厘米的距离，每隔 10 分钟视线从屏幕上移开一次。

④手掌以腕为轴略向上抬起，手指自然弯曲，轻放在键盘上，从手腕到指尖形成一个弧形，手指指端第一关节同键盘垂直，轻放在基准键位（"A""S""D""F""J""K""L"";"）上，左右手大拇指均放在空格键上。

### 4. 手指分工

打字之前要将左手小指、无名指、中指、食指分别置于"A""S""D""F"键上；右手食指、中指、无名指、小指分别置于"J""K""L"";"键上，左右手大拇指自然弯曲，轻置于空格键上，图 1-14 所示为部分手指分工。

图 1-14 部分手指分工

基准键对应手指常驻的位置，其他键都是根据基准键的键位来定位的。按键时，只有击键的手指伸出去击键，击完后立即回到基准键位，其他手指不要偏离基准键位。一般"F"键和"J"键上均有一个凸起的小横杠或小圆点，这两个键是左右食指的位置，盲打时可以通过它们找到基准键位。

打字时双手的 10 个指头都有明确的分工，如图 1-15 所示，只有按照正确的手指分工打字，才能提高打字速度，从而实现盲打，需牢记。

图 1-15 基准键位手指分工图

数字键区的基准键位是"4""5""6"，分别由右手的食指、中指和无名指负责。数字键区的手指分工如图 1-16 所示。

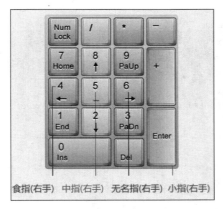

图 1-16 数字键区手指分工图

## 1.7.2 键盘指法练习

### 1. 基本键位练习

明确了打字时的手指分工就可以开始最基本的键位练习了，键位练习分为练习模式和测试模式，可在两种模式之间进行切换。图 1-17 所示为"字母键位"部分的练习模式，可帮助用户更快地熟悉键位和指法，按键错误必须重新键入才能继续练习。

图 1-17 "字母键位"练习模式图

数字键位的练习可切换到数字键区练习；在进行符号键的练习时，如果需要输入双字符键的上挡字符时，需配合"Shift"键使用。

### 2. 英文文章的练习

当用户对键盘的各个键位比较熟悉后，就可以进入英文打字的综合练习阶段了。单击"英文打字"，进入"英文打字"页面。"英文打字"模块分为 3 个阶段："单词练习""语句练习""文章练习"。这 3 个阶段难度逐步增加，每个阶段同样分为练习模式和测试模式，用户可根据自己的进度和水平选择不同的模式。在"单词练习"和"语句练习"训练中，工作页面仍然保留键盘图形的键位提示，方便用户盲打。而"文章练习"阶段取消了键盘图形的键位提示，完全与实战接轨，如图 1-18 所示。在练习时用户必须集中精力，做到手、脑、眼协调一致，尽量避免看键盘，并且要保证输入的准确度。

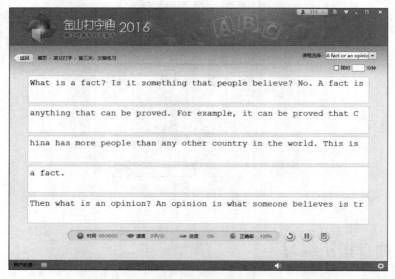

图 1-18 "文章练习"页面

### 3. 中文文章的练习

在金山打字通主界面单击"拼音打字"或"五笔打字"，设置好输入法即可开始练习中文打字。

"拼音打字"模块分为 4 个部分："拼音输入法""音节练习""词组练习""文章练习"。单击"音节练习"，即可进行音节输入的训练，如图 1-19 所示。

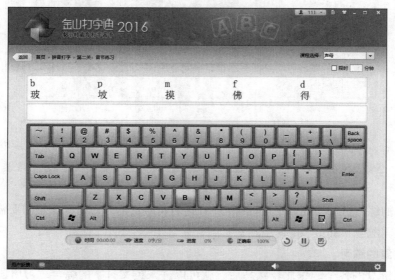

图 1-19 "音节练习"页面

单击"词组练习"，可进行词组输入的训练，如图 1-20 所示。

单击"文章练习"，可进行文章输入的训练。

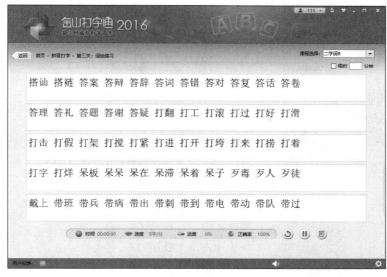

图 1-20　"词组练习"页面

# 习　题

## 1.选择题

（1）世界上第一台数字电子计算机是（　　　　）。

　　A. UNIVAC　　　　　　　　　　　　B. EDVAC

　　C. ENIAC　　　　　　　　　　　　　D. EDSAC

（2）个人计算机属于（　　　　）。

　　A. 巨型机　　　　　　　　　　　　B. 大型机

　　C. 小型机　　　　　　　　　　　　D. 微型机

（3）一个完整的计算机系统包括（　　　　）。

　　A. 主机与外部设备　　　　　　　　B. 主机与输入设备

　　C. 硬件系统与软件系统　　　　　　D. 运算器、控制器和存储器

（4）计算机自诞生以来，在性能、价格等方面都发生了巨大的变化，但是其（　　　）没有发生多大的改变。

　　A. 耗电量　　　　　　　　　　　　B. 体积

　　C. 运算速度　　　　　　　　　　　D. 体系结构

（5）不同类型的存储器组成了多层次结构的存储器体系，按存取速度从快到慢排列的是（　　　　）。

　　A. 高速缓存、辅存、主存　　　　　B. DVD、主存、辅存

　　C. 高速缓存、主存、辅存　　　　　D. 光盘、主存、辅存

（6）ROM 的特点是（　　　　）。

　　A. 用户可以随时读写　　　　　　　B. 存储容量大

　　C. 存取速度快　　　　　　　　　　D. 断电后信息仍然保存

（7）计算机内所有的信息都是以（　　　　）数码的形式表示的。

  A. 二进制          B. 八进制

  C. 十六进制         D. 十进制

（8）硬盘是（　　　　）。

  A. 数据通信设备        B. 内部存储器

  C. 外部存储器         D. CPU 的一部分

（9）以下全是输入设备的是（　　　　）。

  A. 鼠标、键盘、打印机      B. 扫描仪、键盘、音箱

  C. 鼠标、硬盘、音箱       D. 扫描仪、键盘、鼠标

（10）ASCII 码是一种对（　　　　）进行编码的计算机代码。

  A. 汉字           B. 字符

  C. 图像           D. 声音

## 2.填空题

（1）计算机电子元器件的发展经历了电子管、＿＿＿＿＿＿＿＿、集成电路、＿＿＿＿＿＿＿＿＿＿＿＿＿＿＿＿＿＿4 个阶段。

（2）计算机中系统软件的核心是＿＿＿＿＿＿＿，它主要用来控制和管理计算机的所有软硬件资源。

（3）中央处理器由＿＿＿＿＿＿＿和＿＿＿＿＿＿＿组成。

（4）＿＿＿＿＿＿＿语言是能被计算机硬件直接识别并执行的语言。

（5）计算机中存储数据的最小单位是＿＿＿＿＿＿＿。

（6）1GB=＿＿＿＿＿＿＿MB=＿＿＿＿＿＿＿KB=＿＿＿＿＿＿＿B。

（7）＿＿＿＿＿＿＿又称为＿＿＿＿＿＿＿，它可以和 CPU 直接交换信息，用来存放当前运行的数据和程序。

（8）＿＿＿＿＿＿＿是指微处理器一次能同时处理的二进制数的位数。

（9）计算机病毒是指编制或在计算机程序中插入的破坏计算机功能或毁坏数据，影响计算机使用，并能自我复制的一组＿＿＿＿＿＿＿＿＿＿＿＿＿＿＿＿＿＿＿＿＿＿＿＿＿＿＿＿＿。

（10）多媒体技术的特点有多样性＿＿＿＿＿＿＿、＿＿＿＿＿＿＿、＿＿＿＿＿＿＿和＿＿＿＿＿＿＿。

## 3.简述题

（1）计算机硬件系统由哪几个部分组成？请分别说明各部分的作用。

（2）冯·诺依曼型计算机的特点是什么？

（3）衡量计算机性能的主要技术指标有哪些？请举例说明。

（4）简述计算机病毒的防范措施。

（5）请完成下列数制转换。

$(1101001.101)_2=($　　　　　　$)_{10}=($　　　　　　$)_8=($　　　　　　$)_{16}$

$(357.25)_{10}=($　　　　　　$)_2=($　　　　　　$)_8=($　　　　　　$)_{16}$

$(9CD.5A)_{16}=($　　　　　　$)_2=($　　　　　　$)_8$

$(4763.15)_8=($　　　　　　$)_2=($　　　　　　$)_{10}=($　　　　　　$)_{16}$

# 第2章
# Windows 10 操作系统

主要知识点

- Windows 10 操作系统。
- 文件及文件夹的概念、操作。
- 管理系统资源。
- Windows 10 窗口的组成及操作。
- Windows 10 系统个性化设置。
- Windows 10 桌面组成、开始菜单和任务栏。
- 鼠标与键盘的操作和设置。
- 输入法设置。
- Windows 10 附件。

Windows 10 是由美国微软公司开发的应用于计算机和平板电脑的操作系统，于 2015 年 7 月 29 日发布正式版。Windows 10 操作系统相较于过去的版本，在易用性和安全性方面有了极大的提升，除了针对云服务、智能移动设备、自然人机交互等新技术进行了融合外，还对固态硬盘、生物识别、高分辨率屏幕等硬件进行了优化、完善与支持。本章主要介绍操作系统的基本组成及中文版 Windows 10 的基本操作和普通应用等相关知识。

## 2.1 Windows 10 的基本操作

操作系统实际上是配置的一组程序，用于统一管理计算机系统中的各种软件资源和硬件资源，合理地组织计算机的工作流程，协调计算机系统的各部分、各用户的工作关系，为用户提供操作界面。操作系统是附在计算机硬件上的第一层软件，是对计算机硬件系统的首次扩充，也是其他系统软件和应用软件能够在计算机上运行的基础。它位于用户和硬件之间，一方面管理计算机硬件资源，使之更好地为用户服务；另一方面为用户提供接口，以方便用户更好地使用和优化计算机硬件。所以，操作系统是最重要的系统软件。

### 2.1.1　Windows 10 桌面

用户启动计算机，登录 Windows 10 操作系统后看到的整个屏幕界面称为"桌面"，桌面是人机对话的主要接口，也是人机交互的图形用户界面。桌面是组织和管理资源的一种有效方式，与现实生活中的办公桌面常常放置一些常用办公用品一样，Windows 10 也利用桌面来承载各类系统资源。

**1. 常见的系统图标**

常见的系统图标及图标相关操作主要有以下几种。

"此电脑"：可以浏览计算机磁盘中的内容、进行文件的管理工作、更改计算机软硬件设置和管理打印机等。Windows 10 操作系统安装后，"此电脑"并不是默认显示的，需通过"桌面图标设置"操作进行修改。单击"开始"→"设置"→"个性化"→"主题"→"桌面图标设置"，即可打开"桌面图标设置"对话框，如图 2-1 所示。

图 2-1　桌面图标设置

"网络"：主要用来查看网络中的其他计算机，访问网络中的共享资源，进行网络设置等。

"回收站"：是系统在硬盘中开辟的专门存放从硬盘上删除的文件和文件夹的区域。如果用户误删某些重要文件，可以双击桌面上的"回收站"图标，打开"回收站"窗口，选择需要还原的文件或文件夹，然后单击工具栏上的"管理"选项卡中的"还原选定的项目"按钮，可将其还原到原来的位置。回收站中的文件会占用计算机的磁盘空间，因此需要定期对回收站进行清理，以释放磁盘空间，此时可单击"回收站"窗口工具栏上的"管理"选项卡中的"清空回收站"按钮，在弹出的确认删除对话框中单击"是"按钮即可彻底删除回收站中的文件。

添加新图标：可以从别的窗口通过鼠标拖动的方法创建一个新图标，也可以通过右击桌面空白处创建新图标。用户如果想在桌面上建立"计算机"和"文档"等的快捷方式图标，只需从"开始"菜单中将相应图标拖曳到桌面即可。

删除图标：右击某图标，从弹出的快捷菜单中选择"删除"命令即可；或直接将对象拖动到回收站。

排列图标：右击桌面空白处，从弹出的快捷菜单中选择"排列方式"命令，然后在级联菜单中分别选择按"名称""大小""项目类型"或"修改日期"命令排列图标。若在"查看"命令的级联菜单中取消选择"自动排列图标"命令，则此时可把图标拖到桌面上的任何地方。

**2. 任务栏**

任务栏是位于桌面底部的水平长条，它显示了系统正在运行的程序、打开的窗口和当前时间等内容。用户可以通过任务栏完成许多操作。

任务栏左边是"开始"菜单，其右侧是"快速启动"按钮，右边是通知公告区，显示计算

机的系统时间、日期和输入法等，中部是显示正在使用的各应用程序的图标或个别可以运行的
应用程序按钮的任务区，如图 2-2 所示。

图 2-2　Windows 10 操作系统的任务栏

（1）"开始"菜单

在 Windows 10 操作系统中，所有的应用程序都在"开始"中显示。Windows 10"开始"菜
单包括用户、文档、图片、设置、电源 5 个部分。Windows 10"开始"菜单左侧为常用项目、
最近添加项目，另外还有用于显示所有应用的列表；右侧是用来固定应用磁贴或图标的区域，方
便快速打开应用。用户也可以右击左侧的应用项目，选择"固定到'开始''屏幕"，应用图标
或磁贴就会出现在右侧区域中。

（2）任务区

任务区用于显示已经打开的程序或文件，并可以在它们之间进行快速切换。用户也可以在"开
始"菜单中右击某个应用项目，选择"更多"→"固定到任务栏"，应用图标就会固定到任务栏。

（3）语言栏

语言栏用来显示系统正在使用的输入法和语言。计算机进行文本服务时，它会自动出现。可
以将语言栏移动到屏幕的任何位置，也可以将其最小化到任务栏。

（4）通知区域

通知区域有一些小图标，称为指示器。这些指示器代表一些运行时常驻内存的应用程序，如
音量、时钟、病毒防火墙、网络状态等。单击音量指示器可调整扬声器的音量或关闭声音；单击
输入法指示器，可以选择其中的一种输入法。

## 2.1.2　窗口操作

窗口是 Windows 10 操作系统最基本的用户界面，Windows 10 的窗口分为应用程序窗口、文
档窗口和对话框 3 种。应用程序窗口包含一个正在运行的应用程序；文档窗口是程序窗口内的窗
口；对话框是 Windows 和用户进行信息交流的窗口。Windows 10 允许同时打开多个窗口，但在
所有打开的窗口中只有一个是正在操作、处理的窗口，称为当前活动窗口。关闭窗口的同时就
会结束应用程序的运行。

典型的 Windows 10 窗口主要由标题栏、地址栏、搜索栏、菜单栏、选项卡、最小化按钮、
最大化按钮（恢复按钮）、关闭按钮、工具栏、属性栏、工作区、滚动条等组成。"此电脑"的使
用就是围绕"窗口"展开的，双击桌面上的"此电脑"图标，即可打开"此电脑"窗口，如图 2-3
所示。

### 1. 窗口的组成

①标题栏：用于显示窗口的名称，拖动标题栏可移动整个窗口。

②地址栏：用于显示和输入当前浏览位置的详细路径信息。

③搜索栏：用于对计算机中的文档等进行查找。在搜索框中输入关键字，并单击左边的放大
镜图标，系统将自动在该目录下搜索所有匹配的对象，并在窗口工作区中显示搜索结果。

④选项卡：提供了用户在操作过程中要用到的多种操作。

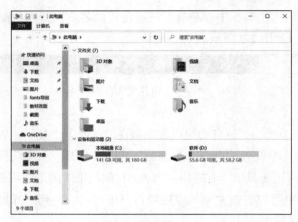

图 2-3 "此电脑"窗口

⑤最小化按钮：单击该按钮，可将窗口缩小为图标，成为任务栏中的一个按钮。

⑥最大化按钮（恢复按钮）：单击该按钮，可使窗口充满整个屏幕；再单击该按钮，可将窗口恢复到最大化之前的大小。

⑦工作区：用来显示当前文件夹包含的文件及子文件夹的图标。

⑧滚动条：用于显示窗口中所有内容的工具，当窗口中的内容太多而没有在一屏内完全显示时，可通过拖动滚动条来查看窗口中的全部内容。

**2. 窗口的操作**

（1）窗口的移动

将鼠标指针指向需要移动的窗口的标题栏，按住鼠标左键并拖动鼠标到指定位置即可实现窗口的移动。最大化的窗口是无法移动的。

（2）窗口的最大化、最小化和恢复

每个窗口都可以以 3 种方式的其中一种出现，即由单一图标表示的最小化形式、充满整个屏幕的最大化形式或允许窗口移动并可以改变其大小和形状的恢复形式。通过使用窗口右上角的最小化按钮、最大化按钮或恢复按钮，可实现窗口在这些形式之间的切换。

（3）窗口大小的改变

当窗口不是最大化时，窗口的宽度和高度可以改变。

将鼠标指针指向窗口的左边或右边，当鼠标指针变为左右双向箭头后，按住鼠标左键并拖动鼠标可以改变窗口的宽度；将鼠标指针指向窗口的上边或下边，当鼠标指针变成上下双向箭头后，按住鼠标左键并拖动鼠标可以改变窗口的高度；将鼠标指针指向窗口的任意一个角，当鼠标指针变成倾斜双向箭头后，按住鼠标左键并拖动鼠标可以同时改变窗口的宽度和高度。

（4）窗口内容的滚动

当窗口中的内容较多，而窗口太小不能同时显示它的所有内容时，窗口的右边会出现一个垂直的滚动条，或者在窗口的下边会出现一个水平的滚动条。滚动条外有滚动框，两端有滚动箭头按钮。通过拖动滚动条，可在不改变窗口大小和位置的情况下，在窗口框中移动浏览其中的全部内容。

滚动操作包括：单击滚动箭头，实现小步滚动；单击滚动箭头和滚动框之间的区域，实现大步滚动；拖动滚动条到指定位置，实现指定滚动。

（5）窗口的切换

当在同一时间打开不止一个窗口时，可以单击任务栏中的程序图标来实现窗口的切换。也可以通过单击该窗口的任何部位来实现窗口的切换。Windows 10 还提供了用组合键"Alt+Tab"来实现窗口的切换的方式。先按住"Alt"键不放，再按下"Tab"键，此时桌面会出现一个集合了所有任务图标的小窗口，每按一次"Tab"键，就将按照任务栏"应用程序区域"排列图标的顺序依次切换窗口。

（6）窗口的排列

当在同一时间打开不止一个窗口、又希望显示出每一个窗口时，可以设置窗口的排列方式。Windows 10 提供了层叠窗口、堆叠显示窗口、并排显示窗口 3 种窗口排列方式，如图 2-4 所示。将鼠标指针移到任务栏空白处，右击，在弹出的快捷菜单中选择相对应的窗口排列方式。

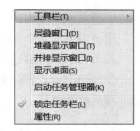

图 2-4　任务栏右键快捷菜单

①层叠窗口。把窗口按先后顺序依次排列在桌面上，其中每个窗口的标题栏和左侧边缘是可见的，用户可以通过单击任意窗口切换各窗口的排列顺序。

②堆叠显示窗口。各窗口并排显示，在保证每个窗口大小相当的情况下，使得窗口尽可能往水平方向伸展。

③并排显示窗口。在排列的过程中，在保证每个窗口都显示的情况下，尽可能往垂直方向伸展。

## 2.1.3　菜单操作

菜单是一张命令列表，用来完成已经定义好的命令操作。除"开始"菜单外，Windows 10 还提供了程序菜单、控制菜单和快捷菜单。

不同程序窗口的菜单是不同的。

菜单栏中的各程序菜单和控制菜单都是下拉菜单，各下拉菜单中列出了可供选择的若干命令，一个命令对应一种操作。用鼠标右击菜单栏的空白处，将出现一个控制菜单，如图 2-5 所示。窗口的还原、移动、改变大小、最小化、最大化、关闭等操作都可以利用控制菜单来实现。

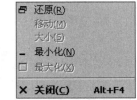

图 2-5　控制菜单

快捷菜单是当鼠标指针指向某一对象时，右击后弹出的菜单，快捷菜单中的命令是根据当前的操作状态来定的，具有动态性质，随着操作对象和环境状态的不同，快捷菜单的命令也有所不同。

### 1. 下拉菜单中各命令项的说明

①显示暗淡的命令表示当前不能选用。

②如果命令名后有符号"…"，则表示选择该命令时会弹出对话框，需要用户提供进一步的信息。

③如果命令名后有一个指向右方的符号"＞"，则表示有级联菜单。

④如果命令名前面有标记"√"，则表示该命令正处于有效状态。

⑤如果命令名的右边还有一个键符或组合键符，表示使用该键符或组合键可以直接执行相应的命令。

**2. 对菜单的操作**

①打开某下拉菜单（即选择菜单）有以下 2 种方法。

单击该菜单项。

当菜单项后的括号中含有带下划线的字母时，也可按"Alt+ 字母键"。

②在菜单中选择某命令有以下 3 种方法。

单击该命令的选项。

用键盘上的 4 个方向键将高亮条移至该命令选项，然后按回车键。

若命令选项后的括号中含有带下划线的字母，则直接按该字母键。

③撤销菜单。打开菜单后，如果不想选取任何菜单项，则可在菜单框外的任何位置上单击，即可撤销该菜单。

# 2.1.4 对话框操作

对话框是窗口的一种特殊形式，是 Windows 和用户进行信息交流的一个界面，在程序执行过程中，对话框会提出选项并要求用户给予答复。对话框的大小一般不能改变，有的对话框含有若干个选项卡。对话框多种多样，一般可能由若干个部分（称为"栏"）组成，主要包括列表框、单选按钮、复选框与数字微调框等元素。图 2-6 是在 Word 2016 中打开的"字体"对话框，可以看到各部分都有一些标识。

图 2-6 "字体"对话框

①选项卡是对话框的组成部分，一般对话框由几个选项卡组成。打开各选项卡，可对其内容进行相应的设置。

②单选按钮一般供用户作单项选择用，被选择后其圆钮中间变为黑色。

③复选框供用户作多项选择用，被选定后其矩形框中出现"√"，未选定则其矩形框中为空。

④列表框中会列出可供用户选择的内容，一般包括下拉列表框和滚动列表框。

⑤数字微调框是对话框中用于对相应项的数值进行设置的调整框，如"2 字符 "。可以通过数字微调框中的微调按钮（即上三角按钮和下三角按钮）增加或减少数值，也可以在其中直接输入数值。

⑥命令按钮是对话框中各操作的执行按钮。单击命令按钮，即可完成相应的操作。

对话框的类型比较多，不同类型的对话框中所包含的部分是各不相同的。

# 2.2　文件和文件夹

## 2.2.1　文件的基本概念

Windows 10 操作系统将各种程序和文档数据以文件的形式存放在外部存储介质上，它是 Windows 10 操作系统中最基本的存储单位。文件是被命名的、存放在存储介质上的一组相关信息的集合。每个文件都有自己的文件名称，Windows 10 操作系统就是按照文件名来识别、存取和访问文件的。

### 1. 文件

文件是具有文件名的一组相关信息的集合。文件中可以存放文字、数字、图像和声音等各种信息。文件名由文件主名和扩展名组成，两者之间用小数点"."分隔。文件主名一般由用户自己定义，文件的扩展名则标识了文件的类型和属性，一般都有比较严格的定义，如命令程序的扩展名为 .com，可执行程序的扩展名为 .exe，由 Word 建立的文档文件的扩展名为 .docx，ASCII 文本文件的扩展名为 .txt，位图格式的图形、图像文件的扩展名为 .bmp，压缩或非压缩的声音文件的扩展名为 .wav，等等。在 Windows 中，每个文件在打开前是以图标的形式显示的。每个文件的图标可能会因其类型不同而有所不同，而系统正是以不同的图标和文件描述信息来向用户提示文件的类型的。

### 2. 文件夹

计算机中的文件种类繁多，为了更好地区分和管理文件，Windows 操作系统中引入了文件夹的概念。文件夹就是存储文件和下级文件夹的树形目录结构。文件夹由文件夹图标和文件夹名组成。文件或文件夹的名称最多可包含 255 个字符，可以是字母（不区分大小写）、数字、下划线、空格和一些特殊字符，但不能包含以下 9 个字符：\/:*?"<> |。Windows 10 操作系统通过文件夹名来访问文件夹。Windows 10 操作中的文件夹不仅表示了目录，还可以表示驱动器（读取、写入数据的硬件）、设备、公文包和通过网络连接的其他计算机等。

文件夹中也可以不包含任何文件和文件夹，这样的文件夹被称为空文件夹。系统规定在同一个文件夹内不能有相同的文件名或文件夹名，而在不同的文件夹中则可以重名。

### 3. 路径

文件及文件夹的管理是计算机进行信息管理的重要组成部分，每一个文件或文件夹都有相应的计算机存放地址即路径。文件的完整路径包括服务器名称、驱动器号、文件夹路径、文件主名和扩展名。用户在管理文件或文件夹时，只需按照其路径即可查找到相应的文件或文件夹。

### 2.2.2  文件和文件夹的操作

**1. 新建文件或文件夹**

在磁盘或文件夹下新建文件及文件夹的具体操作方法分别如下。

①打开该磁盘或文件夹，在其空白位置右击，在弹出的快捷菜单中选择"新建"→"文件夹"命令，磁盘或文件夹中即新建了一个相应的文件夹。

②打开该磁盘或文件夹，在其空白位置右击，在弹出的快捷菜单中选择"新建"命令，在级联菜单中单击对应文件类型，磁盘或文件夹中即新建了一个相应的文件。

**2. 打开、关闭文件或文件夹**

（1）打开文件或文件夹

①双击需要打开的文件或文件夹。

②右击需要打开的文件或文件夹，在弹出的快捷菜单中选择"打开"命令。

（2）关闭文件或文件夹

①在打开的文件或文件夹窗口中单击"文件"命令，在下拉菜单中选择"退出"或"关闭"命令。

②单击窗口中标题栏上的"关闭"按钮或双击控制菜单区域。

③使用"Alt+F4"组合键。

**3. 选定文件或文件夹**

在对文件或文件夹进行移动、复制、剪切、删除、重命名等操作之前，应该先选定它们。

如果需要选定的文件或文件夹不在"文件资源管理器"窗口右半部分的文件夹内容窗口（即当前文件夹）中，则需要先在"文件资源管理器"窗口左半部分的文件夹树窗口中选定相应文件夹，然后再在右半部分的当前文件夹内容窗口中选定所需要的文件或文件夹。

（1）选定单个文件或文件夹

在"文件资源管理器"窗口右半部分的当前文件夹内容窗口中单击要选定的文件或文件夹的图标或名称即可。

（2）选定一组连续排列的文件或文件夹

在"文件资源管理器"窗口右半部分的当前文件夹内容窗口中单击要选定的文件或文件夹组中第一个文件或文件夹的图标或名称，然后移动鼠标指针到该文件或文件夹组中的最后一个文件或文件夹的图标或名称，最后按下"Shift"键并单击。

（3）选定一组非连续排列的文件或文件夹

在按下"Ctrl"键的同时，单击每一个要选定的文件或文件夹的图标或名称。

（4）选定所有文件和文件夹

要选定当前文件夹内容窗口中的所有文件和文件夹，只要单击"主页"→"全部选择"即可；或使用"Ctrl +A"组合键全选。

（5）反向选择

当窗口中要选定的文件和文件夹远比不需要选定的多时，可采用反向选择的方法。即先选定不需要的文件和文件夹，然后单击"主页"→"反向选择"即可。

（6）取消选定文件

单击窗口中的任何空白处即可。

**4. 复制、移动文件或文件夹**

所谓复制文件与文件夹，是指将某位置上的文件与文件夹中的内容复制到另一个新的位置上，复制后，原来位置上的内容不变，新的位置与原来的位置上具有相同的文件与文件夹。

选中要复制的文件或文件夹，单击"主页"→"复制"；或右击，在弹出的快捷菜单中选择"复制"命令；或使用"Ctrl+C"组合键，所选内容被复制到剪贴板中了。

将鼠标指针移动到需要粘贴的位置，单击"主页"→"粘贴"；或右击，在弹出的快捷菜单中选择"粘贴"命令；或使用"Ctrl+V"组合键，可实现将剪切或复制后保存在剪贴板中的内容粘贴到鼠标指针位置处的操作。

所谓移动文件与文件夹，是指将某位置上的文件与文件夹中的内容移到另一个新的位置上，移动后，原来位置上的文件与文件夹就不再存在。

选中要移动的文件或文件夹，单击"主页"→"剪切"；或右击，在弹出的快捷菜单中选择"剪切"命令；或使用"Ctrl+X"组合键，所选内容就被剪切到剪贴板中了。

将鼠标指针移动到需要粘贴的位置，单击"主页"→"粘贴"；或右击，在弹出的快捷菜单中选择"粘贴"命令；或使用"Ctrl+V"组合键，可实现将剪切或复制后保存在剪贴板中的内容移动到鼠标指针位置处的操作。

**5. 重命名文件或文件夹**

在 Windows 10 中，更改文件或文件夹的名称是很方便的，其操作过程如下。

①在"此电脑"或"文件资源管理器"窗口中，选中要重命名的文件或文件夹。

②单击"主页"→"重命名"或选择快捷菜单中的"重命名"命令后，需要重命名的文件或文件夹的名称成为可编辑状态，此时输入新的名称，然后按"Enter"键即可。

**6. 删除文件或文件夹**

（1）利用"回收站"删除文件与文件夹

在硬盘上删除文件与文件夹，实际上是将需要删除的文件与文件夹移动到"回收站"文件夹中。因此，它的操作过程与前面介绍的移动文件与文件夹完全一样，既可以用鼠标拖动，也可以单击"主页"→"剪切"，只不过其目标文件夹为"回收站"。

（2）利用菜单删除文件与文件夹

利用菜单删除文件与文件夹的操作如下。

①在"此电脑"或"文件资源管理器"窗口中选中需要删除的文件与文件夹。

②单击"主页"→"删除"，即可删除所有选中的文件与文件夹。

特别要指出的是，在硬盘上不管是采用哪种途径删除的文件与文件夹，实际上其只是被移动到了"回收站"中。如果想恢复已经删除的文件，可以到"回收站"文件夹中去查找，在"清空回收站"之前，被删除的文件与文件夹都一直保存在那里。只有执行"清空回收站"操作，"回收站"文件夹中的所有文件与文件夹才真正从磁盘中删除。如果不想将要删除的文件或文件夹放入"回收站"中，可按住"Shift"键，然后执行删除命令。

**7. 创建文件或文件夹的快捷方式**

图标是程序、文件、文件夹和快捷方式等各种对象的小图像。双击不同的图标即可打开相应的对象。左下角带有箭头的图标，称为快捷方式图标。快捷方式是一种特殊的 Windows 文件（扩展名为 .lnk），它不表示程序或文档本身，而是指向对象的指针。对快捷方式进行重命名、移动、复制或删除等操作只影响快捷方式文件，而快捷方式所对应的应用程序、文档或文件夹不会改变。创建快捷方式的目的就是为常用的对象在方便的位置（如桌面）建立一个链接图标，以便用户快速打开该对象进行操作。在桌面、磁盘或文件夹中创建快捷方式的具体操作步骤如下。

①用鼠标指针指示目标对象，右击，在弹出的快捷菜单中选择"创建快捷方式"命令，即可在当前位置创建目标对象的快捷方式。

②如果在弹出的快捷菜单中选择"发送到"→"桌面快捷方式"命令，即可在桌面上创建目标对象的快捷方式。

**8. 压缩与解压文件或文件夹**

Windows 10 有文件夹压缩功能，压缩与解压的操作步骤如下。

①在窗口中选中要压缩的文件或文件夹，可以选多个。

②右击选中区域，在弹出的快捷菜单中选择"发送到"命令。

③单击级联菜单中的"压缩文件夹"命令，即可在当前窗口位置创建一个包含所选文件和文件夹的压缩文件夹。压缩文件夹的默认名称从所选文件和文件夹名称中随机产生，其图标就像在普通文件夹的图标上加了一条拉链。

④在压缩文件夹中先复制想要解压的文件和文件夹，然后在目标位置粘贴复制的项目，即可解压相应的文件和文件夹。

当然，Windows 10 的文件夹压缩功能是有限的，要更好地进行文件或文件夹的压缩，可以借助专门的压缩与解压软件，如 WinRAR 等。

**9. 搜索文件或文件夹**

Windows 10 将搜索栏集成到了"文件资源管理器"和"此电脑"位置，用户不但可以随时查找文件，还可以在指定位置进行搜索。如果需要在所有磁盘中查找，则打开"此电脑"窗口；如果需要在某个磁盘分区或文件夹中查找，则打开该磁盘分区或文件夹窗口，然后在窗口地址栏后面的搜索框中输入关键字。搜索完成后，系统会在窗口工作区显示与关键字匹配的记录，让用户更容易锁定所需的结果。

（1）搜索

Windows 10 提供了按位置、按修改日期、按类型、按大小、按其他属性及高级选项等条件搜索文件或文件夹的功能。用户也可单击搜索框，输入关键词搜索，单击后这里会列出之前的搜索历史。图 2-7 所示是"此电脑"位置的搜索工具。

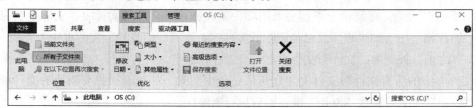

图 2-7　搜索工具

（2）保存搜索

如果用户需要经常进行某一个指定条件的搜索，可以在搜索完成之后单击窗口工具栏的"保存搜索"按钮，系统会将这个搜索条件保存起来。之后，用户可以在文件资源管理器左侧的导航窗格的"收藏夹"下面看到这个条件,单击它即可打开上次的搜索结果。

**10. 设置文件或文件夹属性**

右击文件或文件夹,在弹出的快捷菜单中选择"属性"命令,打开属性对话框。比较文件和文件夹的属性对话框,会发现它们略有不同,如图 2-8 和图 2-9 所示。利用文件或文件夹的属性对话框,用户不但可以查看该对象的具体属性信息,如大小、创建时间、是否只读、是否隐藏等,而且可以根据需要对其属性进行新的设置。

图 2-8　文件属性对话框　　　　　图 2-9　文件夹属性对话框

(1)设置文件或文件夹只读属性

设置了只读属性的文件和文件夹只能查看,不能修改或删除,其设置方法如下。

①打开要设置只读属性的文件或文件夹的属性对话框。

②在"常规"选项卡的"属性"选项区域中选中"只读"复选框,如果取消该复选框即取消其只读属性。

③单击"确定"按钮。

(2)隐藏文件或文件夹

用户不想让除自己以外的其他人查看计算机中的文件或文件夹时可以将其隐藏起来。当用户希望将隐藏的文件或文件夹显示出来时,需要设置计算机中所有隐藏的文件和文件夹显示可见才能达到目的。利用文件夹选项可以对文件或文件夹进行隐藏或取消隐藏设置,其具体操作步骤如下。

①对要隐藏的文件或文件夹设置隐藏属性,在其属性对话框的"常规"选项卡的"属性"区域,选中"隐藏"复选框即可。有时尽管设置了"隐藏"属性,用户会发现该对象依然可见,只是变为浅色显示,没有达到隐藏的目的,此时依然选中要隐藏的对象,在其属性对话框中选择"查看"→"选项"→"更改文件夹和搜索选项"命令,弹出"文件夹选项"对话框,如图 2-10 所示。

②"文件夹选项"对话框包括"常规""查看""搜索"3个选项卡。打开"查看"选项卡，在"高级设置"中，根据需要选中相应的复选框或单选按钮，选中"不显示隐藏的文件、文件夹或驱动器"单选按钮，即可隐藏文件或文件夹；如果要显示已隐藏的文件和文件夹，则选中"显示隐藏的文件、文件夹和驱动器"单选按钮即可。

③单击"应用到文件夹"按钮，将设置应用于选中的文件或文件夹。

（3）加密文件或文件夹

当用户对自己的一些文件和文件夹加密后，其他任何未授权的用户，甚至是管理员，都无法访问其加密的数据。加密文件夹的具体步骤如下。

①打开要加密的文件夹的属性对话框。

②在"常规"选项卡上，单击"高级"按钮，打开"高级属性"对话框，如图2-11所示。

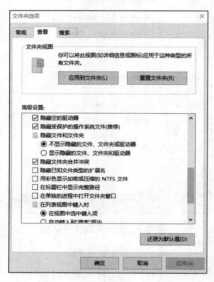

图 2-10  "文件夹选项"对话框

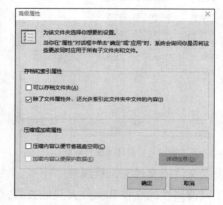

图 2-11  "高级属性"对话框

③选中"加密内容以便保护数据"复选框，单击"确定"按钮，返回"确认属性更改"对话框，选中"将更改应用于此文件夹、子文件夹和文件"，单击"确定"按钮，系统将对其中的所有文件和文件夹进行加密。

完成加密设置后，该文件夹将呈绿色显示，其中的所有文件和文件夹也都呈绿色显示。当其他人用其他账号登录该计算机时，将无法打开该文件夹。

## 2.2.3  文件资源管理器

在 Windows 10 中，文件资源管理器是另一个管理文件的工具，其功能和"此电脑"相似，窗口也分为左、右两部分。用户可以使用文件资源管理器查看"此电脑"中所有的资源，特别是它提供的树形文件系统结构，能够让用户方便地对文件进行浏览、查看、移动及复制等各种操作。右击"开始"按钮，在弹出的快捷菜单中选择"文件资源管理器"命令，打开 Windows 10 的"文件资源管理器"窗口，如图2-12所示。在文件资源管理器中有 7 个文件夹，分别是：3D 对象、视频、图片、文档、下载、音乐、桌面。

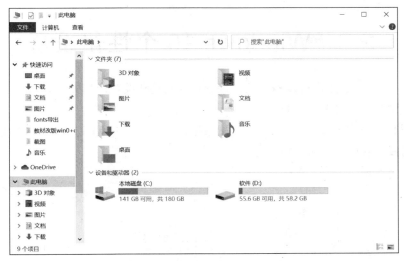

图 2-12 "文件资源管理器"窗口

"文件资源管理器"窗口的中间主要区域被分成了左、右两部分，右边是工作区，而左边则是窗口的导航窗格。导航窗格提供了树形结构文件夹列表，从而方便用户迅速地定位所需的目标。

## 2.2.4 查看文件夹的目录结构

查看文件夹的目录结构有以下 2 种方式。

**1. 查看当前文件夹中的内容**

在文件资源管理器的导航窗格中单击某个文件夹图标，则该文件夹被选中，成为当前文件夹，此时右边的工作区窗口中立即显示该文件夹下的所有子文件夹与文件。

**2. 展开文件夹树**

在文件资源管理器的导航窗格中，可以看到在某些文件夹图标的左侧有下三角符号或右三角符号。右三角符号表示该文件夹下还含有子文件夹，只要单击该右三角符号，就可以展开该文件夹。下三角符号表示该文件夹已经被展开，此时若单击该下三角符号，则会将该文件夹下的子文件夹折叠隐藏起来，折叠后标记变为右三角符号。

为便于对文件或文件夹进行操作，可以对文件夹内容窗口中的文件与文件夹的显示形式进行调整。打开文件夹，在其空白位置右击，在弹出的快捷菜单中选择"查看"命令，即可在级联菜单中选择以"超大图标""大图标""中等图标""小图标""列表""详细信息""平铺"的其中一种方式进行查看，如图 2-13 所示。

打开文件夹，在其空白位置右击，在弹出的快捷菜单中选择"排列方式"命令，即可在级联菜单中选择以"名称""修改日期""类型""大小"进行排列，也可选择"递增""递减"排列。

图 2-13 "查看"的级联菜单

# 2.3 Windows 10 个性化设置

在 Windows 10 中，用户可以根据某些特殊要求调整和设置计算机，这些设置是在"控制面板"窗口和"设置"窗口中进行的。

单击"开始"→"Windows 系统"→"控制面板"，或双击桌面上的"控制面板"图标，可打开"控制面板"窗口，如图 2-14 所示。

图 2-14 "控制面板"窗口

单击"开始"→"设置"，即可打开"设置"窗口，如图 2-15 所示。

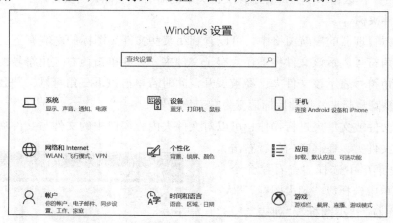

图 2-15 "设置"窗口

## 2.3.1 更改外观和主题

单击"开始"→"设置"→"个性化"，或右击桌面空白处，在弹出的快捷菜单中选择"个性化"命令，即可打开个性化设置窗口，如图 2-16 所示。

在个性化设置窗口中，用户可以对 Windows 10 操作系统的外观进行设置，如背景、颜色、锁屏界面、主题等。

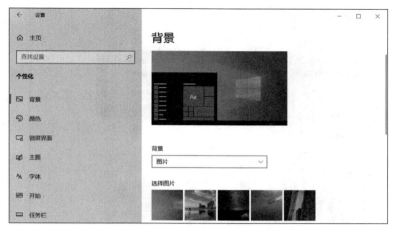

图 2-16　个性化设置窗口

### 1. 设置背景

单击"开始"→"设置"→"个性化"→"背景",可选择"图片"、"纯色"或"幻灯片放映"模式作为桌面背景,如图 2-17 所示。也可单击"浏览"按钮来选择计算机中存放的图片,在"选择契合度"下拉列表框中可设置图片在屏幕上的显示位置。

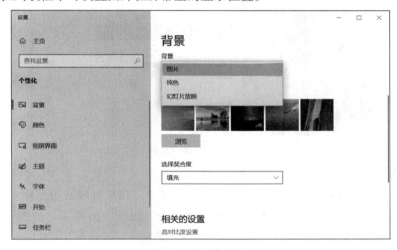

图 2-17　设置背景窗口

### 2. 设置颜色

单击"开始"→"设置"→"个性化"→"颜色",在"选择你的默认 Windows 模式"下、选择"浅色"或"深色"单选按钮,如图 2-18 所示。

### 3. 设置锁屏界面

锁屏界面是当用户在较长时间内没有进行任何键盘和鼠标操作的情况下,用于保护显示器的实用程序。

单击"开始"→"设置"→"个性化"→"锁屏界面",即可设置锁屏背景,可选择在锁屏界面上显示详细状态的应用,也可进行屏幕超时设置和屏幕保护程序设置,如图 2-19 所示。当计算机的闲置时间达到指定值时,屏幕保护程序将自动启动;如果要清除屏幕保护画面,只需移动鼠标或按任意键即可。

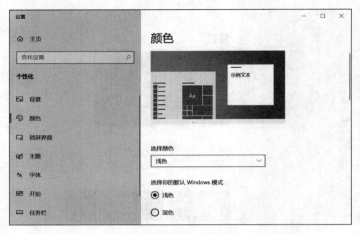

图 2-18　设置颜色窗口

图 2-19　设置锁屏界面窗口

#### 4. 设置主题

主题是图片、颜色和声音的组合。在 Windows 10 中，用户可以通过使用主题立即更改计算机的桌面背景、窗口边框颜色、屏幕保护程序和声音，如图 2-20 所示。单击"开始"→"设置"→"个性化"→"主题"，可选择主题，Windows 10 系统为用户提供了"Windows"、"Windows（浅色主题）"和"Windows 10"等主题，用户还可以在 MicrosoftStore 中获取更多主题。

### 2.3.2　显示设置

#### 1. 更改显示设置

更改显示设置可以使显示器更易于查看。单击"开始"→"设置"→"个性化"→"颜色"→"高对比度设置"，再单击"显示"，打开显示设置窗口，如图 2-21 所示。该窗口包括"放大文本""让内容更醒目""让一切更鲜艳""对 Windows 进行简化和个性化设置""相关设置"等，用户可以根据自身在计算机显示方面的需要选择其中一项或多项进行设置，修改显示效果。

#### 2. 调整显示分辨率

选择"显示"→"相关设置"→"其他显示设置"，可调整"显示分辨率"，在"显示分辨率"的下拉列表框中选择合适的分辨率即可完成对屏幕显示分辨率的设置，如图 2-22 所示。

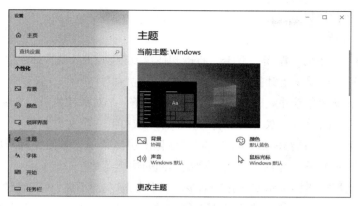

图 2-20　设置主题窗口

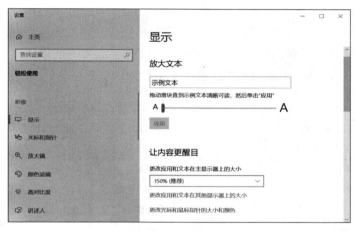

图 2-21　显示设置窗口

图 2-22　显示分辨率窗口

### 2.3.3　调整鼠标与键盘

#### 1. 鼠标

鼠标是控制屏幕上的鼠标指针运动的手持式设备，是最常用的输入设备。在 Windows 环境下，绝大部分的操作都可以通过鼠标来实现。

（1）鼠标的基本操作

鼠标的基本操作有指向、单击、双击、右击和拖曳或拖动。

指向：移动鼠标，使鼠标指针指示所要操作的对象。

单击：快速按下鼠标左键并立即释放。单击用于选择一个对象或执行一个命令。

双击：连续快速两次单击。双击用于启动一个程序或打开一个文件。

右击：快速按下鼠标右键并立即释放。右击会弹出快捷菜单，方便完成对所选对象的操作。当鼠标指针指示不同的操作对象时，右击会弹出不同的快捷菜单。

拖曳或拖动：使鼠标指针指示要操作的对象，按住鼠标左键不放，移动鼠标使鼠标指针指示到目标位置后释放鼠标左键。拖曳或拖动用于移动对象、复制对象或拖动滚动条与标尺的标杆。

（2）鼠标指针的形状

鼠标指针的形状一般是一个小箭头，但在使用鼠标操作计算机的过程中，鼠标指针会随着用户操作的不同或系统工作状态的不同而呈现出不同的形状，不同的形状又代表着不同的含义和功能，表 2-1 列出了几种常见的鼠标指针形状及其表示的状态。

表 2-1　常见的鼠标指针形状及其表示的状态

| 指针形状 | 表示的状态 | 指针形状 | 表示的状态 | 指针形状 | 表示的状态 |
| --- | --- | --- | --- | --- | --- |
| ▷ | 正常选择 | I | 文本选择 | ⬉ | 沿对角线调整 1 |
| ▷⍰ | 帮助选择 | ✎ | 手写 | ⬈ | 沿对角线调整 2 |
| ▷⟳ | 后台操作 | ⊘ | 不可用 | ✦ | 移动 |
| ○ | 忙 | ↕ | 垂直调整 | ⇡ | 候选 |
| + | 精度选择 | ↔ | 水平调整 | ⬚ | 链接选择 |

（3）设置鼠标

单击"开始"→"设置"→"设备"→"鼠标"，打开鼠标设置窗口，如图 2-23 所示。在该窗口中可进行"选择主按钮""调整鼠标和光标大小"的设置，也可以单击"其他鼠标选项"，打开"鼠标 属性"对话框，进行鼠标键、指针、指针选项、滑轮、硬件等方面的设置，如图 2-24 所示。

图 2-23　鼠标设置窗口

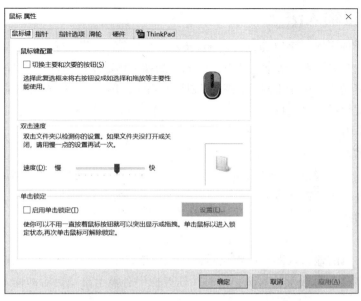

图 2-24　"鼠标 属性"对话框

## 2. 键盘

键盘是标准的计算机输入设备，利用键盘可以完成 Windows 10 提供的所有操作功能。

虽然在 Windows 环境下利用鼠标很方便，但有时使用键盘操作完成某个操作更快捷，故有快捷键的说法，快捷键中多数是组合键，常用的组合键如表 2-2 和表 2-3 所示。组合键的操作方法是先按住前面的一个键或两个键不放，再按后面的一个键。

表 2-2　常用键盘组合键

| 命　令 | 作　用 |
| --- | --- |
| Ctrl+Alt+Delete | 死机时，采用热启动打开"任务管理器"来结束当前任务 |
| Alt+F4 | 关闭活动项或退出活动程序 |
| Alt+Tab | 切换窗口 |
| Ctrl+ 空格 | 切换中英文输入法 |
| Ctrl+Shift | 切换各种输入法 |
| Shift+ 空格 | 中文输入法状态下切换全角 / 半角 |
| Ctrl+> | 中文输入法状态下切换中文 / 西文标点 |
| PrtSc SysRq | 复制当前屏幕图像到剪贴板 |
| Alt+PrtSc SysRq | 复制当前窗口、对话框或其他对象（如任务栏）到剪贴板 |

表 2-3　对话框操作组合键

| 命　令 | 作　用 |
| --- | --- |
| Ctrl+Tab | 向前切换各选项卡 |
| Ctrl+Shift+Tab | 向后切换各选项卡 |
| Shift+Tab | 向后切换各选项 |
| Alt+ 带下划线的字母 | 执行对应的命令或选择对应的选项 |

### 2.3.4 设置输入法

输入法就是计算机输入字符的方法。Windows 10 系统默认英文输入法，要输入汉字则需要使用中文输入法。中文输入法最常见的有拼音输入法和字形输入法两种，拼音输入法是按照汉语拼音规则进行汉字输入的，字形输入法则是按照汉字的字形、部首输入汉字的。Windows 10 系统为用户提供了微软拼音、全拼、双拼等多种汉字输入法。如果用户需要使用其他汉字输入法，应先安装相应的应用程序。

**1. 设置默认输入法**

单击"开始"→"设置"→"设备"→"输入"，打开输入窗口，在"高级键盘设置"中，可设置默认输入法，如图 2-25 所示。

**2. 输入法的切换**

（1）鼠标法

单击任务栏右侧的输入法图标，将显示输入法菜单，如图 2-26 所示。在输入法菜单中选择输入法图标或其名称即可改变输入法，同时在任务栏中会显示出变更后的输入法图标，并显示该输入法的状态栏。

图 2-25　设置默认输入法　　　　　　　　图 2-26　输入法菜单

（2）键盘切换法

①按"Ctrl+Shift"组合键切换输入法。每按一次"Ctrl+Shift"组合键，系统就会按照一定的顺序切换到下一种输入法，这时屏幕上和任务栏将更换成相应输入法的状态栏和图标。

②按"Ctrl+ 空格"组合键启动或关闭所选的中文输入法，即完成中文英文输入法的切换。

**3. 汉字输入法状态的设置**

汉字输入法状态栏往往包含中文/英文大写切换按钮、全角/半角切换按钮、中文/英文标点符号切换按钮和软键盘按钮。

（1）中文/英文大写切换

中文/英文大写切换按钮显示 A 时表示处于英文大写输入状态，显示输入法图标时表示处于中文输入状态。单击或按 Caps Lock 键可以在这两种输入状态中切换。

（2）全角/半角切换

全角/半角切换按钮显示为一个满月时表示全角状态，半月时则表示半角状态。在全角状态下所输入的英文字母或标点符号占一个汉字的位置。单击满月或半月可以在这两种输入状态中切换。

（3）中文/英文标点符号切换

中文/英文标点符号切换按钮显示"。，"表示中文标点状态，显示"．，"表示英文状态。各

种汉字输入法规定了在中文标点符号状态下的英文标点符号按键
与中文标点符号的对应关系。如智能 ABC 输入法的中文标点状
态下，输入"\"得到的是"、"，输入"〈"得到的是"《"或"〈"。
单击切换按钮可以切换两种输入状态。

（4）软键盘

汉字输入法状态栏提供了 13 种软键盘，使用软键盘可以仅用
鼠标就输入汉字、中文标点符号、数字序号、数字符号、单位符号、
外文字母和特殊符号等。

在输入法状态栏上右击，即可选择软键盘，如图 2-27
所示。

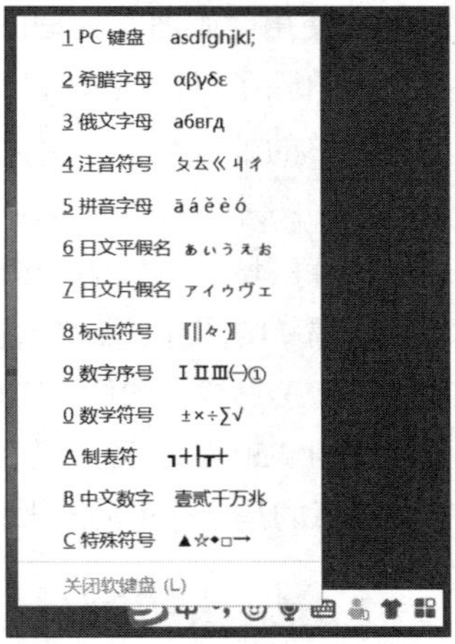

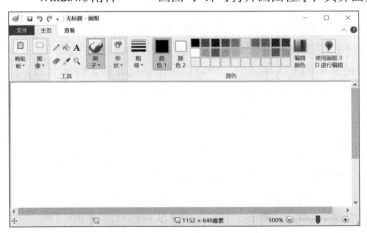

图 2-27　软键盘

# 2.4　Windows 附件

Windows 10 系统为计算机用户提供了许多简单、实用的应用程序，这些应用程序被称为系统附件。附件中有很多应用功能，用户可以利用其完成很多任务。例如，利用"画图"编辑图片，利用"记事本"或"写字板"来编辑文档，利用娱乐工具来完成音频或视频的编辑，等等。

## 2.4.1　画图

画图程序是一个位图编辑器。用户可以用它绘制简单或精美的图画，这些图画可以是黑白或彩色的；可以对已有的图片进行编辑修改，在编辑完成后，可以将其保存为 PNG、BMP、JPG 和 GIF 等格式；可以打印绘图，将它作为桌面背景，或者粘贴到另一个文档中；甚至还可以用画图程序查看和编辑扫描好的照片。

单击"开始"→"Windows 附件"→"画图"，即可打开画图程序，其界面如图 2-28 所示。

图 2-28　"画图"窗口

### 1."画图"窗口介绍

与一般的窗口一样，"画图"窗口有文件、主页、查看 3 个选项卡。用户可以通过命令按钮灵活选择工具和颜色进行绘图；绘图区为用户提供了操作和绘制图案的界面。

### 2. 使用"画图"处理图片

用户除了可以在该程序内自己绘制图画外，可以利用"画图"工具实现一些图像的裁剪、缩小等简单的处理操作，可以将"画图"图片粘贴到其他已有文档中，也可以将其用作桌面背景。

选中图片，右击，以画图方式打开一个图片。使用工具栏中的"选择"工具，确定用户想要处理的图片区域；右击该区域选择"复制"命令；然后新建一个图片文件，单击"主页"→"粘贴"，得到一幅新的图片。新图片的尺寸可能在有些使用场合显得过大，此时可以使用画图工具来缩小图片。单击工具栏"图像"功能组的"重新调整大小"按钮，弹出"调整大小和扭曲"对话框，将水平设置为"50"，垂直设置为"50"，单击"确定"按钮，图片就被缩小了；放大设置操作与此类似。需要注意的是，这里的放大只是物理放大，不会改变原图片的像素，所以图片放大后清晰度会降低。

## 2.4.2 记事本

记事本是一个纯文本编辑器。默认情况下，文件存盘后的扩展名为 .txt。

单击"开始"→"Windows 附件"→"记事本"命令，即可启动记事本，如图 2-29 所示。

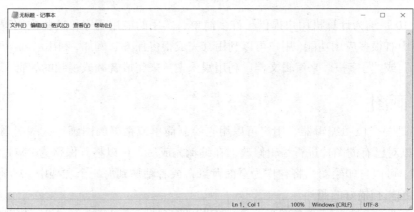

图 2-29 Windows 10 的记事本

记事本仅支持很基本的格式，无法完成特殊格式的编辑，因此与写字板、Word 等文本编辑器相比，其处理文本的能力是很有限的。但一般情况下，源程序代码文件、某些系统配置文件（.ini 文件）都是用纯文本的方式存储的，所以在编辑系统配置文件时，常使用记事本程序。同时记事本还具有运行速度快、占用空间小的优点。

## 2.4.3 计算器

使用 Windows 计算器可以完成任意的通常借助手持计算器来完成的标准运算。"计算器"可用于基本的算术运算，比如加、减、乘、除等运算。同时它还具有科学计算器的功能，比如进行对数运算和阶乘运算等。Windows 计算器提供了标准、科学、程序员和日期计算 4 种计算模式，同时提供了货币、体积、长度、重量、温度、能量、面积、速度、时间、功率、数据、压力、角度等的转换功能，如图 2-30 所示。

图 2-30 计算器导航

### 2.4.4　辅助工具

#### 1. 放大镜

放大镜可为有轻度视觉障碍的用户提供一些辅助功能，将跟踪位置的内容在屏幕的顶端进行一定比例的放大。单击"开始"→"Windows 轻松使用"→"放大镜"，即可打开放大镜，如图 2-31 所示。也可使用快捷键"Windows+'+'"打开放大镜，用"Windows+Esc"关闭放大镜。在放大镜窗口中可进行放大倍数的设置及视图方式的设置，点击"视图"，可设置全屏、镜头、停靠 3 种跟踪位置。

图 2-31　放大镜

#### 2. 屏幕键盘

屏幕键盘为日常行动有障碍的用户提供功能更强大的屏幕键盘。"屏幕键盘"窗口是一个跟实际键盘一样的窗口键盘，如图 2-32 所示。

图 2-32　屏幕键盘

### 2.4.5　Windows 10 的数字与娱乐功能

#### 1. Windows Media Player

作为 Windows 组件的媒体播放程序，Windows Media Player 已经发展成为一个全功能的网络多媒体播放软件，提供了最广泛、最流畅的网络媒体播放方案。该软件支持目前流行的大多数文件格式，甚至内置了 Microsoft MPEG-4 READYBOOSTideoCoedec 插件程序，所以其能够播放最新的 MPEG-4 格式的文件；在播放网络上的多媒体文件时，该软件并不是下载完整个文件后再进行播放，而是采取边下载边播放的方法；该软件使用了许多新的技术，能够智能监测网络速度并调整播放窗口大小和播放速度，以求达到良好的播放效果。

单击"开始"→"Windows 附件"→"Windows Media Player"，打开"Windows Media Player"窗口。可以使用 Windows Media Player 查找和播放用户计算机上的数字媒体文件、CD和 DVD，以及来自网络的数字媒体内容。此外，还可以从音频 CD 翻录音乐，刻录用户最喜欢的音乐 CD，将数字媒体文件同步到便携设备，并且可以在网络上通过网上商店查找和购买数字媒体内容。

#### 2. 录音机

单击"开始"→"录音机"，即可打开"录音机"窗口。使用"录音机"可以录制、混合、播放和编辑声音；也可以将声音插入或链接到另一个文档中，但是要使用录音机功能需要计算机带有麦克风设备。录音机使用波形文件（.waReadyBoost）。

使用录音机，用户可以将各种声音录制成音频文件保存在计算机中。"录音机"窗口的界面比较简洁，只需单击"开始录音"按钮即可开始声音的录制；录制开始后，"开始录制"按钮将变为"停止录制"按钮，单击它可以结束录制，并打开"另存为"对话框，在对话框中选择保存的路径并输入文件名即可将录制的声音保存为音频文件。

# 2.5　应用案例

## 2.5.1　应用案例1——文件夹的使用

利用 Windows 的各种基本功能，建立自己的目录结构和文件夹。将各类文件分别保存在不同的文件夹中以便使用，同时为将来可能会用到的各种文件预先建立好文件夹。文件夹目录结构效果如图 2-33 所示。

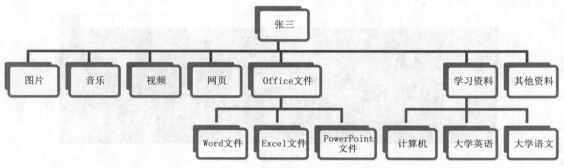

图 2-33　文件夹目录结构

### 1. 文件夹的建立

①选择某个磁盘，在空白处右击，选择"新建"→"文件夹"命令，在新建文件夹的名字处输入"张三"，按"Enter"键。

②打开文件夹"张三"，右击，选择"新建"→"文件夹"命令，在新建文件夹的名字处输入"图片"，按"Enter"键。

③按以上步骤依次建立各个文件夹及其子文件夹：音乐、视频、网页、Office 文件（Word文件、Excel 文件、PowerPoint 文件）、学习资料（计算机、大学英语、大学语文）和其他资料。

### 2. 移动、重命名和删除操作

（1）移动

把"Office 文件"文件夹移动到"学习资料"下的"计算机"文件夹中。步骤：选中"Office文件"文件夹，右击，选择"剪切"命令，打开"计算机"文件夹，右击，选择"粘贴"命令。

（2）重命名

把"学习资料"文件夹的名字改成"我的学习资料"。步骤：右击"学习资料"文件夹，在弹出的快捷菜单中选择"重命名"命令，然后在文件名处输入"我的学习资料"，按"Enter"键。

（3）删除

删除文件夹"其他资料"。步骤：右击"其他资料"文件夹，在弹出的快捷菜单中选择"删除"命令。

## 2.5.2　应用案例 2——设置桌面背景

设置桌面背景为"选择图片"中的第 2 张图片，选择契合度为"填充"；设置主题为"Windows 10"；设置屏幕保护程序为"气泡"。

①右击桌面空白处，在弹出的快捷菜单中选择"个性化"命令，在打开的个性化设置窗口中单击"背景"，打开背景设置窗口，单击"选择图片"中的第 2 张图片。选择契合度为"填充"。

②右击桌面空白处，在弹出的快捷菜单中选择"个性化"命令，在打开的个性化设置窗口中单击"主题"下的"Windows 10"即可。

③右击桌面空白处，在弹出的快捷菜单中选择"个性化"命令，在打开的个性化设置窗口中单击"锁屏界面"→"屏幕保护程序设置"，打开"屏幕保护程序设置"窗口，选择"屏幕保护程序"为"气泡"，还可设置等待时间，即计算机无任何操作多久后进入屏幕保护状态，以分钟为单位计时，设置完毕后返回"屏幕保护程序设置"窗口，单击"确定"按钮。

# 习　题

### 1.选择题

（1）Windows 10 操作系统是（　　　）。

　　A.单用户单任务系统　　　　　　　　B.单用户多任务系统

　　C.多用户多任务系统　　　　　　　　D.多用户单任务系统

（2）同时按下"Ctrl+Alt+Del"组合键的作用是（　　　）。

　　A.停止计算机工作　　　　　　　　　B.进行开机准备

　　C.热启动计算机　　　　　　　　　　D.冷启动计算机

（3）当一个文件更名后，则文件的内容（　　　）。

　　A.完全消失　　　　　　　　　　　　B.完全不变

　　C.部分改变　　　　　　　　　　　　D.全部改变

（4）在 Windows 10 中，能弹出对话框的操作是（　　　）。

　　A.选择带省略号的菜单项　　　　　　B.选择带向右方的黑三角符号的菜单项

　　C.选择颜色变灰的菜单项　　　　　　D.运行与对话框对应的应用程序

（5）在 Windows 10 中有两个管理系统资源的程序组，它们是（　　　）。

　　A."此电脑"和"控制面板"　　　　　B."文件资源管理器"和"控制面板"

　　C."此电脑"和"文件资源管理器"　　D."控制面板"和"开始"菜单

（6）操作系统中的文件管理系统为用户提供的功能是（　　　）。

　　A.按文件作者存取文件　　　　　　　B.按文件名管理文件

　　C.按文件创建日期存取文件　　　　　D.按文件大小存取文件

（7）在 Windows 10 中，使用软键盘可以快速地输入各种特殊符号，为了撤销弹出的软键盘，正确的操作为（　　　）。

　　A.单击软键盘上的"Esc"键

　　B.右击软键盘上的"Esc"键

C. 右击中文输入法状态栏中的"开启/关闭软键盘"按钮

D. 单击中文输入法状态栏中的"开启/关闭软键盘"按钮

（8）在 Windows 10 系统中，下列有关"回收站"的论述，正确的是（　　　）。

A."回收站"中的内容将被永久保留　　　　B."回收站"不占用磁盘空间

C."回收站"中的内容可以删除　　　　　　D."回收站"只能在桌面上找到

（9）在 Windows 10 系统中，"任务栏"（　　　）。

A. 只能改变位置不能改变大小　　　　　　B. 只能改变大小不能改变位置

C. 既不能改变位置也不能改变大小　　　　D. 既能改变位置也能改变大小

（10）对于 Windows 10 操作系统，下列叙述中正确的是（　　　）。

A.Windows 10 的操作只能用鼠标

B.Windows 10 为每一个任务自动建立一个显示窗口，其位置和大小不能改变

C. 在不同的磁盘空间不能用拖动文件名的方法实现文件的移动

D.Windows 10 打开的多个窗口中，既可平铺，又可重叠

**2.填空题**

（1）操作系统是用户和 _____ 之间的接口，即用户通过操作系统来使用计算机。

（2）在 Windows 10 系统中，为了将整个桌面的内容存入剪贴板，应按"PrtSc SysRq"键；为了将当前窗口的内容存入剪贴板，应按 _____ 组合键。

（3）在 Windows 10 系统中，为了安装或删除一个应用程序，首先打开 _____ 窗口，然后选择其中的"添加/删除程序"。

（4）在 Windows 10 系统中，中英文输入法的切换是由 _____ 键和 _____ 组合键实现的。

（5）在 Windows 10 系统中，一个菜单项后面有一个指向右方的黑三角符号，则表示该项操作后面还有 _____ 菜单。

（6）当一个应用程序窗口被最小化后，该应用程序 _____ 。

（7）Windows 10 的"桌面"是指 _____ 。

（8）在 Windows 10 的"回收站"中，存放的只能是 _____ 上被删除的文件或文件夹。

（9）在 Windows 10 操作系统中，文件（夹）名中不能包含的 9 个字符是 _____ 。

（10）Windows 10 操作系统中，使用 _____ 组合键可以关闭应用窗口。

**3.操作题**

（1）启动 Windows 10 操作系统，观察桌面元素，识别系统图标和快捷图标；删除桌面上的一个快捷方式图标，并重新创建；打开多个同类型文件，观察任务栏的显示；任意打开多个窗口（3 个以上），用"Alt+Tab"组合键进行切换；掌握计算机的注销操作（结束当前所有用户的进程，然后退出当前账户的桌面环境）。

（2）进行显示设置，修改主题、设置桌面、改变窗口外观等。修改系统日期和时间，添加多个时区的时间。

（3）删除微软拼音、全拼等输入法，单击任务栏上的输入法按钮查看效果，然后再把它们添加上去；分别用"Ctrl+Shift"和"Ctrl+　"组合键切换输入法，观察它们的区别。

（4）在 D 盘下建立一个以"学号＋姓名"为名的文件夹，在该文件夹下建立一个以"操作系统"为名的子文件夹，在该子文件夹中创建一个文本文件，以"学号＋姓名 .txt"命名，并在其中输入内容，内容为所学专业的简介；隐藏与显示以"学号＋姓名"为名的文件夹；移动以"学号＋姓名"为名的文件夹的窗口位置，改变窗口大小（先还原窗口）；删除以"学号＋姓名"为名的文件夹，打开回收站查看效果，然后将其还原。

# 第3章
# Word 2016 文字处理软件

主要知识点

- Microsoft Office 2016 软件及 Word 2016 的简介。
- Word 2016 的工作界面和基本功能。
- 文档的创建、编辑、保存、打印和保护等基本操作。
- 设置文档的字体格式、段落格式、样式和主题、页面布局等排版操作。
- 文档中插入的表格、图片、图形、文本框、艺术字、符号、数学公式等各种对象的编辑和处理。
- 文档的审阅和修订。
- 利用邮件合并功能批量制作和处理文档。
- 多窗口和多文档的编辑及文档视图的使用。

## 3.1　Word 2016 的简介

### 3.1.1　Microsoft Office 2016 软件简介及安装

1.Microsoft Office 2016 软件简介

Microsoft Office 2016 是微软公司推出的一个庞大的办公软件的集合。Microsoft Office 2016 是官方发布的 Microsoft Office 的重要版本之一，Microsoft Office2016 相比于 Microsoft Office2013 在部分细节方面进行了优化。Microsoft Office2016 中的 Excel、Word、PPT 都非常智能，界面新增了暗黑主题，并且其按钮的设计风格开始向 Windows 10 靠拢。

2015 年 9 月 22 日，微软正式推送 Microsoft Office 2016 的最新版本，其中的协作工具和云端支持等都是 Office 30 年来的最大改进。

Microsoft Office 2016 包含的部分集成组件如下。

Microsoft Word 2016（以下简称 Word 2016）：图文编辑工具，用来创建和编辑具有专业外观的文档，如信函、论文、报告和小册子。

Microsoft Excel 2016（以下简称 Excel 2016）：数据处理程序，用来执行计算、分析信息及可视化电子表格中的数据。

Microsoft PowerPoint 2016（以下简称 PowerPoint 2016）：幻灯片制作程序，用来创建和编辑用于幻灯片播放、会议和网页的演示文稿。

Microsoft OneNote 2016：笔记程序，用来搜集、组织、查找和共享个人的笔记和信息。

Microsoft Outlook 2016：电子邮件客户端，用来发送和接收电子邮件，管理日程、联系人和任务，以及记录活动。

Microsoft Skype 2016：即时通信软件，用来视频聊天、多人语音会议、多人聊天、传送文件、文字聊天等。

### 2.Microsoft Office 2016 软件功能介绍

（1）云服务加强

在任何位置，通过任何设备都能访问用户个人的文件，Outlook 支持 OneDrive 附件和自动权限设置。

（2）协作

实时多人协作。

（3）智能应用

支持 Tell Me 功能助手、Clutter 邮箱清理功能、Insights 找到相关信息等智能功能。

（4）数据分析更快更简单

Excel 内置新的分析功能，可以拉取、分析、可视化数据。

（5）新的 IT 功能

安全控制（数据丢失保护、信息版权管理、Outlook 多因素验证），部署和管理方案更灵活。

### 3.Microsoft Office 2016 软件安装

购买 Microsoft Office 2016 软件后，根据下面的安装步骤进行操作。

打开 Office 文件夹，运行 Setup.exe，进入准备就绪界面，需要耐心等待，如图 3-1 所示。

图 3-1　即将准备就绪

进入安装界面，可以看到软件安装的进度，安装过程中可以看到 Microsoft Office 2016 含有哪些组件，如图 3-2 所示。

安装完成进入安装结束界面，单击"关闭"按钮结束安装，如图3-3所示。

图3-2　安装进度

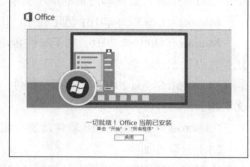

图3-3　安装完成

## 3.1.2　Word 2016 工作界面

Word 2016 是微软公司开发的 Microsoft Office 2016 的办公组件之一，主要用于文字处理工作。

Word 2016 的工作界面主要由标题栏、"文件"按钮、快速访问工具栏、功能区、编辑区、应用视图控制区、缩放滑块和状态栏等部分组成，工作界面如图3-4所示。

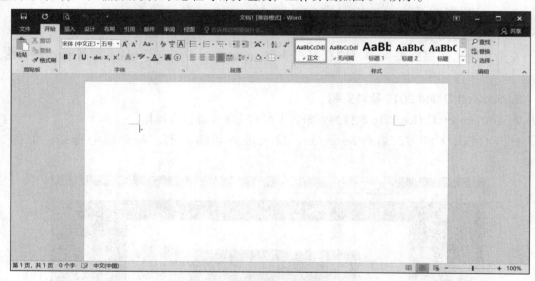

图3-4　Word 2016 的工作界面

### 1. 标题栏

标题栏显示当前文档的文件名及所使用的软件名，最右侧是窗口控制按钮，包括"最大化""最小化""关闭"按钮。

### 2. "文件"按钮

"文件"按钮包含信息、新建、打开、保存、另存为、打印等11个功能，如图3-5所示。

### 3. 快速访问工具栏

默认的快速访问工具栏包括"新建""打开""保存""撤销""恢复""打印预览和打印"等命令，单击右侧的下拉箭头，用户可以自定义快速访问工具栏。

图 3-5 "文件"界面

### 4. 功能区

默认情况下，功能区由"开始""插入""设计""布局""引用""邮件""审阅""视图"选项卡组成，如图 3-6 所示。

图 3-6 功能区

### 5. 编辑区

编辑文档和浏览文档都在此区域，编辑区的空白区域主要用于编辑文档，右侧有定位文本的滑块，向上或向下拖动可以快速浏览文本内容。

### 6. 应用视图控制区

应用视图控制区用于更改当前文档的显示模式，从左至右依次是阅读视图、页面视图、Web版式视图。

### 7. 缩放滑块

缩放滑块用于快速更改当前文档的显示比例。

### 8. 状态栏

状态栏可显示当前文档的相关信息，如当前页码、总页数、字数及语言等。

## 3.1.3　Word 2016 基本功能

Word 2016 功能区的选项卡根据功能的不同又分为若干个组，每个选项卡的组如下。

### 1. "开始"选项卡

"开始"选项卡中包括剪贴板、字体、段落、样式和编辑 5 个组，主要用于帮助用户对 Word文档进行文字编辑和格式设置，是用户最常用的选项卡。

### 2. "插入"选项卡

"插入"选项卡包括页面、表格、插图、加载项、媒体、链接、批注、页眉和页脚、文本和符号 10 个组，主要用于在 Word 文档中插入各种元素。

### 3."设计"选项卡

"设计"选项卡包括文档格式和页面背景 2 个组，主要用于文档的格式及背景设置。

### 4."布局"选项卡

"布局"选项卡包括页面设置、稿纸、段落和排列 4 个组，主要用于帮助用户设置 Word 文档的页面样式。

### 5."引用"选项卡

"引用"选项卡包括目录、脚注、引文与书目、题注、索引和引文目录 5 个组，主要用于实现在 Word 文档中插入目录等比较高级的功能。

### 6."邮件"选项卡

"邮件"选项卡包括创建、开始邮件合并、编写和插入域、预览结果和完成 5 个组，该选项卡专门用于在 Word 文档中进行邮件合并方面的操作。

### 7."审阅"选项卡

"审阅"选项卡包括校对、见解、语言、中文简繁转换、批注、修订、更改、比较和保护 9 个组，主要用于对 Word 文档进行校对和修订等操作，适用于多人协作处理 Word 长文档。

### 8."视图"选项卡

"视图"选项卡包括视图、显示、显示比例、窗口、宏 5 个组，主要用于帮助用户设置 Word 操作窗口的视图类型，以方便用户操作。

### 9."操作说明搜索"功能

"操作说明搜索"功能包括功能检索和网络智能查找，只要在搜索栏输入所需功能的关键词，便能快速找到该功能的标题。

# 3.2　文档的创建与编辑

## 3.2.1　文档的基本操作

本知识点常考题型如下。

①保存本次活动的宣传海报为"WORD.docx"。

②将设计的主文档以文件名"WORD.docx"保存，并生成最终文档以文件名"邀请函 .docx"保存。

③将素材文件"素材 .docx"另存为"论文正样 .docx"，保存于考生文件夹下，并在此文件中完成所有要求，最终排版不超过 5 页，样式可参考考生文件夹下的"论文正样 1.jpg"～"论文正样 5.jpg"。

④为表格所在的页面添加编辑限制保护，不允许他人随意对该页内容进行编辑修改，并设置保护密码为空。

### 1. 新建空白文档

启动 Word 2016 应用程序，单击"文件"→"新建"→"空白文档"，就可以新建一个空白文档，如图 3-7 所示。

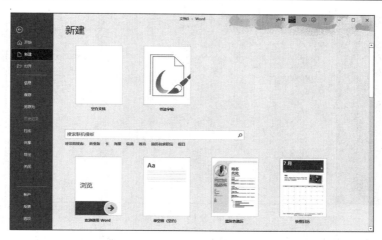

图 3-7　新建空白文档

### 2. 使用模板新建文档

Word 2016 中内置有多种用途的模板（如书信模板、公文模板等），用户可以根据实际需要选择特定的模板新建 Word 文档。在 Word 2016 中可以使用内置模板，也可以通过网络下载联机模板。

单击"文件"→"新建"，在右侧窗格列表中选择并单击合适的模板，如图 3-8 所示，可以看到有关该模板的介绍，也可以通过左右键选择其他模板，单击"创建"即可下载并创建模板新文档。

图 3-8　使用模板创建文档

### 3. 文档的保存

（1）设置文档保存

文档编辑结束，单击"文件"→"保存 / 另存为"，选择存储位置，文档将以".docx"为扩展名存放在存储设备上，如图 3-9 所示。

Microsoft Office 2016 提供了云端共享与协同编辑功能，使用 Office 365 或微软账号登录，单击"文件"→"保存 / 另存为"，选择存储位置为 OneDrive 下的相应文件夹名称，单击"保存"，单击"文件"→"共享"→"与人共享"，单击"保存到云"，即可在任何位置、任何设备访问你的文件，同时可实现多人实时协作。

（2）设置自动保存

Word 2016 在默认情况下每隔 10 分钟自动保存一次，也可以根据用户的需求设置自动保存的时间间隔。

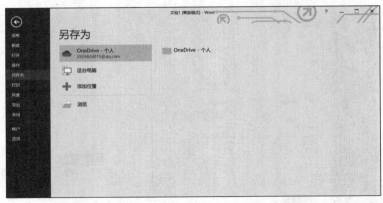

图 3-9　文档"另存为"

启动 Word 2016，单击"文件"→"选项"，在"Word 选项"对话框中选择"保存"，在"保存自动恢复信息时间间隔"编辑框中设置合适的数值，如图 3-10 所示。

图 3-10　设置 Word 自动保存选项

### 4. 文档的保护

有些文档是机密性的，这时我们需要用到 Word 2016 的加密功能。单击"文件"→"信息"→"保护文档"→"用密码进行加密"，如图 3-11 所示。

图 3-11　加密文档

接着在弹出的"加密文档"对话框中输入密码，如图 3-12 所示，单击"确定"按钮。

然后在弹出的"确认密码"对话框中重新输入密码进行确认，如图 3-13 所示。

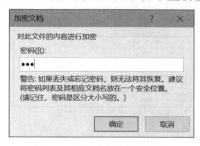
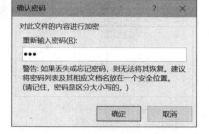

图 3-12　"加密文档"对话框　　　　图 3-13　"确认密码"对话框

在下次启动该文档时只有输入正确的密码才能正常打开，如图 3-14 所示。

图 3-14　键入密码

**5. 文档的关闭**

①单击"文件"→"关闭"，即可关闭文档。

②单击 Word 2016 窗口右上方的"关闭"按钮，即可关闭文档并退出 Word 2016 应用程序。

## 3.2.2　文档视图

**1. 文档的视图模式**

Word 2016 提供了多种视图模式供用户选择，这些视图模式包括"页面视图""阅读视图""Web 版式视图""大纲视图""草稿视图"共 5 种。用户可以在"视图"功能区中选择需要的文档视图模式，也可以在 Word 文档窗口的右下方单击应用视图控制区中的按钮选择常用视图。

（1）页面视图

"页面视图"可以显示 Word 文档的打印结果外观，主要包括页眉、页脚、图形对象、分栏设置、页面边距等元素，是最接近打印结果的视图，如图 3-15 所示。

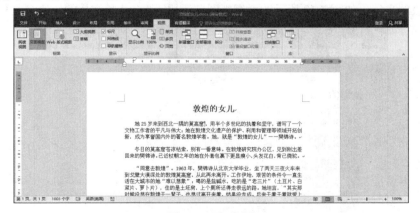

图 3-15　页面视图

（2）阅读视图

"阅读视图"以图书的分栏样式显示 Word 文档，在该视图中，功能区等窗口元素被隐藏起来，如图 3-16 所示。在阅读视图中，用户可以单击"工具"按钮选择各种阅读工具。

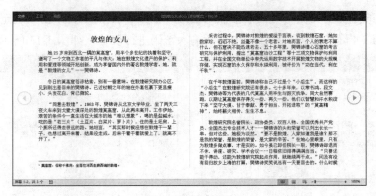

图 3-16　阅读视图

（3）Web 版式视图

"Web 版式视图"以网页的形式显示 Word 文档，Web 版式视图适用于发送电子邮件和创建网页，如图 3-17 所示。

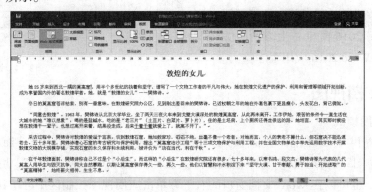

图 3-17　Web 版式视图

（4）大纲视图

"大纲视图"主要用于对 Word 文档进行设置和显示文档的层级结构，并可以方便地折叠和展开各种层级的文档，如图 3-18 所示。大纲视图广泛用于 Word 长文档的快速浏览和设置。

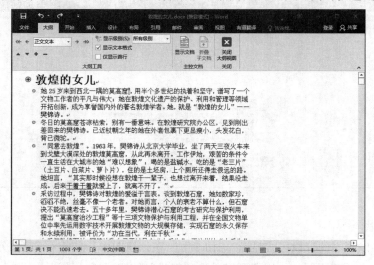

图 3-18　大纲视图

（5）草稿视图

"草稿视图"取消了页面边距、分栏、页眉、页脚和图片等元素，仅显示标题和正文，是最节省计算机系统硬件资源的视图方式。当然现在计算机系统的硬件配置都比较高，基本上不存在由于硬件配置偏低而使 Word 2016 运行遇到障碍的问题，如图 3-19 所示。

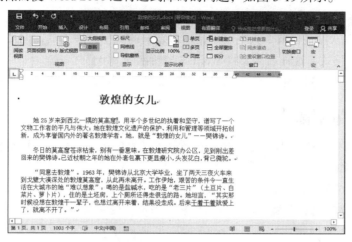

图 3-19　草稿视图

在使用 Word 2016 过程中，有时为了方便对文档进行操作，会对视图的窗口、文档的显示比例进行调整。

### 2. 显示和隐藏窗口元素

Word 2016 默认显示窗口的标尺，方便用户将文档的内容沿标尺对齐。当窗口中没有标尺时，可以选中"视图"→"显示"→"标尺"复选框，即可在窗口中显示标尺，如图 3-20 所示；选中"网格线"复选框，即可在窗口中显示网格线；选中"导航窗格"复选框，即可在窗口中显示导航窗格。

图 3-20　显示标尺

### 3. 调整文档的显示比例

在查看和编辑文档的过程中，为了查看页面中更多的内容或仔细查看文档内容，可以单击"视图"→"显示比例"，进行文档的缩小或放大，如图 3-21 所示；也可以拖动窗口右下角的缩放滑块，调整合适的显示比例。

## 3.2.3　文档的格式转换

本知识点常考题型如下。

将完成排版的文档进行保存，再生成一份同名的 PDF 文档进行保存。

### 1. ".docx"格式转换成".pdf"格式

在生活和工作中常常需要在移动产品上浏览阅读 Word 文

图 3-21　显示比例

档，但很多产品都不支持".docx"格式，在 Word 2016 中可以将".docx"格式的文件转换成".pdf"格式的文件。

单击"文件"→"另存为"，在"另存为"对话框的"保持类型"中选择"PDF"，单击"保存"按钮就可以将".docx"格式转成".pdf"格式了。

### 2. ".docx"格式转换成".txt"格式

Word 文字处理软件是目前个人电脑中使用最普遍的文字处理工具，但某些专业的排版软件却需要使用".txt"格式，这样就需要将 Word 文档转换为".txt"格式。

单击"文件"→"另存为"，将"保存类型"设置为"纯文本"，单击"保存"按钮即可。

## 3.2.4 文档的编辑

在 Word 文档中，粘贴选项很多，事先设置好默认粘贴选项，可以适应在各种条件下的粘贴需要，其操作步骤如下。

打开 Word 2016 文档窗口，单击"文件"→"选项"→"高级"，在"剪切、复制和粘贴"区域可以针对粘贴选项进行设置，设置好后单击"确定"按钮保存设置，如图 3-22 所示。

图 3-22　粘贴设置

### 1. 剪切

Word 中有 3 种方法可以实现文字剪切功能：选中要剪切的文字，单击"开始"→"剪贴板"→"剪切"按钮；右击，在弹出的快捷菜单中选择"剪切"命令；或使用"Ctrl+X"组合键，所选文字就被剪切到剪贴板中了。

### 2. 复制

复制与剪切操作类似，选中要复制的文字，单击"开始"→"剪贴板"→"复制"按钮；右击，在弹出的快捷菜单中选择"复制"命令；或使用"Ctrl+C"组合键，所选文字就被复制到剪贴板中了。

### 3. 粘贴

粘贴功能也有 3 种方法可以实现。将光标移动到需要粘贴的位置，单击"开始"→"剪贴板"→"粘贴"按钮；右击，在弹出的快捷菜单中选择"粘贴"命令；或使用"Ctrl+V"组合键，可实现将剪切或复制后保存在剪贴板中的内容粘贴到光标位置处。

**4. 删除**

选中要删除的文字，按下"Delete"键或"Backspace"键删除。

**5. 插入与改写**

编辑 Word 文档时，在文档中输入内容，默认状态下是在光标位置插入内容。单击键盘上的"Insert"键可进行插入与改写状态的切换。在改写状态下，在文档中输入内容，光标后面的内容就直接被修改了。

**6. 撤销与恢复**

单击快速访问工具栏中的"撤销"按钮一次，可以撤销上一步操作，单击"撤销"按钮右侧的下三角按钮，在弹出的列表框中，可以选择要撤销的操作；另外，使用"Ctrl+Z"组合键也可以实现。

单击快速访问工具栏中的"恢复"按钮，可以恢复操作；或使用"Ctrl+Y"组合键也可以实现。

## 3.2.5  查找与替换

本知识点常考题型如下

①将文档中"×××大会"替换为"云计算技术交流大会"。

②将文中所有的空白段落删除。

③删除文档中的所有全角空格。

④删除文档中的所有空行。

⑤将文档中的所有手动换行符（软回车）替换为段落标记（硬回车）。

**1. 查找**

在 Word 2016 中对文本内容进行查找和替换时，单击"开始"→"编辑"→"查找"按钮，或使用"Ctrl+F"组合键，将出现"导航"窗口，在搜索输入框中输入要查找的内容，如输入"莫高窟"后，文本中所有"莫高窟"文字都以黄色突显出来，如图 3-23 所示。

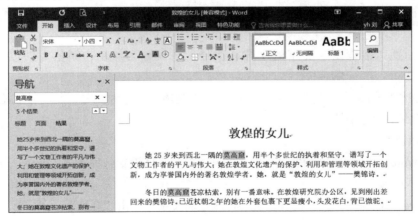

图 3-23　查找结果显示窗口

**2. 替换**

单击"开始"→"编辑"→"替换"按钮，或使用"Ctrl+H"组合键，打开"查找和替换"对话框，选择"替换"选项卡，输入"查找内容"和"替换为"的内容，即可通过"替换"或"全部替换"按钮实现某一处或全部相匹配的内容替换。单击"查找下一处"按钮可进行查找内容的准确定位，如图 3-24 所示。

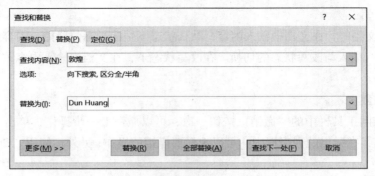

图 3-24  "查找和替换"对话框

**3. 格式与特殊格式的替换**

在 Word 2016 中，可通过"格式"或"特殊格式"完成文档中某一处或全部相匹配格式的替换。利用这一功能，可轻松完成批量删除空行、删除空格、软回车符（↓）等格式的修改。

单击"开始"→"编辑"→"替换"按钮，打开"查找和替换"对话框，单击"更多"按钮，输入"查找内容"和"替换为"的格式或特殊格式，即可实现某一处或全部相匹配的格式替换。

# 3.3  文档的排版

## 3.3.1  设置字体

本知识点常考题型如下。

①请根据"Word- 邀请函参考样式 .docx"文件，调整邀请函内容文字的字号、字体和颜色。

②修改标题"邀请函"文字的字体、字号，并设置为加粗、颜色为红色、黄色阴影、居中。

③设置表格中的文字颜色为黑色，字体为方正姚体，字号为二号，其在单元格内中部两端对齐，并左侧缩进 2.5 字符。

### 1. 字体颜色

在使用 Word 2016 编辑文档的过程中，经常需要为字体设置各种各样的颜色，使文档更富表现力。

打开 Word 文档窗口，选中需要设置字体颜色的文字。单击"开始"→"字体"→"字体颜色"下拉按钮，在字体颜色列表中选择"主题颜色"或"标准色"中符合要求的颜色即可，同时可以设置字体的渐变效果，如图 3-25 所示。为了设置更加丰富的字体颜色，还可以打开"字体"对话框，在"字体颜色"下拉列表中选择需要的颜色，如图 3-26 所示。

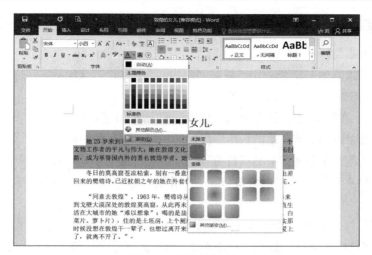

图 3-25　设置字体颜色

## 2. 字体和字号

选中想要更改格式的文字，单击"开始"→"字体"→"字体"和"字号"下拉按钮，在打开的下拉列表中选择需要的字体和字号，如图 3-27 所示。

图 3-26　"字体"对话框

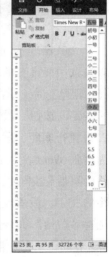

图 3-27　选择字体和字号

## 3. 字体的其他设置

选中需要设置格式的文字，还可进行以下字体设置。

①单击 **B** *I* U ，分别设置加粗、斜体、下划线字形效果。

②单击 abe x₂ x² ，分别设置删除线、下标、上标效果。

③单击 Aa˅ ，更改英文大小写。

④单击 ✋ ✋ A ，分别表示清除格式、拼音指南、字符边框。

⑤单击 ㊣ ，设置带圈文字。

⑥单击"字体"组的右下方 ⌐ ，打开"字体"对话框，可进行更多字体设置。

### 3.3.2 设置段落

本知识点常考题型如下。

①设置正文各段落为 1.25 倍行距，段后间距为 0.5 倍行距。设置正文首行缩进 2 字符。

②调整邀请函中内容文字段落的对齐方式。

③调整正文中"国际学术会议"和"邀请函"两个段落的间距。

④调整邀请函中内容文字段落的行距、段前的间距、段后的间距。

⑤为文档中蓝色文字添加某一类项目符号。

⑥将考生文件夹中的图片"项目符号 .png"作为表格中文字的项目符号，并设置项目符号的字号为小一号。

⑦参照示例文件，在"促销活动分析"等 4 处使用项目符号"对勾"，在"曾任班长"等 4 处插入符号"五角星"、颜色为红色（标准色）。调整各部分的位置、大小、形状和颜色，以展现统一、良好的视觉效果。

#### 1. 设置段落对齐方式

在使用 Word 2016 编辑文档的过程中，经常需要为一个或多个段落设置该段文字在页面中的对齐方式。

段落的对齐方式有"左对齐""居中对齐""右对齐""两端对齐""分散对齐"等。选中要设置对齐方式的段落，在"开始"选项卡中的"段落"组选择对齐方式；也可以在选中要设置的段落后，右击，在弹出的快捷菜单中选择"段落"命令，在"段落"对话框中选择对齐方式，单击"确定"按钮，段落设置生效，如图 3-28 所示。

图 3-28　设置段落的对齐方式

#### 2. 设置行间距、段间距

为增强 Word 文档长段落的可读性及美观性，我们可以调整行间距及段间距。打开 Word 文档窗口，选中要调整行间距的文字、段落或全部文档，右击，在弹出的快捷菜单中选择"段落"命令，打开"段落"对话框并在其中选择"缩进和间距"选项卡，在"间距"下单击"段前"和"段后"旁的三角按钮来调整段落之间的间距；通过在"行距"中选择"单倍行距""1.5 倍行距""2 倍行距""最小值""固定值""多倍行距"来调整行间距，或者单击"段落"组中的"段落设置"按钮，打开"段落"对话框进行设置。

也可以在 Word 2016 窗口中，通过"开始"选项卡调整行间距、段落间距。单击"开始"→"段落"→"行和段落间距"按钮，在下拉列表中选择"增加段落前的空格"或"增加段落后的空格"选项之一，以使段落间距变大，如图 3-29 所示。

#### 3. 设置段落缩进

在 Word 2016 中，可以设置整个段落向左或者向右缩进一定的字符，这一技巧在排版时经常会使用到，例如，可以在缩进的位置，通过插入文本框，来布局文本内容。在 Word 2016 中，我们可以通过两种方法设置段落缩进。

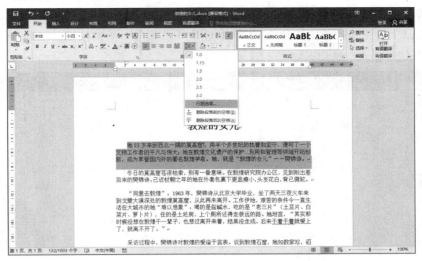

图 3-29　行间距、段间距设置

　　选中要设置缩进的段落，右击，在弹出的快捷菜单中选择"段落"命令，然后在"缩进和间距"选项卡中设置段落缩进。在"缩进"区域通过微调控件调整"左侧"或者"右侧"的缩进值，单击"特殊格式"下拉按钮，在下拉列表中选择"首行缩进"或"悬挂缩进"选项并设置缩进值（通常情况下缩进值设置为 2 字符），设置完成后单击"确定"按钮，如图 3-30 所示。

图 3-30　"段落"对话框

　　也可以通过拖动水平标尺上的滑块设置段落缩进，水平标尺上 4 个滑块分别是首行缩进、悬挂缩进、左缩进以及右缩进。如果要精确缩进值，可在拖动的同时按住"Alt"键，此时标尺上会出现刻度。

#### 4.设置标题编号

Word 2016 的编号格式库中内置有多种编号格式，用户还可以根据实际需要定义新的编号格式。打开 Word 文档窗口，单击"开始"→"段落"→"编号"下拉按钮，在打开的下拉列表中选择"定义新编号格式"选项，如图 3-31 所示。

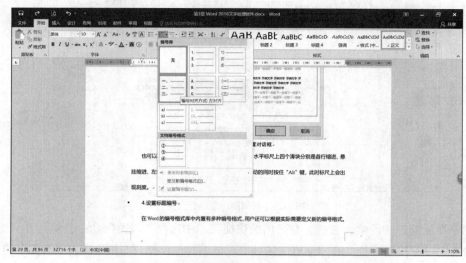

图 3-31 "定义新编号格式"选项

在打开的"定义新编号格式"对话框中设置编号样式、字体、编号格式、对齐方式等，设置结束后单击"确定"按钮，设置生效，如图 3-32 所示。重新单击"编号"下拉按钮，在打开的下拉列表中可以看到定义的新编号格式。

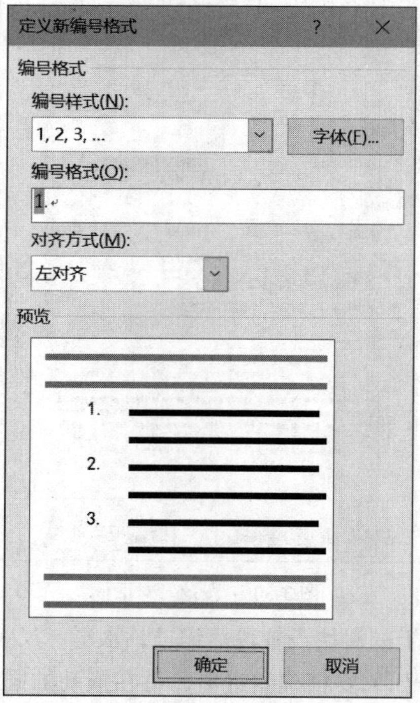

图 3-32 定义新编号格式

### 3.3.3  使用格式刷

在 Word 文档的编辑过程中，可以通过使用格式刷实现文本格式的复制，实现文档的高效排版。

使用格式刷操作步骤如下。

打开 Word 文档窗口，选中已经设置好格式的文本块或段落，单击"开始"→"剪贴板"→"格式刷"按钮，文本块或段落的文本格式就会被格式刷记录下来。将鼠标指针移动至 Word 文档中要设置格式的目标区域，此时鼠标指针变为刷子形状。按住鼠标左键拖选需要设置格式的文本，格式刷刷过的文本将应用格式刷记录的格式。释放鼠标左键，完成一次格式复制。

选中已经设置好格式的文本块或段落，双击"格式刷"按钮，可以将同一种格式多次复制，完成格式的多次复制后，再次单击"格式刷"按钮关闭格式刷。"格式刷"按钮如图 3-33 所示。

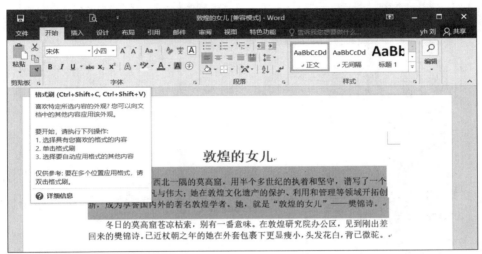

图 3-33  "格式刷"按钮

# 3.4  插入对象

### 3.4.1  插入表格

本知识点常考题型如下。

①将表格按"反馈单号"从小到大的顺序排序，并为表格应用一种内置表格样式，所有单元格内容为水平和垂直居中对齐。

②将"附件 3：学生儿童'一小'银行缴费常见问题"下的绿色文本转换为表格，并参照素材中的样例图片进行版式设置，调整其字体、字号、颜色、对齐方式和缩进方式，使其有别于正文。合并表格同类项，套用一个合适的表格样式，然后将表格整体居中。

③将通知最后的蓝色文本转换为一个 6 行 6 列的表格，并参照考生文件夹下的文档"回执样例 .png"进行版式设置。

④对包含绿色文本的成绩报告单表格进行下列操作：根据窗口大小自动调整表格宽度，令语文、数学、英语、物理、化学 5 科成绩所在的列等宽。

⑤设置表格居中对齐，表格宽度为页面的 80%，并取消所有的框线。

**1. 插入表格的方法**

（1）使用"插入表格"对话框插入表格

在 Word 文档中，用户可以使用"插入表格"对话框插入指定行列的表格，并调整表格尺寸、设置自动调整列宽等属性。

①打开 Word 文档窗口，单击"插入"→"表格"选项，选择插入表格"命令即可打开"插入表格"对话框，如图 3-34 所示。

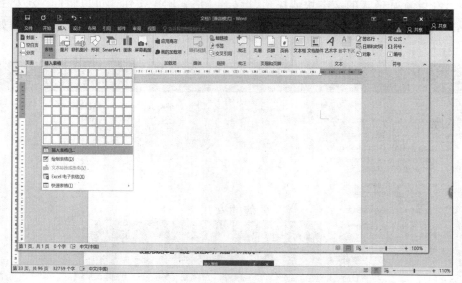

图 3-34　选择"插入表格"命令

②打开"插入表格"对话框，如图 3-35 所示，在"表格尺寸"区域分别设置表格的行数和列数。

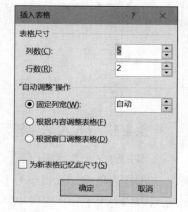

在"'自动调整'操作"区域如果选中"固定列宽"单选按钮，则可以设置表格的固定列宽尺寸；如果选中"根据内容调整表格"单选按钮，则单元格宽度会根据输入的内容自动调整；如果选中"根据窗口调整表格"单选按钮，则所插入的表格将充满当前页面的宽度；选中"为新表格记忆此尺寸"复选框，则再次创建表格时将使用当前尺寸。设置完成后单击"确定"按钮即可。

（2）使用"绘制表格"插入表格

绘制表格的操作步骤如下。

图 3-35　"插入表格"对话框

打开 Word 文档窗口，选择"插入"→"表格"→"绘制表格"选项，鼠标指针变成铅笔形状，按住鼠标左键拖动即可绘制表格边框、列、行。

绘制表格完成后，按"Esc"键或者在"表格工具－布局"选项卡中单击"绘制表格"按钮，取消绘制表格状态，在绘制表格时如果需要删除行或列，则可以单击"表格工具－布局"选项卡中的"橡皮擦"按钮，当鼠标指针变成橡皮擦形状时，按住鼠标左键拖动即可删除行或列。

（3）使用"Excel 电子表格"插入表格

打开 Word 文档窗口，选择"插入"→"表格"→"Excel 电子表格"选项，即可插入一个 Excel 电子表格，双击即可进入 excel 表格的编辑状态，此时可以编辑自己想要的内容。

（4）使用"快速表格"插入表格

在 Word 2016 中有一个"快速表格"的功能，在这里我们可以找到许多已经设计好的表格样式，只需要挑选你所需要的样式，就可以轻松插入一张表格，如图 3-36 所示。选择"插入"→"表格"→"快速表格"选项，选择一种表格样式插入即可。

图 3-36　"快速表格"命令

（5）使用粘贴 Excel 电子表格的方式插入表格

打开 Excel 2016 电子表格软件，选中需要复制到 Word 2016 中的表格，单击"开始"→"剪贴板"→"复制"按钮。

打开 Word 文档，在"剪贴板"中单击"粘贴"按钮，即可将 Excel 表格中的表格粘贴到 Word 中，粘贴后再对粘贴的内容进行调整和设置。

**2. 编辑表格**

（1）设置行高和列宽

在 Word 文档的表格中，如果用户需要精确设置行高和列宽，可以在"表格工具"选项卡中设置精确的数值。

①打开 Word 文档窗口，在表格中选中需要设置高度的行或需要设置宽度的列。

②单击"表格工具→布局"选项卡，在"单元格大小"组中可以直接调整"高度"数值或"宽度"数值，以设置表格行高或列宽，如图 3-37 所示。

图 3-37　设置行高和列宽

（2）合并单元格

在 Word 2016 中，用户可以将表格中两个或两个以上的单元格合并成一个单元格，以符合制作表格的要求。

打开 Word 文档窗口，选择表格中需要合并的两个或两个以上的单元格，右击，在弹出的快捷菜单中选择"合并单元格"命令即可；或者单击"表格工具－布局"选项卡，在"合并"组中单击"合并单元格"按钮即可，如图 3-38 所示。

图 3-38　合并单元格

（3）拆分单元格

可以根据需要将 Word 2016 中表格的一个单元格拆分成两个或多个单元格，从而制作出较为复杂的表格。

打开 Word 文档，右击需要拆分的单元格。在弹出的快捷菜单中选择"拆分单元格"命令，打开"拆分单元格"对话框，分别设置需要拆分成的"列数"和"行数"，单击"确定"按钮完成拆分，如图 3-39 所示。

或者打开 Word 文档，选择需要拆分的单元格，单击"表格工具－布局"选项卡，再单击"拆分单元格"按钮。打开"拆分单元格"对话框，分别设置需要拆分成的"列数"和"行数"，单击"确定"按钮完成拆分。

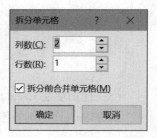

图 3-39　"拆分单元格"设置

（4）表格自动编号

在 Word 2016 中插入表格，通常需要在表格中加入编号。

打开 Word 文档窗口，选择"插入"→"表格"→"绘制表格"选项，表格绘制完成后，将鼠标光标定位在第一个单元格，单击"开始"→"段落"→"编号"按钮，然后单击"剪贴板"组中的"格式刷"按钮，在第二个单元格处开始按住鼠标左键向下拖动，拖到最后一个单元格处松开鼠标，此列就自动插入编号了。

或者，选中待插入编号的单元格，单击"编号"旁的下拉按钮，在弹出的下拉列表中选择"编号库"中的编号样式，被选中单元格将自动生成编号。

（5）表格边框和底纹

在 Word 2016 中，用户不仅可以在"表格工具－设计"选项卡中设置表格边框，还可以在"边框和底纹"对话框中设置表格边框，其操作步骤如下。

①打开 Word 文档窗口，在表格中选中需要设置边框的单元格或整个表格。

②单击"表格工具→设计"→"边框"下拉按钮，并在弹出的下拉列表中选择"边框和底纹"选项，如图 3-40 所示。

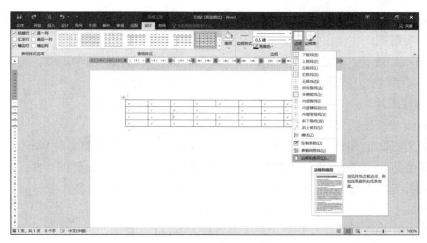

图 3-40　边框和底纹

③在打开的"边框和底纹"对话框中切换到"边框"选项卡，在"预览"区域选择边框显示位置。

④在"边框样式"的下拉列表中有"主题边框"和"最近使用过的边框"，可以在此处选择边框的样式（例如双横线、点线等样式中的任何一种），如图 3-41 所示；单击"边框取样器"后，鼠标指针自动变为边框刷，可以对已取样的边框格式进行复制。

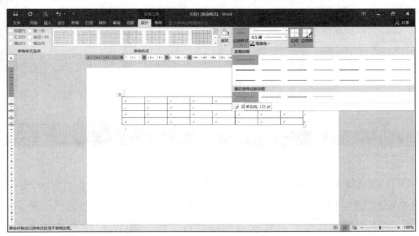

图 3-41　边框样式

## 3.4.2　插入图片

本知识点常考题型如下。

①插入报告人照片，将该照片调整到适当位置，并不要遮挡文档中的文字内容。

②根据"教材封面样式.jpg"的示例，为教材制作一个封面，图片为考生文件夹下的"Cover.jpg"，将该图片文件插入当前页面，设置该图片为"衬于文字下方"，调整大小使之正好为 A4 幅面。

③在标题段落"附件 3：高新技术企业证书样式"的下方插入图片"附件 3 证书.jpg"，为其应用恰当的图片样式、艺术效果，并改变其颜色。

④参照示例文件，插入标准色为橙色的圆角矩形，并添加文字"实习经验"，插入一个短划线的虚线圆角矩形框。

⑤据页面布局需要，在适当的位置插入标准色为橙色与白色的两个矩形，其中橙色矩形占满 A4 幅面，文字环绕方式设为"浮于文字上方"，作为简历的背景。

### 1. 插入本地图片

（1）更新图片链接

在 Word 文档中插入图片以后，如果原始图片发生了变化，用户需要向 Word 文档中重新插入该图片。而借助 Word 2016 提供的"插入和链接"功能，用户不仅可以将图片插入 Word 文档中，而且在原始图片发生变化时，还可以对 Word 文档中的图片进行更新，操作步骤如下。

①打开 Word 文档窗口，单击"插入"→"插图"→"图片"按钮。

②在打开的"插入图片"对话框中选中准备插入 Word 文档中的图片，然后单击"插入"按钮右侧的下拉按钮，并选择"插入和链接"选项，如图 3-42 所示。

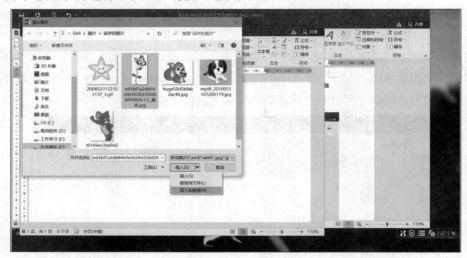

图 3-42　插入本地图片

③选中的图片将被插入 Word 文档中，当原始图片内容发生变化（文件未被移动或重命名）时，重新打开 Word 文档将看到图片已经更新（必须在关闭所有 Word 文档后重新打开插入图片的 Word 文档）。如果原始图片位置被移动或图片被重命名，则 Word 文档中将保留最近的图片版本。

④如果选择"插入"→"链接到文件"选项，则当原始图片位置被移动或图片被重命名时，Word 文档中将不显示图片。

（2）压缩图片

在 Word 文档中插入图片后，如果图片的尺寸很大，则会使 Word 文档的文件体积变得很大。即使在 Word 文档中改变图片的尺寸或对图片进行裁剪，图片的体积也不会改变。不过用户可以对 Word 文档中的所有图片或选中的图片进行压缩，可以有效减小图片的体积，同时也会有效减小 Word 文件的体积。压缩图片的步骤如下。

①打开 Word 文档窗口，选中需要压缩的图片。如果有多个图片需要压缩，则可以在按住"Ctrl"键的同时单击多个图片。

②打开"图片工具－格式"选项卡，在"调整"组中单击"压缩图片"按钮。

③打开"压缩图片"对话框，选中"仅应用于此图片"复选框，并根据需要更改分辨率（例如选中"Web（150ppi）：适用于网页和投影仪"单选按钮）。设置完毕单击"确定"按钮即可对 Word 文档中的选中图片进行压缩，如图 3-43 所示。

（3）设置艺术效果

在 Word 文档中，用户可以为图片设置艺术效果，这些艺术效果包括铅笔素描、影印、图样等多种效果，操作步骤如下。

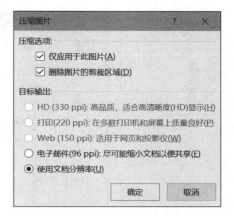

图 3-43　"压缩图片"对话框

①打开 Word 文档窗口，选中准备设置艺术效果的图片。单击"图片工具－格式"→"调整"→"艺术效果"下拉按钮。

②在打开的艺术效果列表中，单击选中合适的艺术效果选项即可（本例选中"混凝土"效果），可预览艺术效果，如图 3-44 所示。

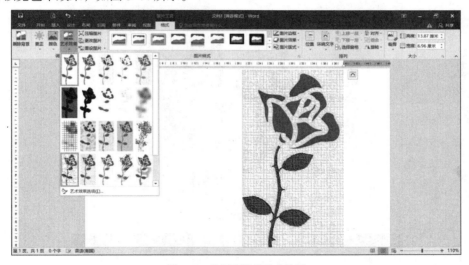

图 3-44　为图片设置艺术效果

也可单击"艺术效果选项"打开"设置图片格式"窗格，进行相关设置，如图 3-45 所示。

（4）去除图片背景

为了快速从图片中获得有用的内容，Word 2016 提供了一个非常实用的图片处理工具——删除背景。使用删除背景功能可以轻松去除图片的背景，具体操作如下。

①选择 Word 文档中准备去除背景的图片，然后单击"图片工具－格式"→"调整"→"删除背景"按钮。

②进入图片编辑状态，拖动矩形边框四周的控制点，以便圈出最终要保留的图片区域，如图 3-46 所示。

③完成图片区域的选定后，单击"关闭"组的"保留更改"按钮，或直接单击图片范围以外的区域，即可去除图片背景并保留矩形圈起的部分，去除背景后的图片如图 3-47 所示。

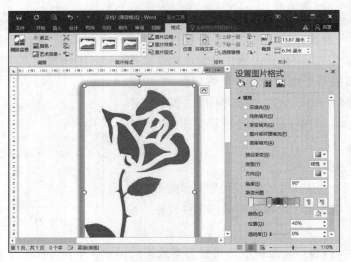

图 3-45　设置图片格式

图 3-46　选择要保留的图片区域

图 3-47　去除背景后的图片

### 2. 插入联机图片

在互联网环境下，可以在 Word 文档中插入联机图片，如图 3-48 所示。

图 3-48　插入联机图片

在必应图像搜索中输入想要插入图片的类别，点击搜索按钮，在图片列表中选择需要的图片，单击"插入"按钮，如图 3-49 所示，可以插入选择一张或多张图片到文档中。

图 3-49　选择需要的图片

### 3. 插入形状

在 Word 文档中，利用自选图形库提供的丰富的流程图形状和连接符可以制作各种用途的流程图，制作步骤如下。

①打开 Word 文档窗口，单击"插入"→"插图"→"形状"下拉按钮，并在打开的下拉菜单中选择"新建绘图画布"命令，如图 3-50 所示。

②选中绘图画布，单击"插入"→"插图"→"形状"按钮，在"流程图"中选择插入合适的形状。

③在 Word 2016 中单击"插入"→"插图"→"形状"按钮，在"线条"中选择合适的连接符。

④将鼠标指针指向第一个流程图图形需要连接的控制块（白色圆圈），按下左键拖动到第二个流程图图形需要连接的控制块，并释放左键，则完成两个流程图图形的连接。或者，选择某一线条后，选择已插入的流程图形状的连接点（实心控制块），按下鼠标左键拖动绘制的线条，线条会自动连接到流程图形状上。

重复步骤③和步骤④，并根据实际需要在流程图图形中添加文字，从而完成流程图的制作。

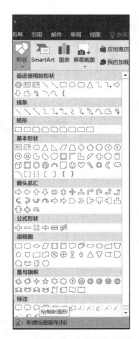

图 3-50　选择"新建绘图画布"命令

### 3.4.3　插入 SmartArt 图形

本知识点常考题型如下。

①在新页面的"报名流程"段落下面，利用 SmartArt，制作本次活动的报名流程（学工处报名、确认座席、领取资料、领取门票）。

②将"科研经费报账基本流程"中的 4 个步骤改用"垂直流程"SmartArt 图形显示，颜色为"强调文字颜色 1"，样式为"简单填充"。

③参照示例文件，在适当的位置使用形状中的标准色为橙色的箭头（提示：其中横向箭头使用线条类型箭头），插入 SmartArt 图形，并进行适当编辑。

#### 1. SmartArt 图形插入

借助 Word 2016 提供的 SmartArt 功能，可以在 Word 文档中插入丰富多彩、表现力丰富的 SmartArt 示意图，操作步骤如下。

①打开 Word 文档窗口，单击"插入"→"插图"→"SmartArt"按钮。

②在打开的"选择 SmartArt 图形"对话框中，单击左侧的类别名称选择合适的类别，然后在对话框右侧单击选择需要的 SmartArt 图形，并单击"确定"按钮，如图 3-51 所示。

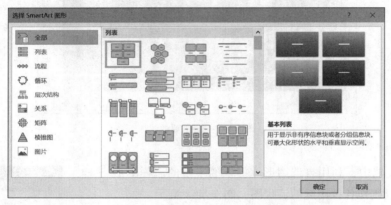

图 3-51　"选择 SmartArt 图形"对话框

③返回 Word 文档窗口，在插入的 SmartArt 图形中单击，在文本占位符处输入合适的文字，或者在左侧的文本窗格中输入合适的文字，如图 3-52 所示。

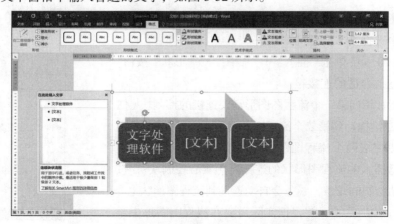

图 3-52　SmartArt 图形中文本的录入

### 2.SmartArt 图形设计

选中插入的 SmartArt 图形，单击"SmartArt 工具 – 设计"选项卡，即可打开图 3-53 所示的界面。

图 3-53　SmartArt "工具 – 设计"选项卡

①单击"添加形状"按钮，即可增加插入的 SmartArt 图形及文本占位符的数量。

②单击"添加项目符号"按钮，即可在同一图形中增加占位符行数。

③单击"升级"或"降级"按钮，即可增大或减小所选形状的级别，该命令在文档窗格中最有用。图 3-54 所示为未降级时的 SmartArt 图形。

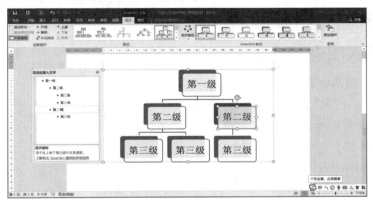

图 3-54　形状降级前

单击"降级"按钮后如图 3-55 所示。

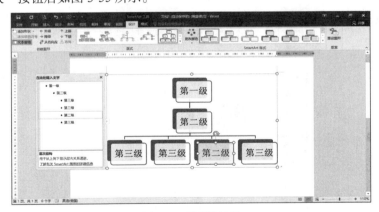

图 3-55　形状降级后

④单击"文本窗格"按钮，即可打开文本窗格，便捷地输入文本内容。

⑤单击"上移"或"下移"按钮将序列中当前所选内容向前或向后移动。

⑥单击"布局"中的其他布局方式，即可调整 SmartArt 图形的布局方式。

⑦单击"SmartArt 样式"组中的其他样式，即可调整 SmartArt 样式；单击"更改颜色"按钮，即可重新着色 SmartArt 图形中的图片。

### 3.SmartArt 图形格式

选中插入的 SmartArt 图形，单击"SmartArt 工具 – 格式"选项卡，即可打开图 3-56 所示的界面。

图 3-56　"SmartArt 工具 – 格式"选项卡

①单击"更改形状"按钮，即可修改 SmartArt 图形的图片形状。

②单击"形状样式"组中的其他样式，即可调整 SmartArt 图形样式。

③单击"艺术字样式"组中的艺术字样式，即可设置艺术字效果。

④单击"排列"组中的位置及环绕方式，即可调整 SmartArt 图形与文字的位置关系。

⑤单击"大小"组中的宽度、高度微调按钮，即可调整 SmartArt 图形的大小。

## 3.4.4　插入图表

本知识点常考题型如下。

在"产品销售一览表"段落区域的表格下方，插入一个产品销售分析图，图表样式请参考"分析图样例．jpg"文件所示，并将图表调整到与文档页面宽度相匹配。

### 1. 插入图表步骤

在 Word 文档中创建图表的操作步骤如下。

①打开 Word 文档窗口，单击"插入"→"插图"→"图表"按钮。

②打开"插入图表"对话框，在左侧的图表类型列表中可以选择最近使用过的图表类型或单机模板，也可以选择需要创建的图表类型，在右侧图表子类型列表中选择合适的图表，单击"确定"按钮，如图 3-57 所示。

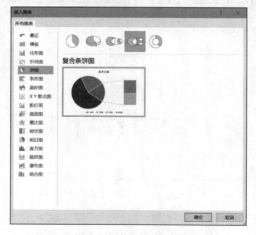

图 3-57　选择图表类型

③在并排打开的 Word 2016 窗口和 Excel 2016 窗口中，用户首先需要在 Excel 2016窗口中编辑图表数据。例如修改系列名称和类别名称，并编辑具体数值。在编辑 Excel 2016 表格数据的同时，Word 2016 窗口中将同步显示图表结果，如图 3-58 所示。

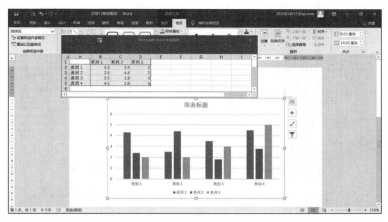

图 3-58　编辑 Excel 数据

④完成 Excel 2016 表格数据的编辑后关闭 Excel 2016 窗口，在 Word 2016窗口中可以看到创建完成的图表。

**2. 编辑图表**

选中插入的图表，单击"图表工具 – 设计"选项卡，即可打开图 3-59 所示的图表工具界面，设计图表属性和修改图表格式。编辑图表的相关内容将在 Excel 2016 电子表格软件部分重点学习。

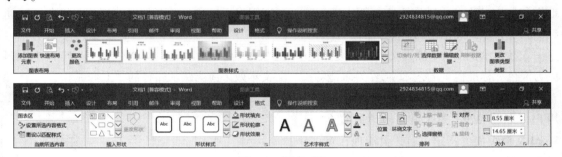

图 3-59　图表工具

## 3.4.5　插入超链接

本知识点常考题型如下。

①取消标题"柏林"下方蓝色文本段落中的所有超链接，并按如下要求设置格式（效果可参考考生文件夹中的"柏林一览 .png"示例）。

②文档最后的两个附件标题分别超链接到考生文件夹下的同名文档。修改超链接的格式，使其访问前为紫色（标准色），访问后变为红色（标准色）。

选中需要添加超链接的对象，可以是字、词语或者图片，单击"插入"→"链接"→"超链接"按钮，即可打开"插入超链接"对话框，如图 3-60 所示。

通过超链接，可以链接到"现有文件或网页""本文档中的位置""新建文档""电子邮件地址"等位置。

用户在 Word 2016 中使用超链接时，按住"Ctrl"键并单击超链接即可跳转到指定的位置。

图 3-60　插入超链接

### 3.4.6　插入文本框

本知识点常考题型如下。

①《××研究所科研经费报账须知》以文本框形式实现，其文字的显示方向为《经费联审结算单》的文字显示方式逆时针旋转 90 度。

②在文档的第二页，插入"飞越型"提要栏的内置文本框，并将红色文本"一幅画最优美的地方和最大的生命力就在于它能够表现运动，画家们将运动称为绘画的灵魂。"（拉玛左，16 世纪画家）移动到文本框内。

③参照示例文件，插入文本框和文字，并调整文字的字体、字号、位置和颜色。其中"张静"应为橙色（标准色）的艺术字，"寻求能够……"文本效果应为跟随路径的"上弯弧"。

通过使用 Word 2016 中的文本框，用户可以将 Word 文本很方便地放置在 Word 文档页面的指定位置，灵活地在页面中布局内容，不必受段落格式、页面设置等因素的影响。如报纸的编辑排版就用到很多文本框。

**1. 插入文本框步骤**

Word 内置有多种样式的文本框供用户选择使用，在 Word 文档中插入文本框的操作步骤如下。

打开 Word 文档窗口，单击"插入"→"文本"→"文本框"下拉按钮，在打开的内置文本框面板中选择合适的文本框类型，或选择"绘制文本框"选项的绘制横排文本框，如果需要绘制竖排文本框，需选择"绘制竖排文本框"选项，如图 3-61 所示。

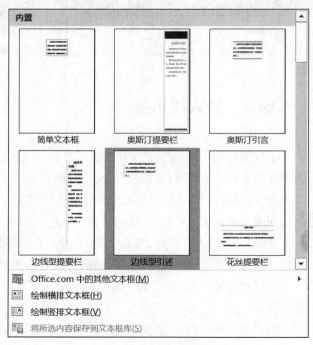

图 3-61　插入文本框

### 2. 设置文本框格式

插入文本框后，文本框处于可编辑状态，用户可直接输入文本内容。单击文本框后，拖动四周的小方块即可调整文本框的大小；鼠标指针移动到文本框边缘位置时变为十字箭头，此时按住鼠标左键可移动文本框；在文本框右外侧可以通过布局选项调整文本框与文本的位置；当鼠标指针在文本框边缘位置时，单击鼠标右键，在弹出的快捷菜单中选择"设置形状格式"即可设置边框样式、填充背景等。

### 3. 创建文本框链接

当用户插入多个文本框进行页面布局时，一个文本框中显示不完的内容需要连续在下一个文本框中显示，可采用创建文本框链接来实现。

选中第一个文本框，单击"绘图工具－格式"→"文本"→"创建链接"按钮，或将鼠标指针移到文本框边缘，右击，在弹出的快捷菜单中选择"创建文本框链接"，鼠标指针变为水杯形状，点击第二个文本框，即可将显示不完的内容自动放入第二个文本框中进行连续显示，如图 3-62 所示。

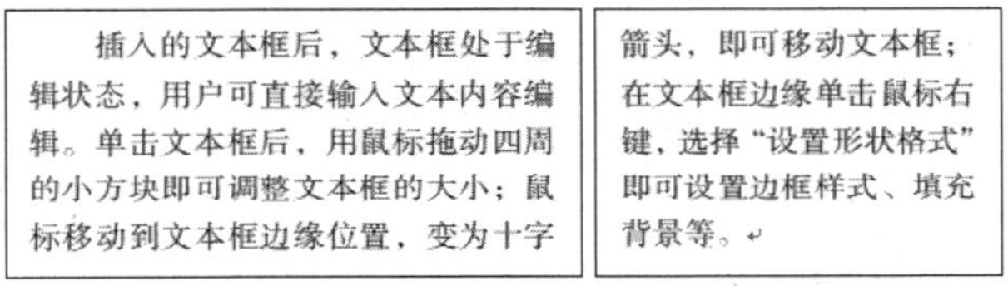

> 插入的文本框后，文本框处于编辑状态，用户可直接输入文本内容编辑。单击文本框后，用鼠标拖动四周的小方块即可调整文本框的大小；鼠标移动到文本框边缘位置，变为十字

> 箭头，即可移动文本框；在文本框边缘单击鼠标右键，选择"设置形状格式"即可设置边框样式、填充背景等。

图 3-62　创建文本框链接

## 3.4.7　插入文档部件

本知识点常考题型如下。

①办公室文秘小王正在使用 Word 2016 创作一份会议流程文档，在会议中需要多次使用一张表格，为了方便在文档中多次使用该表格，最优的操作方法是（　　）。

②将文档中的表格内容保存至"表格"部件库，并将其命名为"会议议程"。

文档部件，包括自动图文集、文档属性、域等基本的文档要求。

### 1. 插入文档部分——域

（1）插入域

域意思是范围，类似数据库中的字段，它就是 Word 文档中的一些字段。每个域都有一个唯一的名字，但有不同的取值；是 Word 文档中的特定指令集。用"域"进行文档排版时能充分实现 Word 2016 的自动化功能。

单击"插入"→"文本"→"文档部件"→"域"选项，即可打开"域"对话框，如图 3-63 所示。

选择"类别"，设置"域属性"，以插入日期和时间为例，设置格式属性和"域选项"，单击"确定"按钮即可插入日期和时间了。

（2）更新域

更新域，即重新计算域值。更新域的方法如下。

①单击已插入内容，再单击左上角的"更新"，即可更新域。

②按下"F9"键更新域。

③右击，在弹出的快捷菜单中选择"更新域"即可更新。

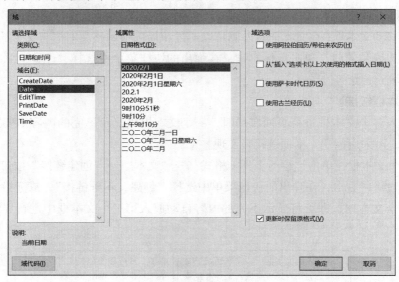

图 3-63 "域"对话框

**2. 创建文档部件库**

在编辑文档的时候会有一些固定内容是不太变动的，比如个人简介、联系信息或者公司介绍等。如果每次都重复输入一次的话，不仅浪费时间，而且很麻烦。在 Word 2016 中有一个功能叫"文档部件"，可以将这些固定不变的信息存档起来，方便直接使用。

输入重复利用的内容，设定好文本格式，选中目标文本。单击"插入"→"文本"→"文档部件"下拉按钮，选择"将所选内容保存到文档部件库"选项，弹出"新建构建基块"对话框。在"名称"中自定义文本名称，单击"确定"按钮，就可以完成文本部件的添加。

如果希望插入已有文档，则单击"插入"→"文本"→"文档部件"下拉按钮，在下拉列表中选择刚刚添加的文档部件，单击此文档部件，即可被插入光标所在位置。

## 3.4.8 插入艺术字

本知识点常考题型如下。

其中"张静"应为橙色（标准色）的艺术字，"寻求能够……"文本效果应为跟随路径的"上弯弧"。

艺术字（英文名称为 WordArt）结合了文本和图形的特点，能够使文本具有图形的某些属性，如设置旋转、三维、映像等效果，在 Word、Excel 和 PowerPoint 等 Office 组件中都可以使用艺术字功能。

打开 Word 文档窗口，将插入点光标移动到准备插入艺术字的位置。单击"插入"→"文本"→"艺术字"下拉按钮，并在打开的艺术字预设样式面板中选择合适的艺术字样式。打开艺术字文字编辑框，直接输入艺术字文本即可。用户可以对输入的艺术字分别设置字体和字号。或者选中需要设置为艺术字的文字后选择合适的艺术字样式，选择样式后可以单击"绘图工具 –格式"选项卡设置形状样式和艺术字样式，如图 3-64 所示。

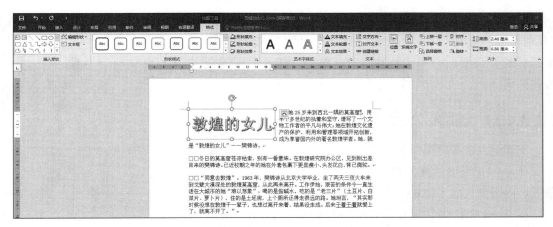

图 3-64 设置艺术字格式

## 3.4.9 首字下沉

在报纸，杂志等专业刊物中，经常可以看到段落开头的第一个文字是以增大字号的形式来显示的。

将光标定位在需要设置首字下沉的段落的任意位置，单击"插入"→"文本"→"首字下沉"下拉按钮，在打开的下拉列表中选择"下沉"或"悬挂"选项，如图 3-65 所示。

可以通过首字的 8 个控制块调整首字的大小，用拖动的方式移动首字的位置；或者在"首字下沉"的下拉列表中选择"首字下沉选项"选项，然后在"首字下沉"对话框中选择"位置"栏中的选项，这样就可以对下沉的方式进行设置，此时我们选择"下沉"选项。同时可以对段落首字的字体、文字下沉的行数以及文字距正文的距离等进行设置，最后单击"确定"按钮就可以了，如图 3-66 所示。

图 3-65 设置"首字下沉"

图 3-66 "首字下沉"对话框

## 3.4.10 插入符号

在编辑 Word 文档时，有时需要输入一些符号和特殊符号。

在插入位置单击，单击"插入"→"符号"按钮，常用符号会在此列出，单击需要的符号即可。

如果这里没有需要的符号，选择菜单底部的"其他符号"选项，打开"符号"对话框，如图 3-67 所示。选择需要的符号或特殊字符，单击"插入"按钮即可。

图 3-67　符号和特殊符号

### 3.4.11　插入公式

本知识点常考题型如下。

在"4.3.1 理论计算公式"下方红色底纹标出的位置以内嵌方式插入公式。

在 Word 文档中，可以借助 Word 2016 提供的数学公式运算功能对表格中的数据进行数学运算，包括加、减、乘、除、求和以及求平均值等常见运算。

单击"插入"→"公式"下拉按钮，在下拉列表中列出了各种常用公式，如需要输入一个二次公式，只要单击"二次公式"即可将公式格式输入 Word 文档，如图 3-68 所示。

若要创建自定义公式，则选择下拉列表中的"插入新公式"选项，这时在窗口菜单中将出现"公式工具 – 设计"选项卡，可选择相应的选项自定义创建公式。

单击"公式"控件右侧的下拉按钮，可选择"另存为新公式"。以后再插入公式时，保存过的公式即可出现在下拉列表中。

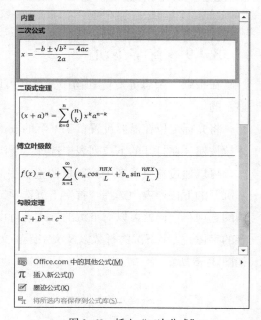

图 3-68　插入"二次公式"

# 3.5　长文档的编辑与管理

## 3.5.1　设置样式

本知识点常考题型如下。

①为文档中所有含有绿色标记的标题文字段落应用"报告标题 1"样式。

②修改"样式 1"样式，设置其字体为黑色、黑体，并为该样式添加 0.5 磅的黑色、单线条下划线边框，该下划线边框应用于"样式 1"所匹配的段落，将"样式 1"重新命名为"报告标题 1"。

③将文档中 8 个字体颜色为蓝色的段落设置为"标题 1"样式，3 个字体颜色为绿色的段落设置为"标题 2"样式，并按照要求修改"标题 1"和"标题 2"样式的格式。

④办公室小王正在编辑文档"A.docx"，该文档中保存了名为"一级标题"的样式，现在他
希望在文档"B.docx"中的某一段文本上也能使用该样式的最优操作方法是（　　　）。

样式是指用有意义的名称保存的字符格式和段落格式的集合。在编排重复格式时，先创建
一个该格式的样式，然后在需要的地方套用这种样式，这样就无须一次次地对它们进行重复的
格式化操作了。样式是 Word 2016 中的重要功能，可帮助用户快速格式化 Word 文档。

### 1. 新建样式

在 Word 2016 的空白文档窗口中，用户可以新建一种全新的样式，如新的表格样式、新的列表
样式等，具体操作步骤如下。

打开 Word 文档窗口，单击"开始"→"样式"按钮，打开"样式"列表框，如图 3-69 所示。

单击""新建样式，打开"根据格式设置创建新样式"对话框，如图 3-70 所示。在"名称"
编辑框中输入新建样式的名称，然后单击"样式类型"下拉按钮，在"样式类型"下拉列表中
包含 5 种类型，下面分别对 5 种类型进行介绍。

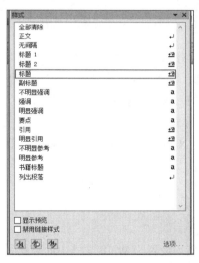

图 3- 69　"样式"列表框　　　　图 3- 70　"根据格式设置创建新样式"对话框

①段落：新建的样式将应用于段落级别。

②字符：新建的样式将仅用于字符级别。

③链接段落和字符：新建的样式将用于段落和字符两种级别。

④表格：新建的样式主要用于表格。

⑤列表：新建的样式主要用于项目符号和编号列表。

选择一种样式类型，如"段落"。

单击"样式基准"下拉按钮，在"样式基准"下拉列表中选择 Word 2016 中的某一种内置样式
作为新建样式的基准样式。单击"后续段落样式"下拉按钮，在"后续段落样式"下拉列表中选择
新建样式的后续样式。在"格式"区域，根据实际需要设置字体、字号、颜色、段落间距、对齐方
式等段落格式和字符格式。如果希望将该样式应用于所有文档，则需要选中"基于该模板的新文档"

单选按钮。设置完毕后单击"确定"按钮即可。

如果用户在选择"样式类型"的时候选择"列表"选项，则不再显示"样式基准"且格式设置仅有与项目符号和编号列表相关的格式选项。

### 2. 修改默认样式

单击"开始"→"样式"按钮，或者使用"Ctrl+Alt+Shift+S"组合键，弹出"样式"列表框，单击底部的"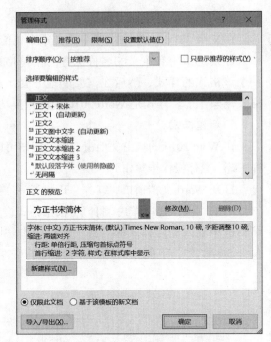"管理样式按钮。

在"管理样式"对话框中，切换到"设置默认值"选项卡。用户可以在这里重新设置文档的默认格式，包括中、西文字体，字号，段落位置，段落间距，等等。

完成设置后，选择新样式的适用范围，最后单击"确定"按钮保存设置，如图 3-71 所示。

图 3- 71 "管理样式"对话框

### 3. 样式导入 / 导出

如果想要在文档"B.docx"中也使用文档"A.docx"中的样式，可以通过样式导入 / 导出来实现。

首先需关闭文档"B.docx"，在文档"A.docx"中单击"开始"→"样式"按钮，弹出"样式"列表框，单击"管理样式"按钮，弹出"管理样式"对话框，单击"导入 / 导出"按钮，弹出"管理器"对话框，单击右侧的"关闭文件"按钮，再单击"打开文件"按钮，选择"B.docx"文件并单击"打开"按钮，在左侧列表框中选择"一级标题"样式，单击中间位置的"复制"按钮，将"A.docx"文档中的"一级标题"样式复制到"B.docx"文档中，最后单击"关闭"按钮。

## 3.5.2 设置分页与分节

本知识点常考题型如下。

①插入分页符，使得正文内容从新的页面开始。

②将封面、前言、目录、教材正文的每一章、参考文献均设置为 Word 文档中的独立一节。

在文档中，系统默认以页为单位对文档进行分页，只有当内容填满一整页时 Word 2016 才会自动分页。当然，用户也可以利用 Word 2016 中的分页和分节功能，在文档中强制分页和分节。

### 1. 分页功能

在需要分页的位置插入一个分页符可以实现强制分页，将分页符后的内容分布到下一页中。强制分页方法如下。

①将光标放置在需要分页的位置，单击"插入"→"页面"→"分页"按钮，即在此结束当前页面，并将光标移动到下一页。

②将光标放置在需要分页的位置，按"Ctrl+Enter"组合键即可分页。

③将光标放置在需要分页的位置，单击"布局"→"分隔符"下拉按钮，在下拉列表中选择"分页符"选项，即可在光标处分页。

#### 2. 分节功能

在文档中，节与节之间的分界线是一条双虚线，该双虚线称为"分节符"。用户可以利用分节功能为同一文档设置不同的页面格式。如对封面、目录、正文设置不同的页眉和页脚，设置文档中部分内容的纸张方向，等等。

对封面、目录、正文设置不同的页眉和页脚，需在封面、目录后插入"分节符"，将 Word 长文档分成 3 节，分别编辑页眉和页脚。

最简单的分节，就是插入 1 个分节符区分封面与正文，用于设置正文页码从"1"开始。将光标定位于封面后的空白位置，单击"布局"→"页面设置"→"分隔符"下拉按钮，再单击"分节符"→"下一页"按钮插入分节符，如图 3-72 所示。

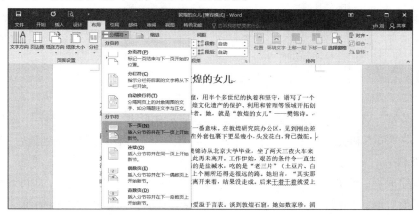

图 3-72　插入分节符

设置较复杂的分章节的页眉与页脚时，需在封面、目录及每章后均插入"分节符"。

默认情况下，插入的"分节符"是隐藏的，单击"开始"→"段落"→"显示 / 隐藏编辑标记"（ ） 按钮可以显示或隐藏分节符。

### 3.5.3　添加页眉、页脚

本知识点常考题型如下。

①除了首页外，为文档在页脚正中央添加页码，正文页码自"Ⅰ"开始，格式为"Ⅰ，Ⅱ，…"。

②根据文档内容的变化，更新文档目录的内容与页码。

③在文档的页脚正中插入页码，要求封面页无页码，目录和图表目录部分使用"1，Ⅱ，…"格式，正文以及参考书目和专业词汇索引部分使用"1，2，3，…"格式。

④为文档添加页眉和页脚。页眉内容包含本公司的联系电话；页脚包含举办庆祝会的时间。

#### 1. 设置页码格式

插入页码前，可以先设置页码的显示格式。例如，目录页码常用"Ⅰ，Ⅱ，Ⅲ，…"；正文页码常用"1，2，3，…"或"−1−，−2−，−3−，…"等。

选择"插入"→"页眉和页脚"→"页码"→"设置页码格式…"选项。

在弹出的对话框中，如图 3-73 所示，单击"编号格式"右侧的下拉按钮，选择合适的页码编号格式；在"页码编号"部分选中"续前节"或"起始页码"单选按钮并单击"起始页码"后的微调按钮设置起始页码。一般正文第一章的"起始页码"设置为"1"，其他章节均需选择"续前节"。

**2. 插入页码**

将光标定位于第一页，选择"插入"→"页眉和页脚"→"页码"→"页面底端"选项，在页码列表中选择合适的页码样式插入文档，同时，"页眉和页脚工具－设计"选项卡被激活，如图3-74所示。

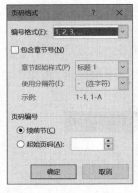

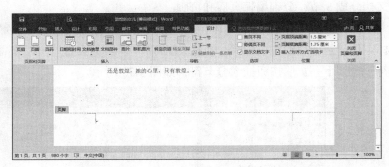

图 3-73　设置页码格式　　　　　图 3-74　"页眉和页脚工具－设计"选项卡

插入"分节符"后，在插入页码时，页面底部会显示"页脚－第1节－"字样，设置第一节页脚完毕后，点击"页眉和页脚工具－设计"选项卡的"下一节"继续设置，直到最后一节设置完成。

**3. 插入页眉**

页码设置完成后，单击"页眉和页脚工具－设计"选项卡的"转至页眉"，即可开始页眉设置。

设置"页眉"时，如需让所有节均显示相同内容的页眉，需单击"链接到前一节"按钮；如需对不同节设置不同的页眉内容，需断开"链接到前一节"再输入本节页眉内容，设置完毕后单击"关闭页眉和页脚"按钮。

**4. 设置页眉页脚的首页不同、奇偶页不同**

以设置"页眉"为例，打开 Word 文档，单击"插入"→"页眉和页脚"→"页眉"下拉按钮，在菜单中选择"编辑页眉"命令，如图3-75所示，此时"页眉和页脚工具－设计"选项卡被激活。

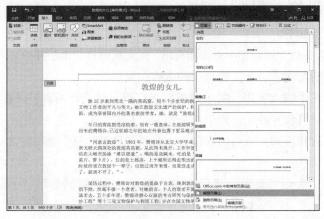

图 3-75　编辑页眉

设置奇偶页不同，可以直接选中"页眉和页脚工具－设计"选项卡中的"首页不同"和"奇偶页不同"复选框进行设置；也可以单击"布局"→"页面设置"按钮，打开"页面设置"对话框，单击"布局"选项卡，选中"首页不同"和"奇偶页不同"复选框，如图3-76所示。

Word 文档的页眉或页脚不仅支持文本内容，用户还可以在其中插入图片。例如，可以在页眉或页脚中插入公司 Logo、单位徽标和个人标识等，使 Word 文档看起来更加正规。

**5. 删除页眉**

使用 Word 时，只要插入了页眉，页眉文字下方就会出现一条横线。删除页眉时，即使删除了页眉文字，横线仍会留在页眉位置。因此，在删除页眉文字后，需再删除页眉横线。双击页眉位置打开"页眉和页脚工具 – 设计"选项卡，页眉进入可编辑状态，单击"开始"→"样式"，选择"正文"或"清除格式"即可清除页眉横线，返回"页眉和页脚工具 – 设计"选项卡，单击"关闭页眉和页脚"按钮或双击正文完成设置。

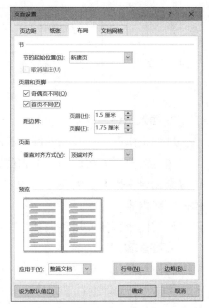

图 3-76　页面设置

## 3.5.4　插入脚注、尾注、题注

本知识点常考题型如下。

① 将正文中使用黄色突出显示的文本"图 1 ～图 10"替换为可以自动更新的交叉引用，引用类型为图片下方的题注，只引用标签和编号。

② 将文档中所有脚注转换为尾注，编号在文档正文中使用上标样式。

Word 提供了脚注与尾注工具，用于对文本内容进一步补充说明。尾注和脚注相似，脚注位于页面的底部，作为对文档某处内容的注释；尾注位于文档的末尾，用于列出引文的出处等。在添加、删除或移动自动编号的注释时，注释引用会自动重新编号。

Word 题注用于管理文档中的图片、图表、公式、表格等对象。

**1. 插入脚注**

脚注由两个相关联的部分组成，包括注释引用标记和其对应的注释文本。

选定需要插入脚注的文字和位置，单击"引用"→"脚注"→"插入脚注"按钮，如图 3-77 所示。

图 3-77　"引用"选项卡

可以看到该位置出现一个脚注序号，在页面的底部有一个同样的脚注序号，可以在脚注序号后书写具体的注释内容，如图 3-78 所示。

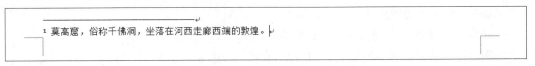

图 3-78　输入脚注的内容

成功插入脚注内容后，当鼠标指针指向文档中脚注的脚注序号时就可以看到对该文字的注释，如图 3-79 所示。

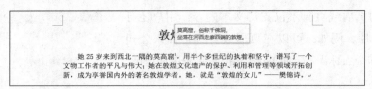

图 3-79　脚注的效果

### 2. 插入尾注

尾注也由两个相关联的部分组成，包括注释引用标记和其对应的注释文本。

选定需要插入尾注的文字和位置，单击"引用"→"脚注"→"插入尾注"按钮，同样，该位置会出现一个尾注序号，在文档的末尾会有一个同样的尾注序号，可以在尾注序号后输入具体的注释内容。

如需修改脚注或尾注，其方法和 Word 文档中正文的编辑方法一样。

### 3. 脚注和尾注的转换

脚注与尾注也可以相互转换。

单击"脚注"组右下方的按钮，打开"脚注和尾注"对话框，单击"转换"按钮，打开"转换注释"对话框，即可实现脚注和尾注的转换，如图 3-80 所示。

除此之外，还可以在图 3-80 所示的对话框的"格式"区域中修改脚注和尾注的编号格式。

### 4. 删除脚注和尾注

删除脚注只需要删除文中的脚注序号即可，这样下方的脚注序号和脚注内容会自动删除。当然也可以先删除页面底部的脚注内容，再删除文中的脚注序号。

删除尾注的方法和删除脚注的方法一样。

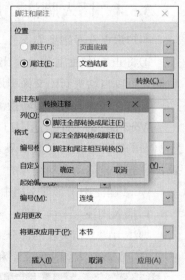

图 3-80　转换注释

### 5. 插入题注

如果 Word 文档中含有大量图片、图表、公式和表格等对象，为了能更好地管理这些对象，可以为其添加题注。

添加了题注的对象会获得一个编号，并且在删除或添加对象时，所有对象的编号会自动改变，以保持编号的连续性。要使 Word 自动生成图片等对象的编号，首先要为文章标题设置对应的标题样式，只有设置标题样式后，才可以实现图片等对象的编号的自动改变。

在 Word 文档中添加图片题注的步骤如下。

①打开 Word 文档窗口，单击需要添加题注的图片，单击"引用"→"题注"→"插入题注"按钮，或者右击，在打开的快捷菜单中选择"插入题注"命令。

②打开"题注"对话框，如图 3-81 所示，单击"编号"按钮。

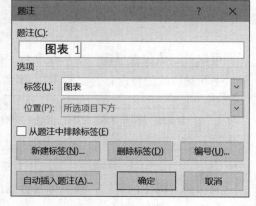

图 3-81　"题注"对话框

③打开"题注编号"对话框，单击"格式"的下拉按钮，在打开的下拉列表中选择合适的编号格式。如果希望题注中包含 Word 文档章节号，则需要选中"包含章节号"复选框。设置完成后单击"确定"按钮，如图 3-82 所示。

④返回"题注"对话框，在"标签"下拉列表中选择"图表"标签，如图 3-83 所示。如果希望在 Word 文档中使用自定义的标签，则可以单击"新建标签"按钮，在打开的"新建标签"对话框中创建自定义标签，如"图"，并在"标签"下拉列表中选择自定义的标签。如果不希望在图片题注中显示标签，可以选中"从题注中排除标签"复选框。单击"位置"下拉按钮选择题注的位置，例如选择"所选项目下方"选项，设置完毕后单击"确定"按钮，即可在 Word 文档中添加图片题注。

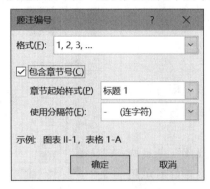

图 3-82　"题注编号"对话框

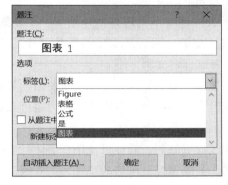

图 3-83　选择标签

⑤在 Word 文档中添加图片题注后，可以单击题注右边部分的文字以进入可编辑状态，并输入图片的描述性内容。

### 6. 交叉引用

单击"引用"→"题注"→"交叉引用"按钮，在"引用类型"和"引用内容"中选择相应选项，再单击"插入"按钮即可，如图 3-84 所示。在默认情况下，Word 2016 会以超链接方式插入交叉引用。

当插入或删除图片后，可通过"更新域"完成更新。

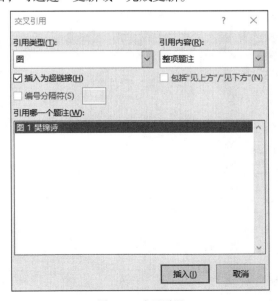

图 3-84　交叉引用

### 3.5.5 插入目录

本知识点常考题型如下。

①在文档开始的"插入目录"标记处插入只包含第1、第2两级标题的目录并替换"插入目录"标记，目录页不显示页码。自目录后的正式文本另起一页，并插入自1开始的页码于右边距内，最后更新目录。

②在目录页的标题下方，以"自动目录1"方式自动生成本教材的目录。

只有设置标题样式后，方可通过单击"引用"→"目录"按钮自动生成目录。

**1. 设置标题样式**

操作步骤如下。

选择一级标题文字，选择"开始"→"样式"→"标题1"样式，可将选定的一级标题文字设置为"标题1"样式。同理，设置二级、三级标题文字。

选中"视图"→"显示"→"导航窗格"复选框，即可在左侧的"导航"窗格中浏览文档中的标题，也可点击标题快速切换到某一章节。

标题样式设置好后，同样可使用"字体"或"段落"工具调整标题格式。为确保标题风格的统一，某一级标题设置好后可用"格式刷"功能修改其他同级标题。也可单击"样式"按钮，打开"样式"列表框，按标题级别统一修改样式格式，如图3-85所示。

**2. 插入目录**

一级、二级、三级标题都设置好后，把光标移到文档开头要插入目录的位置。

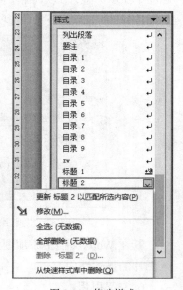

图 3-85 修改样式

选择"引用"→"目录"→"自动目录1"即可快速插入目录；也可选择"引用"→"目录"→"自定义目录"选项，打开"目录"对话框进行相应设置，单击"确定"按钮，自动生成目录，如图3-86所示。

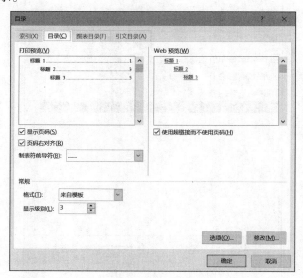

图 3-86 插入目录

### 3. 修改目录级别

目录插入以后，如需修改目录级别，在"目录"对话框中单击"选项"按钮，弹出"目录选项"对话框，即可进行修改。

例如，目录级别中不显示一级标题，如图 3-87 所示，即可删除"标题 1"后面"目录级别"中的数字"1"，将"标题 2"后面"目录级别"中的数字改为"1"，"标题 3"后面"目录级别"中的数字改为"2"，然后依次单击"确定"按钮关闭两个对话框。

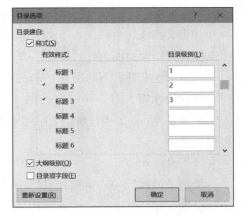

图 3-87　目录选项

### 4. 更新目录

目录插入以后，如后面对正文进行了进一步修改，需更新目录。

更新时，在生成的目录上右击，选择"更新域"，在弹出的"更新目录"对话框中选择"只更新页码"或"更新整个目录"。

生成的目录如首页页码不从"1"开始，请检查"页眉与页脚"，设置正文页码从"1"开始。

## 3.5.6　创建索引

本知识点常考题型如下。

①在标题"人名索引"下方插入格式为"流行"的索引，栏数为 2，排序依据为拼音，索引项来自文档"人名 .docx"；在标题"参考文献"和"人名索引"前分别插入分页符，使它们位于独立的页面（文档最后如存在空白页，将其删除）。

②将文档中所有的文本"ABC 分类法"都标记为索引项；删除文档中文本"供应链"的索引项标记；更新索引。

③按如下要求创建索引，完成效果参见"索引参考 .png"。

在 Word 2016 中创建索引，可以使阅读者更加快速有效地了解文档内容。

### 1. 标记索引项

选中要用作索引项的词条。单击"引用"→"索引"→"标记索引项"按钮，打开"标记索引项"对话框，在"主索引项"框内自动显示了索引标记内容，单击"标记"按钮，完成对该词条的标记。

### 2. 插入索引

单击要添加索引的位置，单击"引用"→"索引"→"插入索引"按钮，在"索引"对话框中，选择制表符前导符、格式、类别、排序依据等，单击"确定"按钮，就可以将索引插入文档中。

### 3. 更新索引

单击"引用"→"索引"→"更新索引"按钮，即可更新索引。

## 3.5.7　设置页面背景

本知识点常考题型如下。

①为文档添加文字水印"质量是企业的生命"，格式为宋体、字号 80、斜式、黄色、半透明。

②为文档设置"阴影"型页面边框及恰当的页面颜色，并设置打印时可以显示；保存"Word. docx"文件。

③为文档添加水印，水印文字为"机密"，并设置为斜式版式。

④设置页面边框为红"★"。

⑤将考生文件夹下的图片"Word-邀请函图片.Jpg"设置为邀请函背景。

### 1. 设计水印

水印是 Word 文档背景中显示的半透明标示（如"机密""草稿"等文字），可以是图片，也可以是文字。

（1）设计水印

单击"设计"→"页面背景"→"水印"下拉按钮，在打开的水印面板中选择合适的水印进行设置，也可以选择"自定义水印"选项设计个性化的水印，如图 3-88 所示。

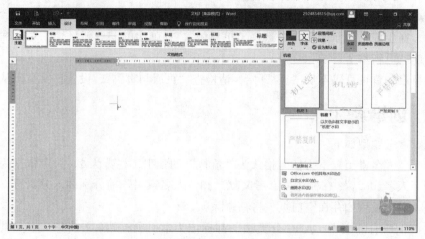

图 3-88　水印设置

（2）删除水印

要删除已经插入的水印，需再次打开水印面板，选择"删除水印"选项即可。

### 2. 页面背景

Word 文档的页面背景不仅可以使用单色或渐变色，还可以使用图片或纹理，其中纹理背景主要使用的是 Word 内置纹理，而图片背景则可以由用户使用自定义的图片进行设置，在 Word 文档中设置纹理或图片背景的步骤如下。

①打开 Word 文档窗口，单击"设计"→"页面背景"→"页面颜色"下拉按钮，并在打开的页面颜色面板中选择"填充效果"选项，如图 3-89 所示。

②在打开的"填充效果"对话框中选择"纹理"选项卡，在纹理列表中选择合适的纹理样式，单击"确定"按钮即可。

如果需要使用自定义的图片作为背景，可以在"填充效果"对话框中选择"图片"选项卡，单击"选择图片"按钮选择图片，最后单击"确定"按钮。

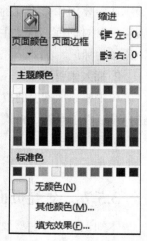

图 3-89　选择"填充效果"命令

### 3. 页面边框

页面边框主要用于在 Word 文档中设置页面周围的边框，可以设置普通的线型页面边框，也可以设置各种图标样式的艺术型页面边框，从而使 Word 文档更富有表现力。例如，在使用 Word 制作贺卡的时候，为了让贺卡更加好看，可以加入边框和底纹。

打开 Word 文档窗口，单击"设计"→"页面背景"→"页面边框"按钮，打开"边框和底纹"对话框，如图 3-90 所示。

在"设置"栏中选择边框的样式，"无"用于去除边框，"自定义"用于在页面各边添加不同的边框；在"样式"框中选择边框要用的基本线型，也可以在"艺术型"框中选用艺术型线型；在"颜色"框中选择边框线的颜色；在"宽度"框中选择边框线的粗细。设置完毕后右边区域将显示出预览效果，可以使用作用于上、下、左、右的 4 个按钮分别设置 4 个边框；在"应用于"框中选择在哪些页面添加边框；单击"选项"按钮打开"边框和底纹选项"对话框，可以设置页面边框相对于文字或页边的距离，如图 3-91 所示，设置好后依次单击"确定"按钮关闭对话框。

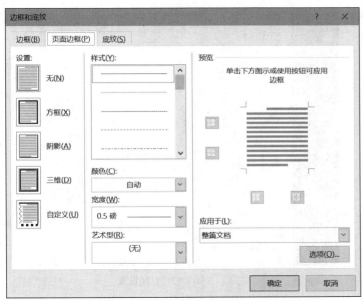

图 3-90　"边框与底纹"对话框

图 3-91　"边框和底纹选项"对话框

## 3.5.8　打印

本知识点常考题型如下。

①设置页面高度为 27 厘米，页面宽度为 27 厘米，页边距（上、下）为 3 厘米，页边距（左、右）为 3 厘米。

②在"主办：校学工处"位置后另起一页，并设置第二页的页面纸张大小为 A4 幅面，纸张方向设置为"横向"，页边距为"普通"。

③在"演讲人："位置后面输入报告人"陆达"；在"主办：行政部"位置后面另起一页，并设置第二页的页面纸张大小为 A4 幅面，纸张方向设置为"横向"，此页页边距定义为"普通"页边距。

④论文页面设置为 A4 幅面，上、下、左、右边距分别为：3.5 厘米、2.2 厘米、2.5 厘米和 2.5 厘米。论文页面只指定行网格（每页 42 行），页脚距边距 1.4 厘米，在页脚居中位置设置页码。

### 1. 页面设置

在使用 Word 编辑文档的时候，常常需要为文档设置页边距、纸张方向、纸张大小、分栏显示等。打开 Word 文档，单击"布局"选项卡，例如，要对文档进行页边距的设置，只需在"页面设置"组中单击"页边距"下拉按钮，在下拉列表中选择 Word 预设的某种页边距。

也可以选择"自定义页边距"，在弹出的"页面设置"对话框中根据实际需求进行设置，如图 3-92 所示。

### 2. 打印设置

单击"文件"→"打印"，可以进行"打印份数"的设置，选择已安装的打印机，设置打印页数范围，根据打印机的性能设置"单面打印"或"双面打印"，选择实际需要的纸张方向为"横向"或"纵向"，也可进行页面设置，如图 3-93 所示。

图 3-92　自定义页边距

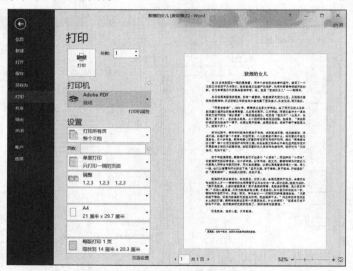

图 3-93　打印设置

### 3. 打印预览

日常的工作中，打印文件之前我们都会使用打印预览这一功能，看一下打印的效果如何。可以单击快捷访问工具栏的"打印预览和打印"，也可以单击"文件"→"打印"即可看到打印效果。

# 3.6　文档修订

本知识点常考题型如下。

①接受审阅者文晓雨对文档的所有修订，拒绝审阅者李东阳对文档的所有修订。

②检查文档并删除不可见内容。

③将邀请函中所有的文字内容设置为繁体中文格式。

### 3.6.1　审阅与修订文档

#### 1. 修订文档

当用户在修订状态下修改文档时，Word 2016 将跟踪文档中所有内容的变化状况并标记下来。单击"审阅"→"修订"按钮，即可开启文档的修订状态。

修订状态下，插入的文档内容会通过颜色和下划线标记出来，删除的内容可以在右侧的页边空白处显示出来。当多个用户同时参与修订同一文档时，文档将通过不同的颜色来区分不同用户的修订内容。

修订内容的样式可以自定义设置，单击"审阅"→"修订"→"修订选项"按钮，打开"修订选项"对话框，单击"高级选项"按钮打开"高级修订选项"对话框，设置修订内容的样式，如图 3-94 所示。

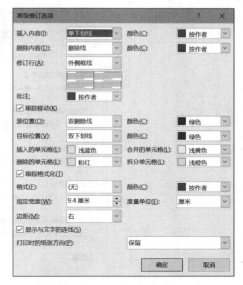

图 3-94　"高级修订选项"对话框

#### 2. 为文档添加批注

批注是对文档修订信息的补充说明，新建批注操作步骤如下。

单击"审阅"→"批注"→"新建批注"按钮，可以为文档内容添加批注信息。

如需删除批注信息，可选中批注信息，单击"审阅"→"批注"→"删除"按钮，即可删除一个批注或全部批注。

#### 3. 审阅修订和批注

修订完成后，用户还需要对文档的修订和批注状况进行最终审阅，并确定最终的文档版式。

①单击"审阅"→"批注"→"上一条"或"下一条"按钮，定位修订或批注。

②单击"审阅"→"更改"→"接受"或"拒绝"按钮，来接受或拒绝对内容的更改。

③单击"审阅"→"更改"→"接受"或"拒绝"的下拉按钮，可以接受或拒绝对文档内容的所有修订。

## 3.6.2　快速比较文档

Word 2016 提供了两个文档的"精确比较"功能，帮助用户显示两个文档修订前后的差异情况。

选择"审阅"→"比较"→"比较"选项，打开"比较文档"对话框，在"原文档"中，浏览找到原始文档，在"修订的文档"中，浏览找到修改完成的文档，单击"确定"按钮，两个文档中的不同之处就显示在"比较结果"文档中了。

单击"视图"→"并排查看"按钮，两份文档并排显示，可以看得更加清楚。

## 3.6.3　删除文档中的个人信息

文档的最终版本确定以后，可以通过"文档检查器"工具查找并删除文档中的隐藏数据和个人信息，操作方法如下。

单击"文件"→"信息"→"检查问题"→"检查文档"，弹出"文档检查器"对话框，如图 3-95 所示。勾选要检查的内容前的复选框，单击"检查"按钮。检查结束后，在审阅检查结果中单击检查结果相应内容右侧的"全部删除"即可删除该检查结果。

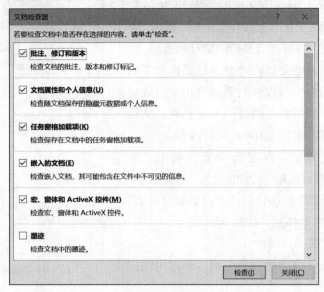

图 3-95　文档检查器

### 3.6.4　标记文档的最终状态

文档确认修改完成，并禁止相关内容再次编辑，可通过"标记为最终状态"实现。

单击"文件"→"保护文档"→"标记为最终状态"完成设置，设置后文档属性为"只读"。

### 3.6.5　中文简繁转换

在"审阅"→"中文简繁转换"组中，可实现全文的"繁转简""简转繁""简繁转换"，如果只是对部分文字进行中文简繁转换，可以先选中文字再单击相关命令按钮。

### 3.6.6　字数统计

单击"审阅"→"字数统计"按钮，可以统计全文的页数、字数、字符数、段落数、行数等内容，如图 3-96 所示。

图 3-96　字数统计结果

# 3.7　邮件合并

本知识点常考题型如下。

①将电子表格"Word 人员名单 .xlsx"中的姓名信息自动填写到"邀请函"中"尊敬的"

3 个字后面，并根据性别信息，在姓名后添加"先生"（性别为男）、"女士"（性别为女）。

②在"尊敬的"和"同志"文字之间，插入拟邀请的专家、老师和学生代表的姓名，姓名信息在考生文件夹下的"通讯录 .xlsx"文件中。每页邀请函中只能包含 1 个姓名，所有的邀请函页面请另外保存在一个名为"Word– 邀请函 .docx"的文件中。

③运用邮件合并功能制作内容相同、收件人不同（收件人为文件"评委 .docx"中的每个人，采用导入方式）的多份请柬，要求先将合并主文档以"请柬 1 docx"为文件名进行保存，进行效果预览后再生成可以单独编辑的单个文档"请柬 2.docx"。

④考试级别信息根据考生所报考的科目自动生成，当"考试科目"为"高级会计实务"时，考试级别为"高级"，否则为"中级"。

"邮件合并"就是在邮件文档（主文档）的固定内容中，合并与发送信息相关的一组通信资料（数据源：如 Excel 表、Access 数据表等），从而批量生成需要的邮件文档。

### 1. 制作信封

单击"邮件"→"创建"→"中文信封"按钮，在弹出的"信封制作向导"对话框中按流程分别设置"信封样式""信封数量""收件人信息""寄件人信息"，单击"确定"按钮完成制作，如图 3-97 所示。

### 2. 使用邮件合并制作邀请函

在日常的办公中，用户还可以通过 Word 2016 所提供的"邮件合并"功能轻松实现批量制作学生成绩单、工资条、请帖、荣誉证书、准考证、明信片和个人简历等文档，该类文档比较明显的特征是数据量大，内容明显可区分为固定不变的和变化的两部分。

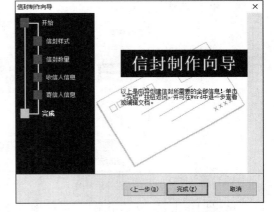

图 3-97  "信封制作向导"对话框

使用邮件合并制作邀请函的操作步骤如下。

（1）准备数据源

数据源就是包含字段和记录的二维表。

在实际工作中，通常数据源是已经存在的，比如要制作大量客户信封，多数情况下，客户信息可能早已被客户经理做成了 Excel 表格，其中含有制作信封需要的"姓名""地址""邮编"等字段。在这种情况下，直接拿过来使用就可以了，不必重新制作。

如果没有现成的数据表，则要先根据主文档对数据源的要求建立数据表，根据个人习惯使用 Excel、Access 都可以，实际工作时，常常使用 Excel 来制作。数据源如图 3-98 所示。

| | A | B | C | D |
|---|---|---|---|---|
| 1 | 编号 | 姓名 | 地址 | 邮政编码 |
| 2 | BY001 | 邓建威 | | 100036 |
| 3 | BY002 | 郭小春 | | 100007 |
| 4 | BY007 | 陈岩捷 | | 300191 |
| 5 | BY008 | 胡光荣 | | 100083 |
| 6 | BY005 | 李达志 | | 100080 |

图 3-98  数据源

（2）建立主文档

"主文档"就是文档中固定不变的主体内容即模板文件，比如信封中的落款、信函中的对每个收信人都不变的内容等。使用邮件合并之前先建立主文档，这是一个很好的习惯。一方面可以考查预计中的工作是否适合使用邮件合并；另一方面，主文档的建立，为数据源的建立或选择提供了标准和思路。

（3）邮件合并

完成前两步，就可以将数据源中的相应字段合并到主文档的固定内容中了，表格中的记录行数，决定着主文档生成的份数。

整个合并操作过程将利用"邮件合并分步向导"进行，使用起来非常容易，步骤如下。

①打开主文档，切换至"邮件"选项卡，单击"开始邮件合并"下拉按钮，选择"信函"选项。

②单击"选择收件人"下拉按钮，选择"使用现有列表"选项。

③ 选择之前创建的数据源表，并在弹出的对话框中选择数据所在的"工作表"，如图 3-99 所示，单击"确定"按钮。

图 3-99　选择表格

④此时单击"插入合并域"下拉按钮，数据源中的字段就出现在列表中了。将光标放置在需插入可变信息的位置，选择相应字段，该字段即可插入文档。以此类推，插入所有字段，如图 3-100 所示。

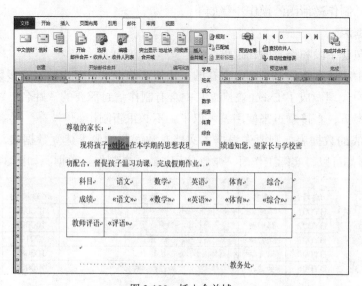

图 3-100　插入合并域

如果对插入的信息进行条件限制，可单击"规则"按钮设置条件。如对性别与称谓建立关系，操作方法如下。

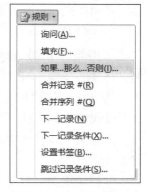

选择"规则"下拉列表中的"如果…那么…否则…"选项，如图3-101 所示。

在弹出的"插入 Word 域：IF"对话框中的"域名"下拉列表中选择"性别"，在"比较条件"下拉列表中选择"等于"，在"比较对象"文本框中输入"男"，在"则插入此文字"文本框中输入"先生"，在"否则插入此文字"文本框中输入"女士"。单击"确定"按钮。

⑤单击"预览结果"，即可查看邮件合并后的效果，左右翻页即可依次显示出学生姓名及相应成绩。

图 3-101 "规则"下拉列表

⑥最后，单击"完成并合并"→"编辑单个文档"按钮，并在弹出的对话框中选择"全部"并单击"确定"按钮。

# 3.8  应用案例

## 3.8.1  应用案例 1——劳动合同的制作

利用 Word 2016 的格式化文档功能来制作一份完整的合同，应该怎样完成呢？培养计算思维能力需要在完成任务的过程中充分锻炼学生的各种综合能力，既包括了对问题的建构、问题的分析、问题解决思路的思考，也包括如何使用计算机有效地解决问题。

基于劳动合同制作这一问题，制作文档可以分为以下几个步骤：创建和保存文档、输入协议内容、设置文字格式、设置段落格式等，最终完成合同制作，打印输出。

### 1. 输入劳动合同的内容

在 Word 2016 中编辑和制作合同时，首先应该输入合同的内容。注意按照前面介绍的输入方法进行输入，只输入内容，不用考虑格式，具体的操作步骤如下。

①启动 Word 2016 应用程序。

②保存文档。单击"文件"→"保存"，选择保存位置，如"我的文档"；在文本框中输入保存的文件名"劳动合同"；单击"保存"按钮。

③输入劳动合同文本，将输入法切换到一种常用的中文输入法，输入标题"劳动合同书"，按下"Enter"键将插入点定位到下一段，继续输入文本。

④复制劳动合同正文内容，打开包含有正文内容的 TXT 文本文件，选择文件中的内容，单击"编辑"→"复制"，返回 Word 文档，在文档中定位插入点，单击"开始"→"剪贴板"→"粘贴"按钮，将选择的内容插入当前文档。

⑤插入日期和时间：定位插入点，单击"插入"→"文本"→"日期和时间"按钮，弹出"日期和时间"对话框，在"可用格式"列表中单击要插入的时间格式；单击"确定"按钮。

### 2. 编排劳动合同的版式

文档格式功能是 Word 2016 中的重要组成部分，必须熟练掌握文档格式化的方法以美化文档。文档内容录入完成后，接下来就要对合同进行格式的编排。本例主要对合同中文字进行字符格式、段落格式和页面格式的设置。

（1）设置文本格式

文本的格式设置包括设置字体、字形、颜色、字符间距等，现将打开文档中的标题文本设置为黑体、二号、加粗、黑色。具体操作步骤如下。

①设置文本字体，选择"开始"→"字体"→"黑体"。

②设置文本字号，选择"字体"→"字号"→"二号"。

③设置文本加粗与颜色，单击"字体"→"加粗"→"字体颜色"，选择"黑色，文字1，淡色 5%"。

④设置正文文本格式，选择正文文本，根据上面所讲的方法，设置正文文本为华文仿宋、小四号、加粗。

（2）设置段落的格式

设置文档中的标题文字为居中，设置段落为首行缩进 2 字符，设置段间距为段前、段后 0.2 行，设置行间距为固定值 20 磅，具体的操作步骤如下。

①设置标题"居中"，选中文档中的标题，单击"开始"→"段落"→"居中"按钮。

②设置段落格式，选中文档中正文段落，单击"段落"右下角的对话框开启按钮，打开"段落"对话框，在"特殊格式"列表中选择"首行缩进"选项，在"间距"选项组中设置行间距值，单击"确定"按钮。

（3）设置页面格式

为文档添加页眉和页脚，设置页边距上下均为 2 厘米、左右均为 3 厘米，具体操作步骤如下。

①插入页眉。单击"插入"→"页眉和页脚"→"页眉"下拉按钮，在弹出的下拉列表中选择页眉样式，如"空白"。

②输入页眉内容。单击页眉文本框，在其中输入页眉文本"劳动合同书"，单击"页眉和页脚工具－设计"→"导航"→"转至页脚"按钮。

③插入页码。进入页眉页脚编辑区域，选择"页眉和页脚"→"页码"→"页面底端"选项，在级联菜单中选择页码样式，如"普通数字 2"。

④退出页眉页脚操作。在文档中插入指定样式的页码，单击"关闭页眉和页脚"按钮，或者双击编辑区，退出页眉页脚编辑状态。

⑤页面格式的设置。单击"布局"→"页面设置"按钮，打开"页面设置"对话框，设置页边距上下均为 2 厘米、左右均为 3 厘米，单击"确定"按钮。

⑥打印预览，可以看到整体效果。

## 3.8.2 应用案例2——制作公司宣传单

在日常工作中 Word 2016 的应用范围非常广泛，不仅用于行政和财务方面，在企划宣传方面也被广泛使用。案例制作过程中，还是按照建构问题、分析问题、解决问题的思路思考。

### 1. 设置公司宣传单页面格式

制作宣传单需要设置页面格式和页面背景等，具体操作步骤如下。

（1）页面格式设置

制作精美的宣传单，需要设置纸张大小，尽量方便客户阅读与携带，具体操作方法如下。

①设置纸张大小。单击"布局"→"页面设置"→"纸张大小"按钮，选择需要的纸张，如A5 纸。

②设置纸张边距。单击"布局"→"页面设置"→"页边距"按钮，选择合适的页边距，如"普通"。

（2）设置页面背景

制作精美的宣传单，可以应用填充背景的方法添加颜色。单击"设计"→"页面背景"→"页面颜色"下拉按钮，在弹出的下拉列表中选择颜色，如"白色，背景 1，深色 15%"。

**2. 添加公司宣传单的组成元素**

宣传单由图片、形状、文本框、文字、艺术字等基本元素构成，利用这些元素可以制作各式各样的宣传单，下面制作一个由图片、形状、文本框、文字、艺术字组成的宣传单。

（1）插入形状

为使整个版面看起来效果更好，需要插入形状，使宣传单更具有层次感，具体操作步骤如下。

①选择形状样式。单击"插入"→"插图"→"形状"下拉按钮，在下拉列表中选择插入的形状，如星与旗帜中的"爆炸型 2"。

②创建形状。确定插入形状的位置，按住鼠标左键进行拖动，直至绘制成的形状大小合适才释放鼠标。

③填充颜色。选择形状，单击"绘图工具 - 格式"→"形状样式"→"形状填充"下拉按钮，在下拉列表中选择填充颜色，如"红色"。

④输入文字。选择形状，右击，在弹出的快捷菜单中选择"添加文字"命令，在光标处输入文字"热销路线"，根据需要设置文字的字体格式。

（2）插入图片

为了使宣传单更具有说服力，在制作时需要插入图片，具体操作步骤如下。

①插入图片。单击"插入"→"插图"→"图片"按钮，弹出"插入图片"对话框，选择图片所在的位置，在列表中单击需要插入的图片，单击"插入"按钮。

②设置图片的排版方式。选择图片，单击"绘图工具 - 格式"→"排列"→"环绕文字"下拉按钮，在下拉列表中选择"浮于文字上方"选项，还可以根据需要调整图片的大小和位置。

（3）插入文本框

如果需要在图片上输入文字，可以使用文本框对文本进行定位，具体操作步骤如下。

①绘制文本框。单击"插入"→"文本"→"文本框"下拉按钮，在弹出的下拉列表中选择"绘制文本框"选项。

②在文本框中输入文字。插入文本框后，单击，确定位置，输入文字。

③设置形状格式。选择文本框，右击，在弹出的快捷菜单中选择"设置形状格式"命令，弹出"设置形状格式"窗格，选择"形状选项"→"填充与线条"，单击"线条"折叠按钮，在打开的列表中选中"无线条"单选按钮，并设置"填充"为"无填充"。

根据需要按以上步骤再添加其他文本框，在文本框中输入文字并设置文本框的格式。

（4）插入艺术字

制作宣传单标题时，可以使用艺术字来设置，使普通的文字变得更美观，具体操作步骤如下。

①插入艺术字。单击"插入"→"文本"→"艺术字"下拉按钮，在弹出的下拉列表中选

择艺术字样式，如"填充－白色，轮廓－强调文字颜色1"。

②输入文字。在文本框中，输入文字内容，编辑结束后的效果如图3-102所示。

图3-102　效果图

### 3.8.3　应用案例3——用邮件合并功能制作通家书信封

每学期结束，学校要给每位同学发通家书，同学们可以思考，发送对象为1人、10人、50人、1000人时，工作量是否相同？分别应该怎样完成？向多人发送通家书时，哪些内容是统一的？哪些内容是各不相同的？统一的应该怎样处理？不同的部分应该怎样处理？分析解决问题的过程就是计算思维能力培养的过程。

向多人发送通家书时，利用邮件合并功能即可轻松完成，具体操作步骤如下。

#### 1. 创建数据源

数据源又叫收件人列表，可以用Word、Excel或Access制作，以表格的形式显示，表格的每一列对应一个列标题，如姓名。这个列标题在表格的首行来表示，这一行称为域，以下的每一行称为一条数据记录。表格的首行必须包含标题行，其他行必须包含要合并的记录，使用Word 2016制作数据源时，标头不能留空。输入所有数据源的数据后，选定保存位置，以文件名"信息表1"保存，如图3-103所示。

| | A | B | C | D | E | F | G | H |
|---|---|---|---|---|---|---|---|---|
| 1 | 学号 | 姓名 | 性别 | 政治面貌 | 家庭地址 | 邮政编码 | | |
| 2 | 201192130139 | 徐倩 | 女 | 团员 | | 730000 | | |
| 3 | 201192130141 | 张吉平 | 男 | 团员 | | 744200 | | |
| 4 | 201192130135 | 刘红兵 | 男 | 团员 | | 748500 | | |
| 5 | 201192130140 | 杨江秀 | 女 | 团员 | | 748500 | | |
| 6 | 201192110106 | 王秀娟 | 女 | 团员 | | 743000 | | |
| 7 | 201192130126 | 陈峰 | 男 | 团员 | | 734300 | | |
| 8 | 201192120112 | 方重亮 | 男 | 团员 | | 730000 | | |
| 9 | 201192120114 | 贾广儒 | 男 | 群众 | | 730100 | | |
| 10 | 201192120115 | 任鹏龙 | 男 | 团员 | | 730000 | | |
| 11 | 201192130128 | 范瑶钰 | 女 | 团员 | | 730000 | | |
| | | 王丹 | 女 | 团员 | | 730000 | | |

图3-103　信息表1

#### 2. 创建信封

①点击"邮件"→"创建"→"中文信封"命令，打开"信封制作向导"对话框，单击"下一步"按钮，选择信封样式。

②单击"下一步"按钮，信封数量选择"基于地址簿文件，生成批量信封"。

③单击"下一步"按钮，在"收件人信息"步骤，单击"选择地址簿"按钮，打开"打开"对话框，选择信息表所在的位置，单击"信息表 1.xlsx"文件，单击"打开"按钮。

④单击"下一步"按钮，输入寄件人的地址。

⑤单击"完成"按钮，即可完成信封的制作，如图 3-104 所示。

图 3-104　批量创建的信封

# 习　题

1. 某高校为了使学生更好地进行职场定位和职业准备，提高就业能力，该校学生处将于 2016 年 4 月 29 日 19:30—21:30 在校国际会议中心举办题为"领慧讲堂——大学生人生规划"就业讲座，特别邀请资深媒体人、著名艺术评论家赵蕈先生担任演讲嘉宾。

请根据上述活动的描述，利用 Word 2016 制作一份宣传海报（宣传海报的参考样式请参考"Word 素材 1- 海报参考样式 .docx"文件），要求如下。

（1）调整文档版面，要求页面高度为 35 厘米，页面宽度为 27 厘米，页边距（上、下）为 5 厘米，页边距（左、右）为 3 厘米，并将考生文件夹下的图片"Word- 海报背景图片 .jpg"设置为海报背景。

（2）根据"Word 素材 1- 海报参考样式 .docx"文件，调整海报中文字的字号、字体和颜色。

（3）根据页面布局需要，调整海报内容中"报告题目""报告人""报告日期""报告时间""报告地点"信息的段落间距。

（4）在"报告人："位置后面输入报告人姓名（赵蕈）。

（5）在"主办：校学生处"位置后另起一页，并设置第 2 页的页面纸张大小为 A4 篇幅，纸张方向设置为"横向"，页边距为"普通"。

（6）在新页面的"日程安排"段落下面，复制本次活动的日程安排表（请参考"Word- 活动日程安排 .xlsx"文件），要求表格内容引用 Excel 文件中的内容，如若 Excel 文件中的内容发生变化，Word 文档中的日程安排信息应随之发生变化。

（7）在新页面的"报名流程"段落下面，利用 SmartArt 图形，制作本次活动的报名流程（学生处报名、确认座席、领取资料、领取门票）。

（8）"报告人介绍"段落下面的文字排版布局参考示例文件中的样式。

（9）更换报告人照片为文件夹下的"Pic 2.jpg"照片，将该照片调整到适当位置，并不要遮挡文档中的文字内容。

（10）保存宣传海报设计。

2. 打开文档"Word 素材 2.docx"，按照要求完成下列操作，并以文件名"Word 文档 2.docx"保存文档。

（1）调整纸张大小为 B5，页边距的左边距为 2 厘米、右边距为 2 厘米，装订线 1 厘米，对称页边距。

（2）将文档中第一行"黑客技术"设为一级标题，文档中黑体字的段落设为二级标题，斜体字段落设为三级标题。

（3）将正文部分内容设为四号字，每个段落设为 1.2 倍行距且首行缩进 2 字符。

（4）将正文第一段的首字"很"下沉 2 行。

（5）在文档的开始位置插入只显示二级和三级标题的目录，并用分节方式令其独占一页。

（6）文档除目录页外均显示页码，正文开始为第 1 页，奇数页码显示在文档的底部靠右，偶数页码显示在文档的底部靠左。在文档偶数页加入页眉，页眉中显示文档标题"黑客技术"，奇数页页眉没有内容。

（7）将文档最后 5 行转换为 2 列 5 行的表格，倒数第 6 行的内容"中英文对照"作为该表格的标题，使表格及标题居中。

（8）为文档应用一种合适的主题。

3. 某出版社的编辑小刘手中有一本有关财务软件应用的书稿的文档"会计电算化节节高升 .docx"，打开该文档，按下列要求帮助小刘对书稿进行排版操作并按原文件名进行保存。

（1）按下列要求进行页面设置：纸张大小 16 开，对称页边距，上边距 2.5 厘米、下边距 2 厘米，内侧边距 2.5 厘米、外侧边距 2 厘米，装订线 1 厘米，页脚距边界 1 厘米。

（2）书稿中包含 3 个级别的标题，分别用"（一级标题）""（二级标题）""（三级标题）"字样标出。对书稿应用样式、多级列表并对样式和格式进行相应修改。

（3）应用样式结束后，将书稿中各级标题文字后面的括号中的提示文字及括号——"（一级标题）""（一级标题）""（三级标题）"全部删除。

（4）书稿中有若干表格及图片，分别在表格上方和图片下方的说明文字左侧添加形如"表 1-1""表 1-2""图 1-1""图 1-2"的题注，其中连字符"–"前面的数字代表章号、"–"后面的数字代表图表的序号，各章节的图和表分别连续编号。添加完毕后，将样式"题注"的格式修改为仿宋、小五号、居中。

（5）在书稿中用红色标出文字的适当位置，为前 2 个表格和前 3 张图片设置自动引用其题注号。为第 2 张表格"表 1-2 好朋友财务软件版本及功能简表"套用一个合适的表格样式，保证表格第 1 行在跨页时能够自动重复，且表格上方的题注与表格总在同一页上。

（6）在书稿的最前面插入目录，要求包含标题第 1 ～ 3 级及对应页号。目录、书稿的每一章均为独立的一节，每一节的页码均以奇数页为起始页码。

（7）目录与书稿的页码分别独立编排，目录页码使用大写罗马数字（Ⅰ、Ⅱ、Ⅲ……），书稿页码使用阿拉伯数字（1、2、3……）且各章节间连续编码。除目录首页和每章首页不显示页码外，其余页面要求奇数页页码显示在页脚右侧，偶数页页码显示在页脚左侧。

（8）将考生文件夹下的图片"Tulips.jpg"设置为本文稿的水印，水印处于书稿页面的中间位置，图片增加"冲蚀"效果。

# 第 4 章
# Excel 2016 电子表格软件

主要知识点

- Excel 2016 的基本功能，工作簿和工作表的基本操作。
- 工作表数据的输入、编辑和修改。
- 单元格格式化操作、数字格式的设置。
- 工作簿和工作表的保护。
- 单元格的引用、公式和函数的使用。
- 迷你图和图表的创建与编辑。
- 数据的排序、筛选、分类汇总和合并计算。
- 数据透视表和数据透视图的使用。
- 数据模拟分析和运算。
- 宏功能的简单使用。
- 获取外部数据并进行分析处理。

# 4.1　Excel 2016 简介

## 4.1.1　Excel 2016 基本功能

Excel 2016 是 Office 办公自动化软件的重要组件之一，是一个功能非常强大的电子表格处理软件。使用 Excel 2016 可以快速创建电子表格，可以进行复杂的数据组织、计算、分析和统计，还可以快速生成图表及数据透视表，可广泛应用于财务、统计、金融、学生管理、人事管理、行政管理等领域。

在 Excel 2016 教学中，每个知识点均能体现计算思维的融入。学习过程中，学生要不断思考应该用什么方法解决这一问题？哪种解决方法更为简单？以培养计算思维能力为目标，既可以更好地培养学生的学习兴趣，又可以培养学生解决问题的方法与技能。

## 4.1.2　Excel 2016 工作界面

Excel 2016 的功能区主要包含文件按钮和开始、插入、页面布局、公式、数据、审阅、视图 7 个选项卡，另外用户也可以通过"文件"→"选项"→"自定义功能区"进行添加或删除，如图 4-1 所示。

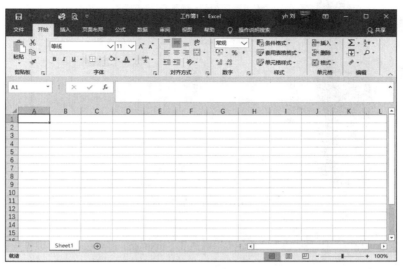

图 4-1　Excel 2016 的工作界面

### 1. 标题栏

标题栏位于 Excel 2016 窗口的最上方，用于显示当前工作薄和窗口的名称，标题栏从左到右依次为控制菜单图标、快速访问工具栏、工作薄名称和控制按钮。

快速访问工具栏包含"保存"按钮■、"撤销"按钮↶和"恢复"按钮↷等，单击快速访问工具栏右侧的"自定义快速访问工具栏"按钮▾，可自定义快速访问工具，也可将快速访问工具栏显示在功能区下方，如图 4-2 所示。

图 4-2　自定义快速访问工具栏

### 2."文件"按钮

"文件"按钮包含开始、新建、打开、信息、保存、另存为、打印、共享、导出、发布、关闭等功能，如图4-3所示。

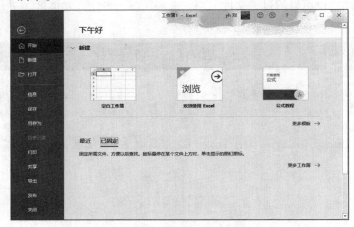

图4-3　Excel 2016的"文件"按钮

### 3.功能区

默认情况下，功能区由"文件""开始""插入""页面布局""公式""数据""审阅"和"视图"组成，如图4-4所示。

图4-4　Excel 2016的功能区

每个选项卡中，以"组"的方式将功能相近的命令按钮组织在一起，使用某功能区，只需单击该选项卡，再单击需要使用的按钮即可。鼠标指针指向按钮，停留片刻，即可显示该按钮的功能说明。按钮旁含有向下箭头 ▾ ，则代表含有下拉列表，可以选择该功能的子功能。"组"右侧含有启动器按钮 ▫ ，单击启动器按钮可以打开对应"组"的对话框或任务窗格。

### 4.名称框和编辑栏

名称框和编辑栏位于功能区下方，如图4-5所示。名称框用于显示当前活动单元格的地址，编辑栏用于编辑当前活动单元格的数据和公式。

图4-5　Excel 2016的名称框和编辑栏

### 5.工作区

工作区是由行和列组成的二维表，是Excel用于记录和显示数据的区域。工作区下方"Sheet1"代表工作表标签，用于显示工作表的名称。

### 6.滚动条

滚动条位于工作表区域右下方和右侧，用于改变工作表的可见区域。在制作Excel表格时，如果数据行较多时，一旦向下滚屏，上面的标题行也跟着滚动，在处理数据时往往难以分清各列数据对应的标题，采用"冻结窗格"功能可以很好地解决这一问题。具体方法是将光标定位在要冻结的标题行（可以是一行或多行）的下一行，然后选择"视图"→"窗口"→"冻结窗格"→"冻结窗格"选项，也可选择"冻结首行"或"冻结首列"选项来固定显示首行或首列。上下滚屏时，被冻结的标题行总是显示在最上面，大大增强了表格编辑的直观性，如图 4-6 所示。

图 4-6　冻结拆分窗格

# 4.2　工作表的基本操作

## 4.2.1　工作簿和工作表的基本操作

本知识点常考题型如下。

①将考生文件夹下的工作簿文档"Excel 素材 .xlsx"另存为"Excel.xlsx"（".xlsx"为文件扩展名）。

②将"素材 .xlsx"文件另存为"停车场收费政策调整情况分析 .xlsx"，后面所有的操作基于此新保存的文件。

③将"Sheet1"工作表命名为"销售情况"，将"Sheet2"命名为"图书定价"。

④将考生文件夹下的工作簿"行政区划代码对照表 .xlsx"中的工作表"Sheet1"复制到工作表"名单"的左侧，并重命名为"行政区划代码"，且工作表标签颜色设为紫色（标准色）；以考生文件夹下的图片"map.jpg"作为该工作表的背景，不显示网格线。

⑤在"成绩单"工作表中，设置工作表标签颜色为红色（标准色）；对数据区域套用"表样式浅色 16"表格格式，取消镶边行后将其转换为区域。

⑥在"图书名称"列右侧插入一个空列，输入列标题"单价"。

⑦将工作表另存为"计算机类图书 12 月份销售情况统计 .xlsx"文件。

⑧新建"按学校汇总 2"工作表，将"按学校汇总"工作表中所有单元格数值转置复制到新工作表中。

⑨将"销售记录"工作表的单元格区域 A3:F891 中的所有记录居中对齐，并将发生在周六或周日的销售记录的单元格的填充颜色设为黄色。

⑩在"成交数量"与"销售经理"列之间插入新列，列标题为"成交金额"，根据"成交数量"和"商品单价"列的数值，利用公式计算并填入"成交金额"。

### 1. 工作薄

Excel 工作簿是计算和存储数据的文件，新建 Excel 文件，默认主文件名为"工作簿 1"，扩

展名为 ".xlsx"。每个工作簿都包含多张工作表，因此，可在一个工作簿中管理多张相关工作表。

工作簿的基本操作包含创建工作簿、保存工作簿、打开工作簿。

启动 Excel 2016，Excel 2016 将自动创建一个空白工作簿；单击 "文件" → "保存 / 另存为"，选择保存位置，在 "文件名" 文本框中输入文件名称，单击 "保存" 按钮，即可完成保存操作。

单击 "文件" → "打开" → "浏览"，在弹出的 "打开" 对话框中选择所需的工作簿，单击 "打开" 按钮即可打开工作簿；也可通过双击所需工作簿的方式打开已存储的 Excel 文件。

### 2. 工作表

工作表是显示在工作簿窗口中的表格。一个工作表可以由 1048576 行和 16384 列构成。行的编号依次用从 1 到 1048576 的数字表示，列的编号依次用字母 A、B、……、XFD 表示。行号显示在工作簿窗口的左边，列号显示在工作簿窗口的上边。

工作表标签显示了系统默认的工作表名 Sheet1，用户可以根据需要添加工作表。其中白色的工作表标签表示活动工作表，单击某个工作表标签，可以选择该工作表为活动工作表。

工作表的基本操作包含插入工作表、删除工作表、重命名工作表、移动或复制工作表。

（1）插入和删除工作表

在 Excel 2016 中插入工作表，可通过选择 "开始" → "单元格" → "插入" → "插入工作表" 选项完成，也可通过单击默认工作表右侧的插入工作表按钮 ⊕ 完成。如果要删除某个工作表，可通过选择 "开始" → "单元格" → "删除" → "删除工作表" 选项完成；也可通过在工作表标签上右击，在弹出的快捷菜单上选择 "删除" 命令完成，如图 4-7 所示。

（2）移动和复制工作表

Excel 工作表可以在一个或多个工作簿中移动或复制。如果需将工作表复制或移动到不同的工作簿，需同时打开目标工作簿。复制或移动工作表时，需选中要复制或移动的一个或多个工作表，在工作表标签上右击，在弹出的快捷菜单上选择 "移动或复制" 命令，打开 "移动或复制工作表" 对话框，选择目标工作簿名称，选择工作表要插入的位置，单击 "确定" 按钮即可完成工作表移动。如需复制工作表，选中 "建立副本" 复选框，如图 4-8 所示。

图 4-7　工作表的基本操作　　　　　　图 4-8　移动或复制工作表

（3）重命名工作表

同一工作簿中存放的多是相关的多张工作表，为方便用户辨认、查找和使用，需为每张工作表起一个有意义的名字。重命名工作表可通过选择 "开始" → "单元格" → "格式" → "组织工作表" → "重命名工作表" 选项，在工作表标签颜色变黑后，输入新的名称完成；也可通过在工作表标签上右击，在弹出的快捷菜单上选择"重命名"命令，在工作表标签颜色变黑后，输入新的工作表名称完成。

（4）隐藏工作表

Excel 2016 有隐藏工作表功能。如果不希望被他人看到某些工作表，用户可以将工作表隐藏起来。隐藏工作表可通过在希望隐藏的工作表标签上右击，在弹出的快捷菜单上选择"隐藏"命令完成。如需取消隐藏，在工作表标签上右击，在弹出的快捷菜单上选择"取消隐藏"命令，在弹出的"取消隐藏"对话框中选择需取消隐藏的工作表，然后单击"确定"按钮完成。

（5）保护工作表和工作簿

Excel 2016 的保护工作表功能可保护工作表及锁定的单元格内容，单击"审阅"→"保护工作表"按钮可进行工作表的单元格权限设置，如图 4-9 所示。

Excel 2016 的保护工作簿功能可保护工作簿的结构和窗口，单击"审阅"→"保护工作簿"按钮可进行工作簿的权限设置，如图 4-10 所示。

图 4-9　保护工作表　　　　图 4-10　保护工作簿

在 Excel 2016 中，有时需要对一些数据或者表格进行加密，使其在有限的范围内传送，可设置工作簿的"打开文件"权限和"编辑文件"权限，设置权限后只有输入密码才能打开或者编辑 Excel 工作簿。其设置方法如下。

单击"文件"→"另存为"，打开"另存为"对话框，如图 4-11 所示。

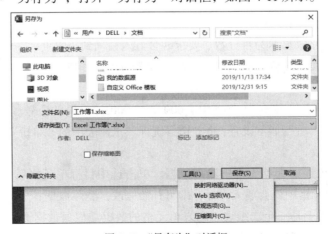

图 4-11　"另存为"对话框

选择"工具"→"常规选项"，打开"常规选项"对话框，即可设置打开权限密码和修改权限密码，如图 4-12 所示。

### 3. 单元格

单元格是组成 Excel 工作簿的最小单位，是表格中行与列的交叉部分。数据的输入和修改都是在单元格中进行的。单元格按所在的行列位置来命名，例如，地址"C5"指的是"C"列与第 5 行交叉位置上的单元格。一个工作表由许多单元格构成，其中，带有绿色粗框的单元格是当前活动单元格，用于数据的输入与编辑。单元格的基本操作包括选定单元格、单元格的插入与删除。

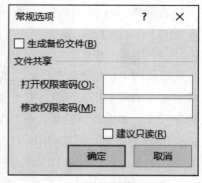

图 4-12　设置密码

（1）选定单元格

在单元格上单击，即可选定一个单元格。如需选定一定范围内的连续单元格，可单击该范围内的第一个单元格，按住"Shift"键，再单击该范围内的最后一个单元格，则两次单击的单元格之间的范围就会被选定；也可按住鼠标左键并拖动，选取某一范围内的单元格。如需选定非连续的单元格，可单击第一个单元格，按住"Ctrl"键，选取后续的单元格或单元格区域。

单击行标，选定一行；单击列标，选定一列；选定连续的多行，可通过在行标上按住鼠标左键并拖动完成；选定连续的多列，可通过在列标上按住鼠标左键并拖动完成。全选可用"Ctrl+A"组合键，也可单击位于行标 1 上方，列标 A 左侧的全选符号 。

（2）编辑单元格

在 Excel 2016 中，选定单元格，在单元格上右击，或选定一行（列）或多行（列），在行标（列标）上右击，即可在弹出的快捷菜单上选择插入、复制、粘贴、删除行或列的命令以编辑单元格，如图 4-13 所示。

图 4-13　编辑单元格

## 4.2.2　数字格式与数据输入

本知识点常考题型如下。

①令第 G 列数字格式显示为百分数、要求四舍五入精确到小数点后 3 位。

②将笔试分数、面试分数、总成绩 3 列数据设置为形如"123.320 分"且能够正确参与运算的数值类数字格式。

③在"序号"列中输入格式为"00001、00002、00003……"的序号。

④对"Excel.xlsx"进行如下设置：将"销售统计"工作表中的"单价"列数值的格式设为会计专用、保留 2 位小数。

Excel 工作表的创建需在单元格中输入数据。单击选中目标单元格后，即可开始输入数据；双击目标单元格，单元格中就会插入光标，即可开始修改、删除数据。

Excel 工作表本质上是一个二维表，输入单元格的数据需根据数据类型进行格式设置。选择需要设置格式的单元格或单元格区域，选择"开始"→"单元格"→"格式"→"设置单元格格式"

选项，或右击，在弹出的快捷菜单中选择"设置单元格格式"命令，均可打开"设置单元格格式"对话框。"数字'选项卡的'分类"包含常规、数值、货币、会计专用、日期、时间、百分比、分数、科学记数、文本、特殊、自定义等格式选项。在一个单元格中，输入的数字并非都是数值，可以是日期，可以是"特殊"格式中的"邮政编码、中文小写数字"，也可以是以文本格式存放的编号、银行卡号或身份证号，用好"数字"选项卡中的功能，可以增加单元格数据的可读性。

在 Excel 2016 中，不同类型的数据需要使用不同的输入技巧。

### 1. 输入文本

文本包括汉字、英文字母、特殊符号、数字、空格以及其他符号。在 Excel 2016 中，文本默认对齐方式是左对齐，一个单元格内最多可容纳 32 767 个字符。如果相邻单元格中没有数据，Excel 2016 允许长文本覆盖其右边相邻的单元格。

连续输入数据时，按"Tab"键可激活右侧相邻单元格，按"Enter"键，可激活下方相邻单元格。如需在一个选定范围内连续输入数据，可按"Tab"键水平方向连续输入，按"Enter"键垂直方向连续输入。

在 Excel 2016 中，经常需输入账号、身份证号、邮政编码及以"0"开头的序号等以文本格式存放的特殊数字，该类数据的最大特点是不参与运算，此时可输入英文"'"号作为前导符，再输入数字；或单击"开始"→"数字"右侧的启动器按钮 ▣，打开"设置单元格格式"对话框，选择"数字"→"分类"，设置单元格格式为"文本"类型，再输入数字，如图 4-14 所示。否则，以"0"开头时"0"会自动省略，数字超过 11 位会自动识别为科学记数，如输入以"620105"开头的身份证号码，单元格内会显示"6.20105E+17"。

图 4-14　"设置单元格格式"对话框

### 2. 输入数字

输入数字和输入文本基本是一致的，区别在于数字的默认对齐方式是右对齐。

如需输入分数，需在分数前输入"0"，并且在"0"和分子之间用空格间隔，否则会被识别为日期型数据，例如，要输入分数"4/5"，需输入"0 4/5"。

如需输入负数，可在数字前加"-"号，也可将数字置于"()"中，例如，"-1"和"（1）"均表示"-1"。

### 3. 输入日期和时间

日期和时间实际上是一种特殊的数字。输入日期时，可以用"/"或"-"间隔年、月、日，尽量采用 4 位的年份。为避免输入错误，可选择"设置单元格格式"→"数字"→"分类"，设置单元格格式为"日期"，并选择一种日期格式，再输入日期，如图 4-15 所示。输入时间时，有12 小时制和 24 小时制，按 12 小时制输入时，需在时间数字后加一空格，然后输入 a 或 p 代表上午或下午；按 24 小时制输入时，则直接输入时间。如需同时输入日期和时间，日期与时间之间要用空格间隔。

快速输入当前日期，可使用"Ctrl+；"组合键；快速输入当前时间，可使用"Ctrl+Shift+；"组合键。

货币型、百分比、科学记数、特殊类型的数据的输入同理。

图 4-15　设置单元格格式 – 日期

### 4. 自定义格式

在 Excel 2019 中，如果需要输入 39.80 元、235 元 / 克等数据，同时要保证数据可正常参与运算，可采用自定义格式输入。

单击"开始"→"数字"右侧的启动器按钮 ，打开"设置单元格格式"对话框，选择"数字"→"分类"，设置单元格格式为"自定义"类型，在"类型"中输入相应的格式即可，如图 4-16 所示。

图 4-16　设置单元格格式 – 自定义

在格式代码中，数字占位符有"？""#""0"3 种，"？"用于在小数点两边为无意义的零添加空格，以便小数点对齐，"#"表示只显示有意义的 0，"0"用于实际数字小于占位符的数据时，用 0 补足；"[ ]"表示条件；逗号表示千位分隔符，如用在代码最后，表示将数字缩小为原来的 1/1000。

通过占位符，最多可以指定 4 个节，每个节之间用分号进行分割，这 4 个节顺序定义了格式。如果只指定 2 个节，则第一部分用于表示正数和零，第二部分用于表示负数；如果只指定了一个节，那么所有数据都会使用该格式。

如，将 39 显示为 39.00 元，可设置自定义格式"0.00 元"；对齐小数点，可设置自定义格式"???.???"；设置千位分隔符，可设置自定义格式"#，###"；显示数值的大写格式，可设置自定义格式"[DBNum1]G/ 通用格式'元整'"；显示数值的人民币大写格式，可设置自定义格式"[DBNum2]G/ 通用格式'元整'"。

### 5. 输入公式、符号

在 Excel 2016 中，输入公式可通过单击"插入"→"符号"→"公式"下拉按钮完成，如图 4-17 所示。

在 Excel 2016 中，输入符号可通过单击"插入"→"符号"→"符号"按钮完成。符号又分为"符号"和"特殊字符"，如图 4-18 所示。

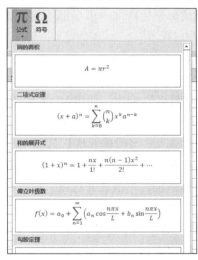

图 4-17　插入公式

图 4-18　插入符号

### 6. 输入多行数据

在 Excel 2016 中，单元格内数据换行，需勾选"设置单元格格式"→"对齐"→"自动换行"复选框，如图 4-19 所示。也可在需换行的位置插入光标，使用"Alt+Enter"组合键强制换行。

### 7. 多个单元格输入相同数据

在 Excel 2016 中，如需在多个单元格输入相同的数据，可选中多个单元格，在第一个单元格内输入数据，按下"Ctrl+Enter"组合键完成选中单元格的数据输入。如学籍数据中会重复出现多个相同的性别、政治面貌等信息，首先按住"Ctrl"键，选中需输入性别为"女"的单元格，然后在第一个单元格输入"女"，按下"Ctrl+Enter"组合键完成全部性别为"女"的数据录入。

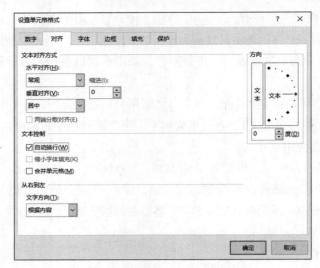

图 4-19　文本控制

### 4.2.3　数据填充

本知识点常考题型如下。

①依据自定义序列"研发部—物流部—采购部—行政部—生产部—市场部"的顺序进行排序；如果部门名称相同，则按照平均成绩由高到低的顺序排序。

②输入并填充公式：在"余额"列输入计算公式，余额＝上期余额＋本期借方－本期贷方，以自动填充方式生成其他公式。

③根据学号，请在"第一学期期末成绩"工作表的"姓名"列中，使用 VLOOKUP 函数完成姓名的自动填充。"姓名"和"学号"的对应关系在"学号对照"工作表中。

在 Excel 2016 中，有规律的数据可采用自动填充方式输入，当前单元格 [　　] 右下角绿色的小点叫作填充句柄，将鼠标指针移动到该点，待鼠标指针变为实心十字光标，按住鼠标左键下拉，完成数据的自动填充。填充区域的右下角出现填充选项，单击展开选项，可选择复制单元格或其他填充方式，如图 4-20 所示。

采用 Excel 2016 的自动填充可完成序号、日期、星期、月份、季度等数据的自动填充；也可选择"开始"→"编辑"→"填充"→"序列"选项，在"序列"对话框中设置步长值，选择等差序列或等比序列填充等，如图 4-21 所示。

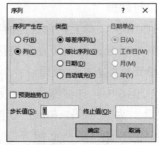

图 4-20　自动填充　　　　　　　　　　图 4-21　设置序列

除采用默认的填充序列，用户也可自定义序列来填充，如在按职称排序或数据填充时，我们可设置"教授、副教授、讲师、助教"为自定义序列。在 Excel 2016 中单击"文件"→"选项"，打开"Excel 选项"对话框，如图 4-22 所示。

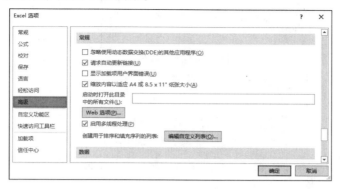

图 4-22　"Excel 选项"对话框

单击"高级"→"常规"→"编辑自定义列表"按钮，打开"自定义序列"对话框，如图 4-23 所示。建立自定义序列的方法有两种，一是在"输入序列"区域输入数据，以"Enter"键分隔序列条目，单击"添加"按钮完成自定义序列；二是从 Excel 表格中选择需自定义序列的数据区，单击"导入"按钮完成自定义序列。

图 4-23　自定义序列

## 4.2.4　数据编辑

### 1. 复制数据

选中要复制的单元格或表格区域，单击"开始"→"剪贴板"→"复制"按钮；或右击，在弹出的快捷菜单中选择"复制"命令；或使用"Ctrl+C"组合键，所选内容就被复制到剪贴板中了。

### 2. 粘贴数据

将光标移动到需要粘贴的位置，单击"开始"→"剪贴板"→"粘贴"按钮；或右击，在弹出的快捷菜单中选择"粘贴"命令；或使用"Ctrl+V"组合键，可实现将剪切或复制后保存在剪贴板中的内容粘贴到光标位置处。

### 3. 数据的清除

如果想保留原有的单元格，只清除单元格的内容或者格式，则应该使用清除操作。单击"开始"→"编辑"→"清除"下拉按钮，即可看到多种选项，如图 4-24 所示。

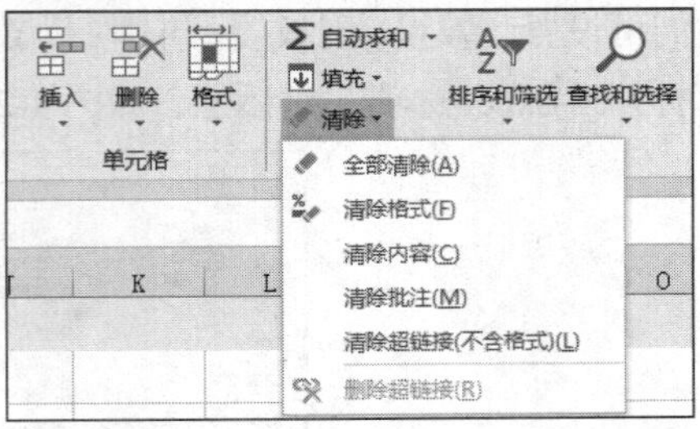

①全部清除：内容和批注都全部清除，格式恢复成常规设置。

②清除格式：内容不变，只是格式恢复为常规设置。

③清除内容：批注和格式不变，只清除单元格的内容。

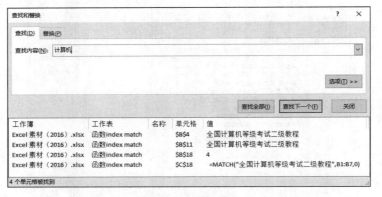

图 4-24 "清除"命令

④清除批注：内容和格式都不变，只清除单元格的批注。

⑤清除超链接（不含格式）：仅清除所选单元格的超链接，对内容和格式不做改变。

⑥删除超链接：单元格中的超链接和其附带的格式都被删除，只有内容不变。

### 4. 数据的查找与替换

对单元格内容进行查找和替换时，选择"开始"→"编辑"→"查找和选择"→"查找"选项，将出现"查找和替换"窗口，在"查找内容"中输入要查找的内容，单击"查找全部"或"查找下一个"按钮，包含查找内容的单元格就会显示出来。

在"替换为"中输入要替换的内容，单击"替换"或"全部替换"按钮，即可实现某一处或全部相匹配的内容替换，如图 4-25 所示。

图 4-25 查找和替换

单击"选项"按钮，可轻松完成批量删除空行、删除空格、软回车符（↓）等格式的修改，也可选择查找替换范围、搜索范围等。

### 5. 选择性粘贴

在 Excel 工作表中，用户可以使用"选择性粘贴"命令有选择地粘贴剪贴板中的数值、格式、公式、批注等内容，使复制和粘贴操作更灵活。

使用"选择性粘贴"命令的步骤如下。

选中需要复制的单元格区域，右击被选中的区域，在打开的快捷菜单中选择"复制"命令。

定位到目标粘贴位置，右击该区域左上角的单元格，然后在打开的快捷菜单中选择"选择性粘贴"命令，弹出"选择性粘贴"对话框，如图 4-26 所示。

图 4-26 "选择性粘贴"对话框

选择性粘贴都有哪些用途呢？

（1）选择性粘贴 – 乘

当成绩误输入为文本类型时，想要将其快速转换为数值类型，可以通过"选择性粘贴 – 乘"实现。其操作方法如下。

在空白单元格输入数值型数据"1"，复制"1"，选择文本类型的成绩区域，右击，在弹出的快捷菜单中选择"选择性粘贴"命令，在"运算"中选中"乘"单选按钮，单击"确定"按钮，即可完成转换。

（2）选择性粘贴 – 减

想要快速比较两次报表的数据变化，可通过"选择性粘贴 – 减"实现，如快速比较两月销售额的变化情况。其操作方法如下。

复制第一次报表的数据，选择第二次报表的数据区域左上角的单元格，右击，在弹出的快捷菜单中选择"选择性粘贴"命令，在"运算"中选中"减"单选按钮，单击"确定"按钮，即可快速计算出两个报表的差值。

（3）选择性粘贴 – 加

想要快速实现"基本工资"部分的数值增加 500，可通过"选择性粘贴 – 加"实现。其操作方法如下。

在空白单元格输入数值型数据"500"，复制数值信息"500"，选择"基本工资"区域，右击，在弹出的快捷菜单中选择"选择性粘贴"命令，在"运算"中选中"加"单选按钮，单击"确定"按钮即可完成。

（4）选择性粘贴 – 转置

想要快速实现数据行列交换，可通过"选择性粘贴 – 转置"实现。其操作方法如下。

复制数据，选择目标区域，右击左上角的单元格，在弹出的快捷菜单中选择"选择性粘贴"命令，选中"转置"复选框，单击"确定"按钮，即可完成数据行列交换。

## 4.2.5　修饰工作表

本知识点常考题型如下。

①适当加大行高，并自动调整各列列宽至合适的大小。

②自动调整表格数据区域的列宽、行高，将第 1 行的行高设置为第 2 行行高的 2 倍；设置表格区域各单元格内容均水平垂直居中，并更改文本"鹏程公司销售情况表格"的字体、字号。

专业的表格样式与合理的美化可增强表格的可读性。本节将着重介绍表格外观设计与美化的相关知识。

### 1. 设置单元格格式

Excel 2016 单元格中的数字类型、文本对齐方式、字体、边框、填充和保护均可以通过"设置单元格格式"对话框完成。选择需要设置格式的单元格或单元格区域，选择"开始"→"单元格"→"格式"→"设置单元格格式"命令，或右击，在弹出的快捷菜单中选择"设置单元格格式"命令，均可打开"设置单元格格式"对话框。

（1）设置对齐方式

默认情况下，单元格中文本是左对齐的，数字是右对齐的，为了使排版整齐，可单击"设置单元格格式－对齐"选项卡设置文本的对齐方式，如图 4-27 所示。同时，"开始"选项卡中的"对齐方式"组提供了常用的单元格对齐方式工具按钮，方便用户进行对齐方式设置。一般情况下，单元格内容较少时可选择居中对齐，内容较多时，选择左对齐。

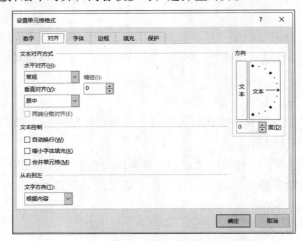

图 4-27　设置单元格格式－对齐

控制选项可设置自动换行、缩小字体填充和合并单元格。文字方向可设置内容从左到右显示还是从右到左显示。方向可设置内容在单元格内水平、垂直或以任意角度显示。

（2）设置单元格字体

"开始"选项卡中的"字体"组提供了常用的单元格字体格式设置工具按钮，方便用户进行字体格式设置，如图 4-28 所示。

在"设置单元格格式"对话框中选择"字体"选项卡，可设置文本的字体、字形、字号、下划线、颜色和特殊效果，如图 4-29 所示。

图 4-28　设置字体

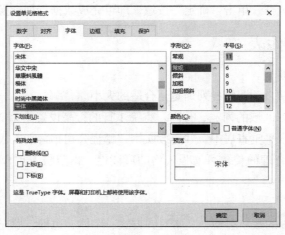

图 4-29　设置单元格格式－字体

单击"下划线"右侧的下拉按钮，可选择下划线类型；在"特殊效果"栏可设置删除线、上标、下标效果。

（3）设置单元格边框

"开始"选项卡的"字体"组中提供了边框工具按钮 ⊞ ▼，方便用户进行简单的边框设置。

如需设置复杂的边框效果，在"设置单元格格式"对话框中选择"边框"选项卡，选择"线条"栏的样式、颜色，对"边框"栏的边框类型进行设置，如图 4-30 所示。

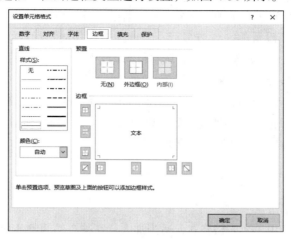

图 4-30　设置单元格格式－边框

（4）设置单元格填充效果

在"设置单元格格式"对话框中选择"填充"选项卡，选择背景色、图案颜色、图案样式以设置填充效果，如图 4-31 所示。

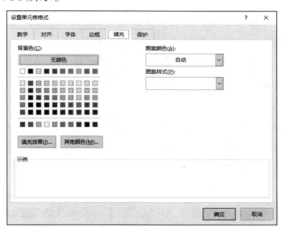

图 4-31　设置单元格格式－填充

（5）为单元格设置保护

在"设置单元格格式"对话框中选择"保护"选项卡，可以在其中为单元格设置保护，防止他人非法修改，如图 4-32 所示。

图 4-32　设置单元格格式－保护

### 2.设置行高、列宽

在 Excel 2016 中，工作表默认行高为 19 像素、列宽为 72 像素，适当调整工作表的行高和列宽，可以使表格打印出来更加美观，增加表格内容的可读性。

设置行高时，选定需设置的一行或多行，将鼠标指针移动到行号间的边框上，当鼠标指针变为上下双向箭头时，按住鼠标左键拖动以调整行高；或右击，在弹出的快捷菜单上选择"行高"命令，输入行高值以调整行高。设置列宽同理。

此外，还可以设置自动调整行高。选择"开始"→"单元格"→"格式"→"自动调整行高"命令，或全选表格，将鼠标指针移动到列标字母间的边框上，当鼠标指针变为左右双向箭头时，双击，自动调整行高。设置自动调整列宽同理。

## 4.2.6 样式

本知识点常考题型如下。

①为整个数据区域套用一个表格格式，适当加大行高并自动调整各列列宽至合适的大小。

②为数据区域（包含标题）套用表格格式"表样式中等深浅 27"。

③为整个数据区域套用一个表格格式，取消筛选并转换为普通区域。

④为工作表"统计分析"设置条件格式，令其只有在单元格非空时才会自动以某一浅色填充偶数行，且自动添加上下边框线。

⑤利用"条件格式"功能进行下列设置：将语文、数学、外语 3 科中不低于 110 分的成绩所在的单元格以一种颜色填充，所用颜色深浅以不遮挡数据为宜。

⑥利用"条件格式"功能进行下列设置：将大学物理和大学英语 2 科中低于 80 分的成绩所在的单元格以一种颜色填充，其他 5 科中大于或等于 95 分的成绩以另一种颜色标出，所用颜色以不遮挡数据为宜。

如何让表格更加规范美观呢？ Excel 2016 为用户提供了"条件格式""套用表格格式""单元格样式"等多种样式。在"开始"选项卡的"样式"组中可设置与修改样式，如图 4-33 所示。

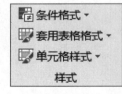

图 4-33 样式

### 1.条件格式

条件格式就是当单元格满足某种或某几种条件时，显示为设定的单元格格式。简单来说，条件格式就是根据单元格内容有选择地自动应用格式。条件可以是公式、文本、数值。在有大量的数据需要进行观察分析时，条件格式的设置可以方便我们更简单直观地对数据做出比较，得出结论。

选中需要设定条件格式的单元格区域，单击"开始"→"样式"→"条件格式"下拉按钮，弹出"条件格式"下拉菜单，如图 4-34 所示。

选择"突出显示单元格规则"，在级联菜单中选中"大于"命令，弹出"大于"对话框，在其中设置条件值和"设置为"格式，单击"确定"按钮完成，如图 4-35 所示。

"条件格式"样式说明如下。

突出显示单元格规则：通过使用"大于""小于""等于"比较运算符限定数据范围，对属于该数据范围内的单元格设定格式。

项目选取规则：可以为选定区域的前若干个最高值或后若干个最低值、高于或低于该区域的

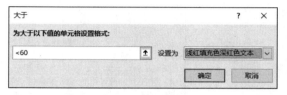

图 4-34　"条件格式"命令　　　　　　　　　　图 4-35　设置条件值

平均值的单元格设定特殊格式。

数据条：数据条可帮助读者查看某个单元格相对于其他单元格的值，数据条的长度代表单元格中的值。在比较各个项目的多少时，数据条尤为有用。

色阶：通过颜色渐变来直观地比较单元格中的数据分布和数据变化。

图标集：使用图标集对数据进行注释，每个图标代表一个值的范围。

**2. 套用表格格式**

打开需要套用格式的工作表，单击"开始"→"样式"→"套用表格格式"下拉按钮，选择表格样式，鼠标悬停即可显示样式名称，如图 4-36 所示。单击所需样式，打开"套用表格式"对话框，设置"表数据的来源"，设置是否包含标题，如图 4-37 所示，单击"确定"按钮即可完成表格样式的套用，套用表格样式后自动打开数据筛选功能。

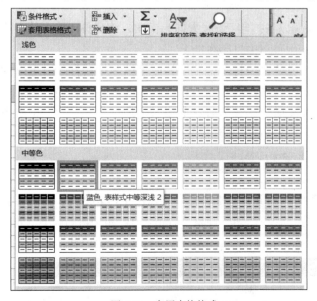

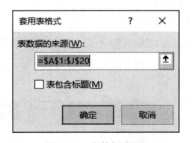

图 4-36　套用表格格式　　　　　　　　　　图 4-37　表数据来源

取消套用表格格式时，单击套用后的表格，切换到"表格工具 – 设计"选项卡，单击"转换为区域"按钮即可。

### 3. 单元格样式

选中目标单元格，单击"开始"→"样式"→"单元格样式"按钮，弹出"单元格样式"下拉菜单，选择单元格样式，即可完成，如图 4-38 所示。

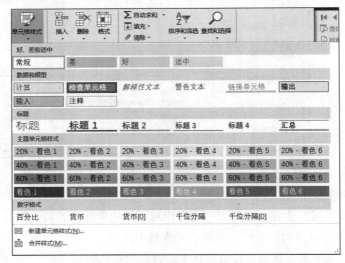

图 4-38　单元格样式

## 4.2.7　打印工作表

本知识点常考题型如下。

①锁定工作表的第 1～3 行，使之始终可见。

②对工作表进行页面设置，指定纸张大小为 A4、纸张方向为横向，调整整个工作表为 1 页宽、1 页高，并在整个页面水平居中。

③调整工作表"工资条"的页面布局以备打印：纸张方向为横向，缩减打印输出使得所有列只占一个页面宽（但不得改变页边距），水平居中打印在纸上。

④将"成绩单"工作表中的数据区域设置为打印区域，并设置标题行在打印时可以重复出现在每页的顶端。

⑤将所有工作表的纸张方向都设置为横向，并为所有工作表添加页眉和页脚，页眉中间位置显示"成绩报告"文本，页脚样式为"第 1 页，共 ? 页"。

⑥锁定工作表的第 1 行和第 1 列，使之始终可见。

### 1. 打印设置

Excel 2016 并不是"所见即所得"的，因此，在准备打印和输出工作表之前，需进行相应的设置。可单击"页面布局"选项卡，在"页面设置"和"调整为合适大小"组中进行设置，如图 4-39 所示。

图 4-39　打印设置

（1）设置页边距、页眉／页脚、工作表

页边距是指工作表中打印内容与页面上、下、左、右页边的距离。单击"页面设置"组右下角的启动器按钮，弹出"页面设置"对话框，在"页边距"选项卡中，可设置上、下、左、右的页边距，如图 4-40 所示。

切换到"页眉／页脚"选项卡，单击页眉、页脚右侧的下拉按钮可设置页眉和页脚样式，也可单击"自定义页眉""自定义页脚"按钮自定义页眉和页脚，如图 4-41 所示。

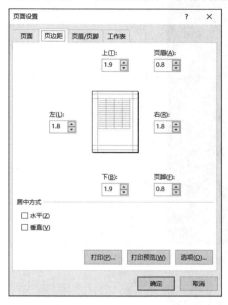

图 4-40　页面设置 – 页边距

图 4-41　页面设置 – 页眉／页脚

切换到"工作表"选项卡，可设置打印区域、顶端标题行、左端标题行等，如图 4-42 所示。

（2）设置纸张方向

纸张方向分为纵向和横向，单击"纸张方向"下拉按钮，选择"纵向"或"横向"完成设置。

（3）设置纸张大小

单击"纸张大小"下拉按钮，可选择纸张大小。纸张的规格是指纸张制成后，经过修整切边，裁制成的尺寸。过去是以"开"来表示纸张的大小的，如 8 开或 16 开等，现在多采用国际标准，把幅面规格分为 A 型、B 型，如 A4 纸，就是将 A 型基本尺寸的纸折叠 4 次裁制成的尺寸。A4 是最常用的纸张大小。

（4）设置缩放比例

单击"页面布局"→"调整为合适大小"→"缩放比例"右侧的微调按钮，或者在"缩放比例"右侧的小方框内输入数字，可设置放大和缩小 Excel 2016 的工作表的比例。可在 Excel 2016 中设置工作表缩小到正常尺寸的 10%，也可放大到正常尺寸的 400%。

排版完成的 A4 幅面工作表，如何直接在 A3 幅面打印输出呢？通过设置缩放比例，可不用调整工作表格式，直接按不同纸张大小输出文档。该案例只需调整缩放比例为 150% 即可。

2. 打印

单击"文件"→"打印"，选择打印机，查看打印预览效果并进行打印设置，预览效果满意后单击"打印"按钮，即可打印文档，如图 4-43 所示。

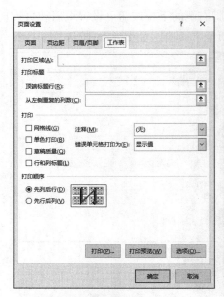

图 4-42 页面设置 – 工作表

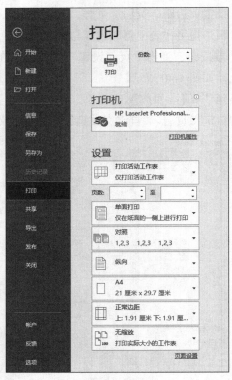

图 4-43 打印

# 4.3 公式

本知识点常考题型如下。

①基本月工资 = 签约月工资 + 月工龄工资。

②实发奖金 = 应发奖金 – 应交个税。

③年终奖金的月应税所得额 = 全部年终奖金 /12。

④在"成本分析"工作表的单元格区域 F3:F15 输入公式计算不同订货量下的年订货成本，公式为"年订货成本 =（年需求量 / 订货量）* 单次订货成本"，计算结果应用货币格式并保留整数。

## 4.3.1 公式概述

公式与函数是 Excel 2016 的精华，是 Excel 2016 数据处理的核心。使用公式可进行简单的算术运算，也可进行复杂的财务、统计和科学计算，还可进行比较运算和字符串计算。

简单来说，公式就是以等号开头，以单元格引用、数据和符号组成的运算序列。在单元格中输入公式并按"Enter"键后，公式的结果就会显示在工作表中。双击公式所在的单元格，可编辑和查看公式。

### 1. 运算符

在 Excel 2016 中，运算符可分为 4 类：算术运算符、比较运算符、文本运算符和引用运算符。

（1）算术运算符

算术运算符可完成基本的算术运算，包括加（+）、减（−）、乘（*）、除（/）、乘方（^）、百分号 (%) 等。如 "=A1*10""=5^2""=A2/100"。

（2）比较运算符

比较运算符用于比较两个数值或单元格引用，并产生逻辑值 True 和 False，包括等于（=）、大于（>）、小于（<）、大于等于（>=）、小于等于（<=）、不等于（<>）等。如 "=3=5""=A2>10""=A1<>0"。比较运算符多用于 "IF" 函数中的逻辑判断。

（3）文本运算符

文本运算符 "&" 用于连接一个或多个文本字符串，以生成一段文本。当用 "&" 连接数字或单元格引用时，数字串、单元格引用不加双引号，但对于连接字母、字符串和文本时，字母、字符串和文本必须加英文双引号。如 "=" 中国语言文学 "&" 系 """"=A3&" 元 """"=1000&" 克 ""。

（4）引用运算符

引用运算符可以将单元格区域合并运算，包括区域运算符（:）、联合运算符（,）、交叉运算符（空格）。联合运算符即两个区域运算符的并集，交叉运算符即两个区域运算符的交集，如 "=Sum(A2:A10)"，运算结果 45；"=Sum(A2:A10，B2:B10)"，运算结果 63；"=Sum(A2:A10 A2:B6)"，运算结果 15，如图 4-44 所示。

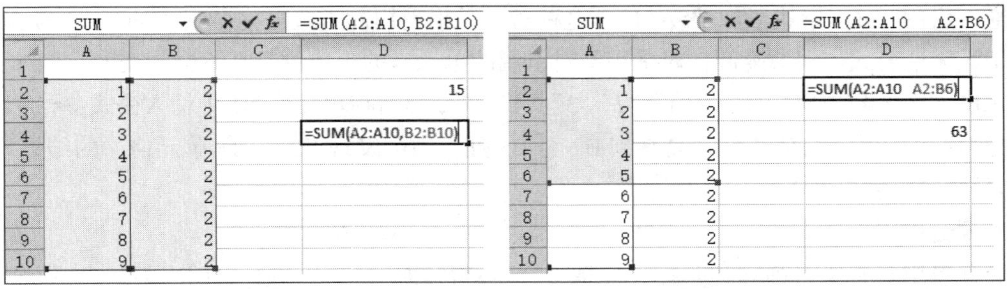

图 4-44　联合运算与交叉运算

**2. 运算顺序**

对于同级运算，可直接从等号开始从左到右运算。当公式中同时包含算术运算符、比较运算符、文本运算符和引用运算符中的两种及以上的运算时，就存在运算的先后顺序问题。常用运算符的优先级由高到低依次为：引用运算符（区域运算符→联合运算符→交叉运算符）→负号→百分比→乘方→乘、除→加、减→文本运算符→比较运算符。

## 4.3.2　公式的基本操作

**1. 建立公式**

建立公式时，选择要输入公式的单元格，先输入 "="，然后输入计算表达式，按 "Enter" 键完成公式的输入。

**2. 修改公式**

修改公式时，单击需要修改公式的单元格，在编辑栏中对公式进行修改，按 "Enter" 键完成修改。

### 3. 公式的复制与移动

复制或移动公式时，可复制或剪切公式单元格，在目标单元格位置右击，在弹出的快捷菜单中单击"选择性粘贴"→"公式"命令，完成公式的复制或移动。需在单元格区域输入同一公式时，手动输入第一个公式，将鼠标指针移动到填充句柄位置，按住鼠标左键下拉或双击完成公式的自动填充。

## 4.3.3　单元格引用

在 Excel 2016 中，每个单元格都有自己的行、列坐标，通过单元格地址来引用单元格中的数据被称为单元格引用。引用的作用在于标识工作表上的单元格或单元格区域，并告知 Excel 2016 在何处查找要在公式中使用的值或数据。根据引用单元格的公式被复制时，新公式引用的单元格位置是否发生改变，可将引用类型分为相对引用、绝对引用和混合引用。

### 1. 相对引用

相对引用：引用格式形如"A1"。这种对单元格的引用是完全相对的，当引用单元格的公式被复制时，新公式引用的单元格的位置将会发生改变。例如：我们在单元格 A1 ~ A5 中输入数值"1""2""3""4""5"，然后在单元格 B1 中输入公式"=A1*2"，最后把 B1 单元格中的公式分别复制到 B2 至 B5，则会发现 B2 至 B5 单元格中的结果均等于对应左侧单元格的数值乘以 2。

### 2. 绝对引用

绝对引用：引用格式形如"$A$1"。这种对单元格引用的方式是完全绝对的，即一旦成为绝对引用，无论公式如何被复制，对采用绝对引用的单元格的引用位置是不会改变的。例如：我们在单元格 A1 ~ A5 中输入数值"1""2""3""4""5"，然后在单元格 B1 中输入公式"=$A$1*2"，最后把 B1 单元格中的公式分别复制到 B2 至 B5 处，则会发现 B2 至 B5 单元格中的结果均等于 A1 单元格的数值乘以 2。

### 3. 混合引用

混合引用具有绝对列和相对行，或是具有绝对行和相对列。绝对引用列采用"$A1""$B1"等形式，绝对引用行采用"A$1""B$1"等形式。如果公式所在单元格的位置改变，则相对引用改变，而绝对引用不变。如果多行或多列地复制公式，相对引用自动调整，而绝对引用不做调整。例如，如果将一个混合引用从 A1 复制到 B1，它将从"=A$1"调整为"=B$1"。

在 Excel 2016 中输入公式时，只要正确使用"F4"键，就能简单地对单元格的相对引用和绝对引用进行切换。如，某单元格所输入的公式为"=Sum(B4:B8)"。选中整个公式，按下"F4"键，该公式内容变为"=Sum($B$4:$B$8)"，表示对横行、纵列均进行绝对引用。第二次按下"F4"键，公式内容又变为"=Sum(B$4:B$8)"，表示对横行进行绝对引用，对纵列进相对引用。第三次按下"F4"键，公式则变为"=Sum($B4:$B8)"，表示对横行进行相对引用，对纵列进行绝对引用。第四次按下"F4"键时，公式变回到初始状态"=Sum(B4:B8)"，即对横行、纵列的单元格均进行相对引用。

### 4. 跨工作表引用

跨工作表引用，需在单元格地址前加上工作表名称，工作表名称与单元格地址之间用"！"间隔即可。如"=Sheet1!A2+Sheet2!A2"。

引用其他工作簿中的单元格被称为链接或外部引用，外部引用有两种显示方式，具体取决于引用源工作簿是打开还是关闭的。

源工作簿打开时，引用格式为：[ 工作簿名称 ] 工作表名称 ! 单元格（单元格区域）。如，引用 Book1 工作簿中 Sheet1 工作表的 C10:C25 单元格区域求和，可输入 "=Sum([Book1.xlsx]Sheet1!C10:C25)"。

源工作簿未打开时，外部引用应包括完整路径，工作表或工作簿名称中包含字母时，文件名（或路径）必须置于单引号中。函数可输入为 "=Sum('D:\Excel 文档 \[Book1.xlsx]Sheet1'!C10:C25)"。

# 4.4　函数

本知识点常考题型如下。

①工资的计算方法：本公司工龄达到或超过 30 年的每满一年每月工资增加 50 元、不足 10 年的每满一年每月工资增加 20 元、工龄不满 1 年的没有工龄工资，其他为每满一年每月增加 30 元。

②年龄需要按周岁计算，满 1 年才计 1 岁，每月按 30 天、一年按 365 天计算。

③将各项统计数据填入相应单元格，其中统计男女人数时应使用函数并应用已定义的名称，最低笔试分数线按部门统计。

④身份证号的倒数第 2 位用于判断性别，奇数为男性，偶数为女性。

⑤依据 "个人销售总计" 列的统计数据，在 "销售业绩表" 工作表的 "销售排名" 列中通过公式计算得出销售排行榜，个人销售总计排名第 1 的，显示 "第 1 名"；个人销售总计排名第 2 的，显示 "第 2 名"；以此类推。

⑥依据车辆停放时间和收费标准，计算当前收费金额并填入 "收费金额" 列；计算拟采用的收费政策的预计收费金额并填入 "拟收费金额" 列；计算拟调整后的收费与当前收费之间的差值并填入 "差值" 列。

⑦在 "订单明细" 工作表的 "单价" 列中，利用 VLOOKUP 公式计算并填写相对应图书的单价金额。图书名称与图书单价的对应关系可参考工作表 "图书定价"。

⑧利用 Sum 和 Average 函数计算每一个学生的总分以及平均成绩。

## 4.4.1　函数概述

函数是预定义的公式，可用于执行简单或复杂的计算。函数的结构以等号（＝）开始，后面紧跟函数名称和左括号，然后以逗号分隔输入该函数的参数，最后是右括号。大多情况下，函数返回的是计算结果，也可返回文本、引用、逻辑值、数组或工作表的信息。灵活运用函数可方便地进行数据处理，提高工作效率。

### 1. 函数分类

Excel 2016 中的函数其实是一些预定义的公式，它们使用一些称为参数的特定数值按特定的顺序或结构进行计算。Excel 2016 中的函数一共有 13 类，分别是财务函数、日期与时间函数、数学和三角函数、统计函数、查找和引用函数、数据库函数、文本函数、逻辑函数、信息函数、工程函数、多维数据集函数、兼容性函数以及 Web 函数。

**2. 输入函数**

Excel 2016 中的函数的一般形式为"= 函数名（参数 1，参数 2，…）"。

函数可手工输入，也可使用函数向导输入。

手工输入时，选择目标单元格，输入"="，再输入函数名及参数，参数放于"()"中，跟在函数名后面，多个参数之间以"，"间隔。

使用函数向导输入时，选择目标单元格，单击"公式"→"插入函数"按钮，打开"插入函数"对话框，如图 4-45 所示。

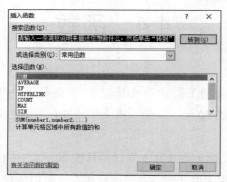

图 4-45 "插入函数"对话框

输入一条简短说明搜索函数，然后单击"转到"；或从"或选择类别"中选择函数类别，单击"选择函数"列表中的函数名称，单击"确定"按钮，打开"函数参数"对话框，如图 4-46 所示。

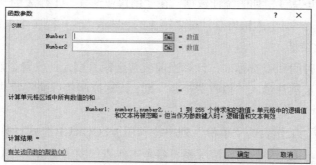

图 4-46 "函数参数"对话框

设置函数参数，单击"确定"按钮完成函数的输入。

## 4.4.2 定义名称

定义名称，就是为一个区域、常量值，或者数组定义一个名称。这样，在编写公式时可以用所定义的名称进行编写。

单击"公式"→"定义的名称"→"定义名称"按钮，打开"新建名称"对话框，输入名称，确定引用位置，然后单击"确定"按钮即可。如为 D2:D11 定义名称"语文"，在"新建名称"对话框中输入名称"语文"，引用位置选择范围输入"= 成绩表 !\$D\$2:\$D\$11"，如图 4-47 所示。

定义名称前，输入"=Max(D3:D11)"，即可返回得到 D3:D11 之间的最大值。

定义名称后，输入"=Max( 语文 )"即可。定义名称后输入更加方便、直观。

单击"名称管理器"按钮即可查看当前所有定义的名称，还可查看名称的引用范围是否正确。

图 4-47　定义名称

## 4.4.3　常见函数及使用

Excel 2016 中的函数有 200 多个，本节主要介绍常用函数及计算机等级考试的常考函数。

### 1. 常用函数

（1）求最大值函数 Max()

语法：Max(Number1, Number2, …)。

功能：返回一组值中的最大值。

应用实例：=Max(D2:D7)，返回 D2:D7 之间的最大值。

（2）求最小值函数 Min()

语法：Min(Number1, Number2, …)。

功能：返回一组值中的最小值。

应用实例：=Min(D2:D7)，返回 D2:D7 之间的最小值。

（3）四舍五入函数 Round()

语法：Round(Number, Num_digits)。

功能：按指定的位数 Num_digits 对参数进行四舍五入。

应用实例：=Round(45.145, 2)，返回 45.15。

（4）向下取整函数 INT()

语法：INT(Number)。

功能：将数字向下舍入到最接近的整数。

应用实例：=INT(8.9)，返回 8。

（5）绝对值函数 ABS()

语法：ABS(Number) 。

功能：求参数的绝对值。

应用实例：=ABS(−2)，返回 2。

（6）求行号函数 Row()

语法：Row(reference)。

功能：返回当前单元格或参数单元格的行号。

应用实例：=Row()，返回单元格所在行数。

（7）随机数函数 Rand()

语法：Rand()。

功能：返回大于等于 0 及小于 1 的均匀分布随机实数，每次计算工作表时都将返回一个新的随机实数。

应用实例：

=Rand(), 返回大于等于 0 及小于 1 的随机实数；

=INT(Rand()*60+40), 返回 60~100 之间的随机整数；

=INT(Rand()*2000+50), 返回 2000~2050 之间的随机年份。

**2. 求和函数**

（1）求和函数 Sum()

语法：Sum(Number1, Number2, …)。

功能：返回参数或由参数给出的单元格区域的和。

参数：Number1, Number2, … 为 1 ～ 30 个数值（包括逻辑值和文本表达式）、区域或引用，各参数之间必须用逗号加以分隔。

应用实例：如图 4-48 所示，A1:F7 存放了某班成绩表数据，若要计算张三同学的总分，可以输入公式"=Sum(D2:F2)"，输入公式"=Sum(D2:D7)"，则返回语文的总分。其他计算结果如图 4-49 所示。

| | 学号 | 姓名 | 性别 | 语文 | 数学 | 英语 | 总分 | 平均分 | 名次 | 不及格门次 | 等级判断 |
|---|---|---|---|---|---|---|---|---|---|---|---|
| 1 | 学号 | 姓名 | 性别 | 语文 | 数学 | 英语 | 总分 | 平均分 | 名次 | 不及格门次 | 等级判断 |
| 2 | 001 | 张三 | 男 | 95 | 68 | 57 | 220 | 73.3 | 4 | 1 | 合格 |
| 3 | 002 | 李四 | 女 | 87 | 69 | 80 | 236 | 78.7 | 3 | 0 | 良好 |
| 4 | 003 | 王五 | 男 | 50 | 85 | 79 | 214 | 71.3 | 5 | 1 | 合格 |
| 5 | 004 | 赵六 | 男 | 92 | 89 | 95 | 276 | 92.0 | 1 | 0 | 优秀 |
| 6 | 005 | 孙七 | 女 | 86 | 94 | 64 | 244 | 81.3 | 2 | 0 | 良好 |
| 7 | 006 | 周八 | 男 | 81 | 57 | 71 | 209 | 69.7 | 6 | 1 | 合格 |

图 4-48　班级成绩表

| | A | B | C | D |
|---|---|---|---|---|
| 9 | 总人数计数 | COUNTA( ) | =COUNTA(B2:B7) | |
| 10 | 最高分 | MAX( ) | =MAX(D2:D7) | |
| 11 | 最低分 | MIN( ) | =MIN(D2:D7) | |
| 12 | 条件计数 | COUNTIF( ) | =COUNTIF(D2:F7, ">=90") | 单科90分以上人数 |
| 13 | | | =COUNTIF(D2:F7,">=80")-COUNTIF(D2:F7,">=90") | 单科80~90分人数 |
| 14 | 条件求和 | SUMIF( ) | =SUMIF(C2:C7,"男",G2:G7) | 性别为男的总分和 |
| 15 | 条件平均值 | AVERAGEIF( ) | =AVERAGEIF(C2:C7,"男",G2:G7) | 性别为男 总分平均值 |
| 16 | 多条件求和 | SUMIFs( ) | =SUMIFS(G2:G7,C2:C7,"男",D2:D7,">90") | 性别为男 且语文成绩>=90分的总分和 |
| 17 | 多条件平均值 | AVERAGEIFs( ) | =AVERAGEIFS(G2:G7,C2:C7,"男",D2:D7,">90") | 性别为男 且语文成绩>=90分的总分平均值 |

图 4-49　成绩统计表

（2）条件求和函数 SumIF()

语法：SumIF（range, criteria, sum_range）。

参数：range 是用于条件判断的单元格区域,criteria 是由数字、逻辑表达式等组成的判定条件，sum_range 为需要求和的单元格、区域或引用。

功能：按给定条件对符合条件的数据求和。

应用实例：如图 4-50 所示，A2:C11 存放了某学校社团报名情况统计数据，若要计算"文化类"社团总人数，可以输入公式"=SumIF(A2:A11, " 文化类 ", B2:B11)"。公式中，"A2:A11"为判断条件所在的单元格引用，"文化类"为判断条件，B2:B11 则是求和的单元格引用。

| | A | B | C | D | E | F |
|---|---|---|---|---|---|---|
| 1 | 某学校社团报名情况统计表 | | | | | |
| 2 | 社团 | 报名总人数 | 女生人数 | 文化类总人数： | | =SUMIF(A3:A11,'文化类',B3:B11) |
| 3 | 文化类 | 78 | 45 | 女生超过10人的文化类总人数： | | =SUMIFS(B3:B11,A3:A11,'文化类',C3:C11,'>10') |
| 4 | 科技类 | 50 | 2 | 科技类平均人数： | | =AVERAGEIF(A3:A11,'科技类',B3:B11) |
| 5 | 科技类 | 25 | 3 | 文化类平均人数： | | =AVERAGEIF(A3:A11,'文化类',B3:B11) |
| 6 | 文化类 | 45 | 8 | 报名人数>40的平均人数： | | =AVERAGEIF(B3:B11,'>40',B3:B11) |
| 7 | 文化类 | 32 | 8 | 女生超过10人的文化类平均人数： | | =AVERAGEIFS(B3:B11,A3:A11,'文化类',C3:C11,'>10') |
| 8 | 科技类 | 58 | 8 | 科技类的社团数量： | | =COUNTIF(A2:A11,'科技类') |
| 9 | 科技类 | 20 | 6 | 报名人数超过30人科技类的社团数量： | | =COUNTIFS(A3:A11,'科技类',B3:B11,'>30' ) |
| 10 | 文化类 | 26 | 20 | | | |
| 11 | 科技类 | 36 | 16 | | | |

图 4-50　某学校社团报名情况统计

（3）多条件求和函数 SumIFs()

语法：SumIfs(sum_range, criteria_range1, criteria1[, criteria_range2, criteria2]…)。

参数：sum_range 为要求和的一个或多个单元格，criteria_range1 为计算关联条件的第 1 个单元格区域，criteria1 为第 1 个求和的条件，criteria_range2 为计算关联条件的第 2 个单元格区域，criteria2 为第 2 个求和的条件。

功能：对区域中满足多个条件的单元格求和。

应用实例：如图 4-50 所示，要计算女生超过 10 人的"文化类"社团总人数，可以输入公式"=SumIFs(B3:B11, A3:A11, " 文化类 ", C3:C11, ">10")"。公式中，B3:B11 为求和的单元格引用；A3:A11 为第 1 个判断条件所在的单元格引用；"文化类"为第 1 个判断条件；C3:C11 为第 2 个判断条件所在的单元格引用，">10" 为第 2 个判断条件。

（4）积和函数 SumProduct()

语法：SumProduct(array1, array2, array3…)。

功能：先计算出各个数组或区域内位置相同的元素之间的乘积，然后再计算出他们的和。

应用实例：计算两数组 {1; 2; 3; 4; 5; 6; 7} 和 {1; 2; 3; 4; 5; 6; 7} 的积和，可输入函数"=SumProduct( {1; 2; 3; 4; 5; 6; 7}, {1; 2; 3; 4; 5; 6; 7}"，其运算方式为 =1*1+2*2+3*3+4*4+5*5+6*6+7*7=140。

### 3. 平均值函数

（1）平均值函数 Average()

语法：Average(Number1, Number2, …)。

功能：返回参数或由参数给出的单元格区域的平均值。

参数：Number1，Number2，... 为 1 ～ 30 个数值（包括逻辑值和文本表达式）、区域或引用，各参数之间必须用逗号加以分隔。

应用实例：如图 4-48 所示，若要计算张三同学的平均分，可以输入公式"=Average(D2:F2)"；输入公式"=Average(D2:D7)"，则返回语文成绩平均分。

（2）条件平均值函数 AverageIF()

语法：AverageIF(range，criteria，Average_range)。

参数：range 是用于条件判断的单元格区域，criteria 是由数字、逻辑表达式等组成的判定条件，

Average_range 为需要求平均值的单元格、区域或引用。

功能：按给定条件对符合条件的数据求平均值。

应用实例：如图 4-49 所示，若要计算女生总分的平均值，可以输入公式 "=AverageIF(C2:C7, " 女 ", G2:G7)"，公式中 C2:C7 为提供逻辑判断依据的单元格引用，"女"为判断条件，G2:G7 则是逻辑判断求平均值的对象；若输入公式 "=AverageIF(C2:C7, " 女 ", D2:D7)"，则返回女生语文成绩的平均值。

（3）多条件平均值函数 AverageIFs()

语法：AverageIFs(Average_range, criteria_range1, criteria1[, criteria_range2, criteria2]…)"

参数：Average_range 为要计算平均值的一个或多个单元格，其包括数字和数字的名称、数组或引用；criteria_range1 为计算关联条件的第 1 个单元格区域，criteria1 为第 1 个求平均值的条件；criteria_range2 为计算关联条件的第 2 个单元格区域，criteria2 为第 2 个求平均值的条件。

功能：返回满足多重条件的所有单元格的平均值（算术平均值）。

应用实例：如图 4-49 所示，计算语文成绩大于 80 的男生的总分平均值，可以输入公式 "=AverageIFs(G2:G7, D1:D7, ">80", C2:C7, " 男 ")"，公式中，G2:G7 为求平均值的对象，D1:D7 为第 1 个判断条件"语文成绩"所在的单元格引用，">80" 为第 1 个判断条件；C2:C7 为第 2 个判断条件所在的单元格引用，"男"为第 2 个判断条件。

**4. 计数函数**

（1）统计单元格个数函数 Count()

语法：Count(Value)。

功能：统计指定区域中包含数值的单元格个数，只对包含数值的单元格计数。

应用实例：如图 4-48 所示，使用 Count 函数统计 B2:D7 单元格个数，输入公式 "=Count(B2:D7)"，返回结果为 6。

（2）统计单元格个数函数 CountA()

语法：CountA(Value)。

功能：统计指定区域中不为空的单元格的个数，可以对包含任何类型信息的单元格进行计数。

应用实例：如图 4-48 所示，使用 CountA 函数统计 B2:D7 单元格个数，输入公式 "=CountA(B2:D7)"，返回结果为 18。

（3）条件计数函数 CountIF()

语法：CountIF(range, criteria)

参数：range 是用于条件判断的单元格区域，criteria 是由数字、逻辑表达式等组成的计数判定条件。

功能：按给定条件对符合条件的数据计数。

应用实例：

①如图 4-49 所示，使用 CountIF 函数统计张三同学的不及格门次，可输入公式 "=CountIF(D2:F2, "<60")"；

②如图 4-50 所示，要统计"科技类"社团的数量，可输入公式 "=CountIF(A2:A11, " 科技类 ")"；

③如图 4-48 所示，查询姓名是否重复，可以使用 IF 函数与 CountIF 函数结合，输入公式 "=IF(CountIF($B$2:$B$7，B2)=1, " 不重复 ", " 重复 ")"。

（4）多条件计数函数 CountIFs()

语法：CountIFs(range1，criteria1，range2，criteria2)。

参数：range1 是计算关联条件的第 1 个区域，criteria1 是由数字、逻辑表达式等组成的第 1 个判定条件。

功能：将条件应用于跨多个区域的单元格，并计算符合所有条件的次数。

应用实例：如图 4-50 所示，要统计"科技类"社团中报名人数"超过 30 人"社团数量，可输入公式"=CountIFs(A2:A10, " 科技类 ", B2:B10, ">30")"。

### 5. 逻辑函数

语法：IF(logical_test, value_if_true, value_if_false)。

参数：logical_test 表示计算结果为 TRUE 或 FALSE 的任意值或表达式，value_if_true 表示 logical_test 为 TRUE 时返回的值，value_if_false 表示 logical_test 为 FALSE 时返回的值。

功能：进行条件判断，根据逻辑判断的真假值，返回不同结果。

应用实例：如图 4-48 所示，判断 C2 单元格中成绩是否及格，可输入公式"=IF(C2>=60, " 及格 ", " 不及格 ")"；按照张三的平均分判断成绩的等次，可输入公式"=IF(H2>90, " 优秀 ", IF(H2>75, " 良好 ", IF(H2>60, " 合格 ", " 不合格 ")))"。

### 6. 排名函数

语法：Rank(Number，ref，[order])。

参数：Number 为需要求排名的数值或者单元格引用，ref 为排名的参照数值区域，需使用绝对引用，order 值为 0 和 1，0 表示从大到小排名。

功能：求某一个数值在某一区域内的排名。

应用实例：如图 4-48 所示，按总分排名，有很多种实现方法，使用排序可以实现，但会改变表格的原有顺序，那么我们可输入公式"=RANK(G2, $G$2:$G$7, 0)"。

### 7. 纵向查找函数

VLOOKUP 函数与 LOOKUP 函数和 HLOOKUP 函数属于同一类函数，在工作中都有广泛应用。VLOOKUP 是按列查找，最终返回查找关键字在目标区域中列序号对应的值；与之对应的 HLOOKUP 是按行查找的。

语法：VLOOKUP(lookup_value, table_array, col_index_num, range_lookup)。

参数解释如下。

lookup_value 为需要在数组第一列中查找的关键字，它可以是数值、引用或文字符串。

table_array 为查找的数值所在的目标区域，需使用绝对引用。

col_index_num 为待返回的匹配值在查找区域中的列序号，为 1 时，返回查找区域第一列中的数值，为 2 时，返回查找区域第二列中的数值，以此类推；若列序号小于 1，函数 VLOOKUP 返回错误值 #VALUE!；如果大于区域的列数，函数 VLOOKUP 返回错误值 #REF!。

range_lookup 为逻辑值 0 或 1，指明函数 VLOOKUP 查找时是精确匹配，还是近似匹配。其中 1 表示近似匹配，0 表示精确匹配。

功能：在表格或数值数组的首列查找指定的数值，并由此返回表格或数组中该数值所在行中指定列对应的数值。

该函数应用实例如下。

　　某考试结束后，仅知道学号及成绩信息，需通过学籍表数据快速查找学号对应的姓名、系别及班级。哪种解决方法更为简单？

　　"学籍表"工作表 A～G 列依次存放了学号、姓名、性别、民族、身份证号、年级、系别、班级等学籍信息，"成绩"工作表中，通过 VLOOKUP 函数纵向查找姓名信息显示在 C 列，可在 C2 单元格输入公式"=VLOOKUP(A2, 学籍表 !$A$2:$H$23, 2, 0)"，按"Enter"键输入，将鼠标指针移动到单元格右下角变成填充句柄，下拉完成 C3：C10 的公式填充，如图 4-51 所示。

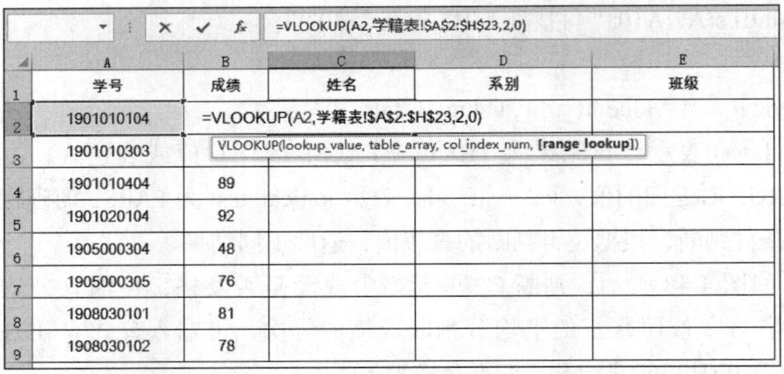

| | | | fx | =VLOOKUP(A2,学籍表!$A$2:$H$23,2,0) | |
|---|---|---|---|---|---|
| | A | B | C | D | E |
| 1 | 学号 | 成绩 | 姓名 | 系别 | 班级 |
| 2 | 1901010104 | | =VLOOKUP(A2,学籍表!$A$2:$H$23,2,0) | | |
| 3 | 1901010303 | | VLOOKUP(lookup_value, table_array, col_index_num, [range_lookup]) | | |
| 4 | 1901010404 | 89 | | | |
| 5 | 1901020104 | 92 | | | |
| 6 | 1905000304 | 48 | | | |
| 7 | 1905000305 | 76 | | | |
| 8 | 1908030101 | 81 | | | |
| 9 | 1908030102 | 78 | | | |

图 4-51　VLOOKUP 案例

　　查找系别信息，可在 D2 单元格输入公式"=VLOOKUP(A2, 学籍表 !$A$2:$H$23, 7, 0)"，按"Enter"键即可；查找班级信息，可在 E2 单元格输入公式"=VLOOKUP(A2, 学籍表 !$A$2:$H$23, 8, 0)"，按"Enter"键即可。实际上，提取"A2"同学的姓名与班级就是通过"A2"作为查找关键值，在查找数值所在的区域"学籍表 !$A$2:$H$23"内，取出查找区域中的列序号（姓名在第 2 列，系别在第 7 列，班级在第 8 列）对应的匹配值。

　　该函数在学生管理、员工管理等领域均可广泛使用，既可通过身份证号、学号等关键字提取已有工作表中的信息，又可以比较提取信息与已有信息是否一致，达到数据校验的目的。

### 8.Index 函数

　　语法：Index (array, row-num, column-num)。

　　参数：array 为要返回值的单元格区域或数组；row-num 为返回值所在的行号；column-num 为返回值所在的列号。

　　功能：返回数据表格或区域中的值或值的引用。

　　应用实例：在图 4-52 中，返回 A1:G7 单元格区域第 4 行、第 2 列对应的值，可输入公式"=Index(A1:G7, 4, 2)"，结果为"全国计算机等级考试二级教程"。

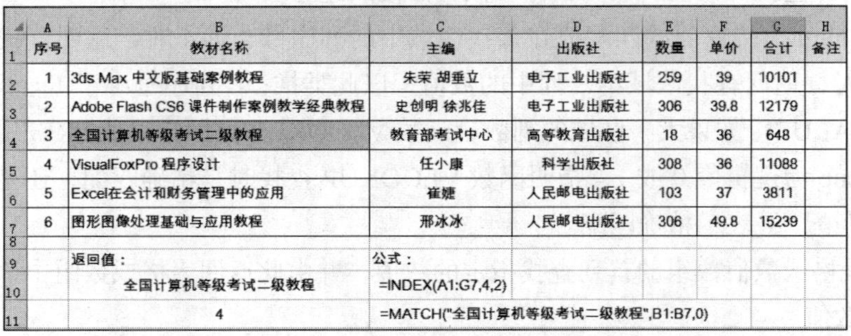

| | A | B | C | D | E | F | G | H |
|---|---|---|---|---|---|---|---|---|
| 1 | 序号 | 教材名称 | 主编 | 出版社 | 数量 | 单价 | 合计 | 备注 |
| 2 | 1 | 3ds Max 中文版基础案例教程 | 朱荣 胡垂立 | 电子工业出版社 | 259 | 39 | 10101 | |
| 3 | 2 | Adobe Flash CS6 课件制作案例教学经典教程 | 史创明 徐兆佳 | 电子工业出版社 | 306 | 39.8 | 12179 | |
| 4 | 3 | 全国计算机等级考试二级教程 | 教育部考试中心 | 高等教育出版社 | 18 | 36 | 648 | |
| 5 | 4 | VisualFoxPro 程序设计 | 任小康 | 科学出版社 | 308 | 36 | 11088 | |
| 6 | 5 | Excel在会计和财务管理中的应用 | 崔婕 | 人民邮电出版社 | 103 | 37 | 3811 | |
| 7 | 6 | 图形图像处理基础与应用教程 | 邢冰冰 | 人民邮电出版社 | 306 | 49.8 | 15239 | |
| 9 | | 返回值： | 公式： | | | | | |
| 10 | | 全国计算机等级考试二级教程 | =INDEX(A1:G7,4,2) | | | | | |
| 11 | | 4 | =MATCH("全国计算机等级考试二级教程",B1:B7,0) | | | | | |

图 4-52　Index 案例

**9.Match 函数**

语法：Match (lookup_value, lookup_array, match_type)。

参数：lookup_value 为查找的值；lookup_array 为查找值所在的区域；match_type 为查找方式，0 代表精确查找，1 代表查找不到它的值则返回小于它的值的最大值，−1 代表查找不到它的值则返回大于它的值的最小值。

功能：Match 函数也属于查找函数，查找时返回指定数值在指定区域中的位置，而不是值本身。

该函数应用实例如下。

在图 4-53 中，返回"计算机等级考试二级教程"在 B1:B7 区域中的位置，可输入公式"=Match (" 全国计算机等级考试二级教程 ", B1:B7, 0)"，结果为 4。

通常的，Index+Match 函数组合可实现反向、双向等复杂的表格数据查找。

如制作一个简易查询单，选择教材名称，即可快速查找对应的出版社和单价，操作方法如下。

先利用 Match 函数根据 B11 单元格的教材名称在 B 列查找该教材对应的位置，可输入公式"=Match (B11，B1:B7，0)"。

再用 Index 函数根据查找到的位置从 D 列提取出版社，从 F 列中提取单价，完整的公式为"=Index (D1:D7, MATCH(B11, B1:B7, 0))"，结果为该教材对应的出版社。当公式为"=Index (F1:F7, MATCH(B11, B1:B7, 0))"，结果为该教材对应的单价。

选中 B11 单元格，单击"数据"→"数据工具"→"数据验证"按钮，即可打开"数据验证"对话框。单击"设置"选项卡，设置验证条件允许为"序列"，来源为"$B$2:$B$7"，单击"确定"按钮，即可创建下拉菜单选项选择教材名称，如图 4-53 所示。

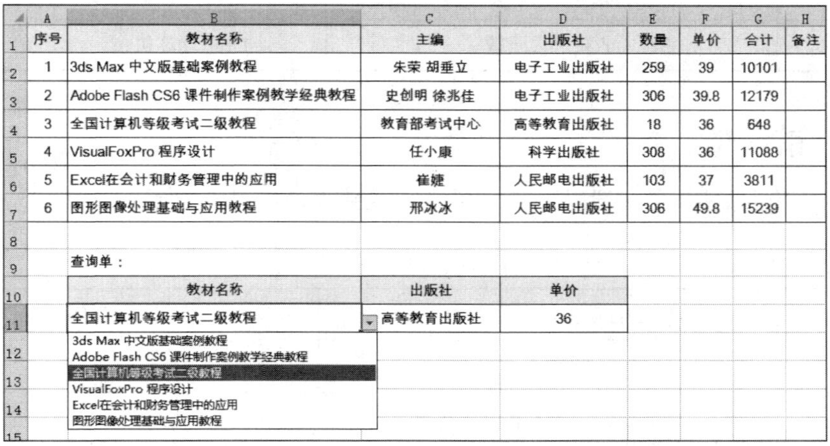

图 4-53　查询单

**10. 日期时间函数**

日期时间函数的功能、示例等如表 4-1 所示。

表 4-1　日期时间函数

| 函数 | 功能 | 示例 | 结果 |
|---|---|---|---|
| Now() | 返回当前日期和时间的序列号 | =NOW() | 2020/03/01 08:32 |

续表

| 函数 | 功能 | 示例 | 结果 |
|---|---|---|---|
| Year() | 返回某日期对应的年份 | =Year（2020-03-01） | 2020 |
| Month() | 返回以序列号表示的日期中的月份 | =Month（2020-03-01） | 3 |
| Day() | 返回以序列号表示的某日期的天数 | =day（2020-03-01） | 1 |
| Hour() | 返回时间值的小时数 | =Hour(NOW()) | 8 |
| Minute() | 返回时间值中的分钟，为一个介于 0 到 59 之间的整数 | =MINUTE(NOW()) | 32 |
| Today() | 返回当前系统日期 | =Today() | 2020/03/01 |

### 11. 文本类函数

文本类函数的功能、示例等如表 4-2 所示。

表 4-2　文本类函数

| 函数 | 功能 | 示例 | 结果 |
|---|---|---|---|
| Mid() | 截取字符串函数 | =mid(620105, 3, 3) | 010 |
| Left() | 左侧截取字符串函数 | =left(620105, 2) | 62 |
| Right() | 右侧截取字符串函数 | =right(620105, 2) | 05 |
| Concatenate() | 将几个文本项合并为一个文本项 | = Concatenate(B2, " 分 ") | 85 分 |
| TRIM() | 删除空格函数 | =trim( 计算机 ) | 计算机 |
| Len() | 字数个数函数 | =Len( 计算机 ) | 3 |

## 4.4.4　错误值

Excel 公式与函数错误值一般以"#"开头，常见错误值如表 4-3 所示。

表 4-3　常见错误值表

| 错误值 | 错误值出现原因 | 举例 |
|---|---|---|
| #DIV/0 | 除数为 0 | =3/0 |
| #N/A | 函数或公式中没有可用数值 | |
| #NAME？ | 出现了不能识别的文本 | =SUN(A1：A4) |
| #NULL! | 交集为空 | =Sum(A1：A4B1：B4) |
| #NUM！ | 数据类型不正确 | =SQPT(-4) |
| #REF! | 删除了由其他公式引用的单元格 | 引用的单元格被删除 |
| #VALUE! | 不正确的参数或运算符 | =1+"a" |
| ######## | 单元格宽宽度不够，加宽即可 | |

# 4.5 迷你图和图表制作

本知识点常考题型如下。

①将图表以独立方式嵌入新工作表"分析图表"中，令其不可移动。

②适当改变图表样式、图表中数据系列的格式，调整图例的位置。

③创建一个饼图，对每个员工的基本工资进行比较，并将该图表放置在"统计报告"中。

④在工作表"月统计表"的 G3:M20 区域中，插入与"销售经理成交金额按月统计表"数据对应的二维"堆积柱形图"，横坐标为销售经理，纵坐标为金额，并为每月添加数据标签。

⑤在"销售评估"工作表中创建标题为"销售评估"的图表，借助此图表可以清晰反映每月"A 类产品销售额"和"B 类产品销售额"之和与"计划销售额"的对比情况。图表效果可参考"销售评估"工作表中的示例。

⑥在"按季度汇总"工作表后面新建名为"折线图"的工作表，在该工作表中以分类汇总结果为基础，创建一个带数据标记的折线图，水平轴标签为各类开支，对各类开支的季度平均支出进行比较，给每类开支的最高季度月均支出值添加数据标签。

## 4.5.1 迷你图的创建与编辑

### 1. 迷你图的创建

选中要绘制迷你图的一行数据，单击"插入"→"迷你图"→"折线图"按钮，在随即打开的"创建迷你图"对话框中，设置正确的数据范围和位置范围，最后，单击"确定"按钮关闭对话框。基于一行数据的迷你图自动显示在指定的单元格中，如图 4-54 所示。

向下拖动迷你图所在单元格右下角的填充句柄，就可将迷你图复制填充至其他单元格中，从而形成一组迷你图。

| | A | B | C | D | E | F |
|---|---|---|---|---|---|---|
| 1 | 产品 | 第一季度 | 第二季度 | 第三季度 | 第四季度 | 迷你图 |
| 2 | 硬盘 | 50350 | 80500 | 68000 | 90000 | |
| 3 | 光驱 | 5925 | 6255 | 8066 | 5900 | |
| 4 | 显示器 | 60000 | 80000 | 73050 | 94500 | |
| 5 | 鼠标 | 580 | 950 | 600 | 800 | |

图 4-54 迷你图

### 2. 迷你图的编辑

迷你图创建以后，功能区会显示"迷你图工具 – 设计"选项卡，利用它可以对迷你图进行丰富的格式化操作，如图 4-55 所示。

在"类型"组中可修改图表类型；在"显示"组中可设置"高点""低点""负点""首点""尾点""标记"是否显示；在"样式"组中可选择迷你图样式。

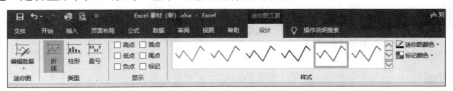

图 4-55 迷你图工具

### 4.5.2　图表的创建和编辑

图表可直观展示统计信息属性（时间性、数量性等），对知识挖掘和信息直观生动地显示起关键作用，是一种很好地将对象属性数据直观、形象地"可视化"的手段。Excel 中的图表类型主要分为 15 类，包括柱形图、折线图、饼图、条形图、面积图、XY 散点图、股价图、曲面图、雷达图、树状图、旭日图、直方图、箱形图、瀑布图、组合，共 59 种。

#### 1. 图表的创建

在 Excel 工作表中切换到"插入"选项卡，设置正确的数据范围，在"图表"组中单击想插入的图表类型，基于选中数据所绘制的图表自动显示在该工作表中。

（1）柱形图

柱形图通常用来表示比较离散的项目，可以描绘系列中的项目，或是多个系列间的项目，最常用的布局是将信息类型放在横坐标轴上，将数值项放在纵坐标轴上，如图 4-56 所示。

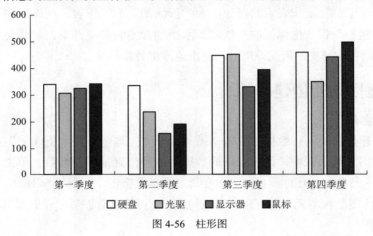

图 4-56　柱形图

（2）折线图

折线图通常用来描绘连续的数据，这对标识趋势很有用。折线图是一种最适合反映数据量之间变化快慢的图表类型，如图 4-57 所示。

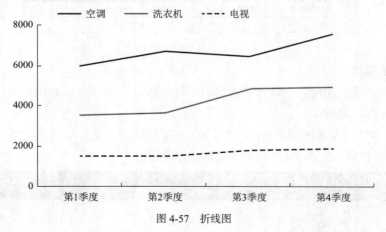

图 4-57　折线图

（3）饼图

饼图主要用于显示数据系列中各个项目与项目总和之间的比例关系。由于饼图只能显示一

个系列的比例关系，所以当选中多个系列时也只能显示其中的
一个系列，如图 4-58 所示。

（4）条形图

条形图实际上是顺时针旋转 90 度的柱形图。条形图的优点
是分类标签更便于阅读。

（5）面积图

面积图主要用来显示每条数据的变化量，它强调的是数据
随时间变化的幅度，通过显示数据的总和直观地表达出整体和
部分的关系。

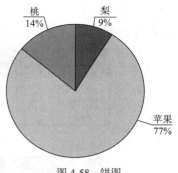

图 4-58　饼图

图表在实际使用过程中，需表达的主要信息决定了图表的形式，如图 4-59 所示。无论哪种
图表类型，均是为了更直观、形象地"可视化"数据，通常作为文字内容的补充。因此，图表
多用于总结、分析报告及 PPT 汇报等内容中。

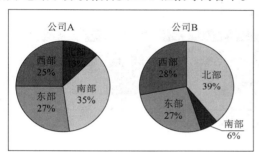
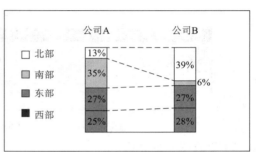
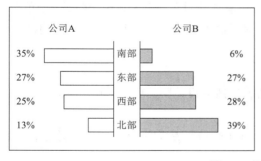
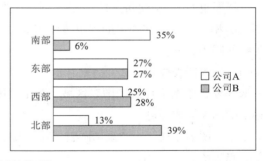

图 4-59　图表效果对比

**2. 图表的编辑**

图表创建的同时，功能区中就会显示"图表工具"选项卡，利用它可以对图表进行丰富的
格式化操作。

（1）图表工具

图表工具包含设计、格式 2 个标签。

设计标签中，可编辑图标布局、图表样式、切换行 / 列、选择数据、更改图表类型、移动图
表位置等；格式标签中，可插入形状、设置形状样式、设置艺术字样式、编辑图表排列、修改图
表的大小等，如图 4-60 所示。

（2）编辑图表

选择要进行编辑的图表区域，单击"图表工具－格式"选项卡，在"当前所选内容"组中

单击"图表元素"下拉按钮，选择图表元素，如图 4-61 所示，单击"设置所选内容样式"命令，在打开的窗格中进行详细的格式设置。

（a）图表工具－设计

（b）图表工具－格式

图 4-60　图表工具

图 4-61　编辑图表

（3）更改图表类型

选择要更改图表类型的图表区域，单击"图表工具－设计"选项卡，在"类型"中单击"更改图表类型"按钮，在弹出的"更改图表类型"对话框中选择新的图表类型，即可将图表类型改为新的图表类型。

（4）更改图表样式

选择要更改图表样式的图表区域，单击"图表工具－设计"选项卡，在"图表样式"组中选择新的图表样式即可。

单击"图表布局"→"添加图表元素"按钮，还可编辑图表标题、数据标签、数据表、图例、线条、趋势图、涨 / 跌柱线。

# 4.6　数据管理与分析

Excel 2016 具有强大的数据管理与数据分析功能，可以对工作表数据进行快速的排序、筛选、分类汇总，同时，可通过数据透视表快速实现数据的快速统计。

## 4.6.1　建立数据列表

本知识点常考题型如下。

①分别以数据区域的首行作为各列的名称。

②在工作表"经济订货批量分析"中，为单元格区域 C2:C5 按要求定义名称。

③分别将每个工作表中的数据区域定义为与工作表相同的名称。

### 1. 建立数据列表

数据列表即我们常说的表格，当 Excel 表格较为简单，不包含标题行时，有数据的区域就自动被识别为一个表格，而在复杂表格中，必须建立数据列表。

单击"插入"→"表格"→"表格"按钮，弹出"创建表"对话框，如图 4-62 所示。

在表数据的来源中选择需管理和分析的数据区，单击"确定"按钮，完成数据列表的建立。

### 2. 删除数据列表

需删除数据列表时，单击"表格工具 – 设计"→"工具"→"转换为区域"按钮即可，如图 4-63 所示。

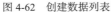

图 4-62　创建数据列表

图 4-63　表格工具

## 4.6.2　获取外部数据

本知识点常考题型如下。

①在工作簿"Excel.xlsx"的最右侧创建一个名为"品种目录"的工作表，工作表标签颜色设为红色（标准色）。将考生文件夹下以制表符分隔的文本文件"蔬菜主要品种目录 .txt"自 A1 单元格开始导入工作表"品种目录"中，要求"编号"列保持原格式。

②在工作表"Sheet1"中，从 B3 单元格开始，导入文本文件"数据源 .txt"中的数据，并将工作表名称修改为"销售记录"。

③浏览网页"第五次全国人口普查公报 .htm"，将其中的"2000 年第五次全国人口普查主要数据"表格导入工作表"第五次普查数据"中；浏览网页"第六次全国人口普查公报 .htm"，将其中的"2010 年第六次全国人口普查主要数据"表格导入工作表"第六次普查数据"中（要求均从 A1 单元格开始导入，不得对两个工作表中的数据进行排序）。

在 Excel 2016 中，如需快速将网页中的表格或者" .txt"格式的文档插入 Excel 表格中，哪种方法更为简单？我们可以通过获取外部数据的方式完成，如图 4-64 所示。

图 4-64　获取外部数据

### 1. 获取网站数据

①单击"数据"选项卡，在"获取外部数据"组中单击"自网站"按钮。

②弹出"新建 Web 查询"对话框，在"地址"文本框中输入网址，单击"转到"按钮。

③单击要选择的表旁边带方框的黑色箭头，使黑色箭头变成对号，然后单击"导入"按钮。

④弹出"导入数据"对话框，选择"数据的放置位置"为"现有工作表"，在文本框中输入"=$A$1"，单击"确定"按钮，网页中的数据即可导入 Excel 2016 中。

### 2. 获取文本数据

①单击"数据"选项卡，在"获取外部数据"组中单击"自文本"。

②弹出"导入文本文件"对话框，选择要导入的".txt"文档，单击"导入"按钮。

③弹出"文本导入向导"对话框，输入"导入起始行"，选中"分隔符号"或"固定宽度"单选按钮，设置数据格式，单击"完成"按钮。

④弹出"导入数据"对话框，选择"数据的放置位置"为"现有工作表"，在文本框中输入"=$A$1"，单击"确定"按钮，文本中的数据即可导入 Excel 2016 中。

## 4.6.3 数据排序与筛选

本知识点常考题型如下。

①按月销售额由高到低进行排序。

②依据自定义序列"研发部 – 物流部 – 采购部 – 行政部 – 生产部 – 市场部"的顺序进行排序；如部门名称相同，则按照平均成绩由高到低的顺序排序。

③获取部门代码及报考部门，并按部门代码的升序进行排列。

### 1. 排序

在工作表或数据列表中输入数据后，经常要进行排序操作，排序包括简单排序和多关键字排序。

（1）简单排序

当进行简单排序时，只需在工作表或数据列表中选中需排序字段，单击"数据"→"排序和筛选" 
 或 
按钮，即可进行升序或降序排序。

（2）多关键字排序

进行多关键字排序时，单击"数据"→"排序和筛选"→"排序"按钮，弹出"排序"对话框，如图 4-65 所示。单击"添加条件"或"删除条件"按钮即可添加或删除排序关键字。选择关键字时，数据的包含范围一定是从大到小的，先按主要关键字排序，内容相同时，就按次要关键字排序，依此类推。如对全院学生学籍信息进行排序时，可设置"系别"为主要关键字，设"班级"为第 1 个次要关键字，设"学号"为第 2 个次要关键字，排序后的数据清晰、可读性强。

（3）自定义序列排序

如按职称、学历高低来排序时，可设置职称、学历序列为自定义序列。

设置方法如下。

单击"文件"→"选项"，打开"Excel 选项"对话框，如图 4-66 所示。

图 4-65　多关键字排序

图 4-66　"Excel 选项"对话框

单击"高级"→"常规"→"编辑自定义列表"按钮，打开"自定义序列"选项卡，如图 4-67 所示。

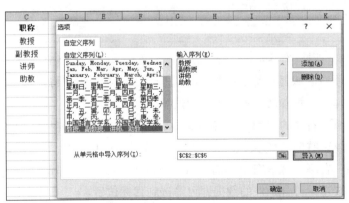

图 4-67　自定义序列

建立自定义序列方法有以下两种。

一是在"输入序列"区域输入数据，以"Enter"键分隔序列条目，单击"添加"按钮完成自定义序列。

二是从 Excel 表格中选择需自定义序列的数据区，单击"导入"按钮完成自定义序列。

**2. 筛选**

（1）自动筛选

需对工作表建立自动筛选时，单击"数据"→"排序和筛选"→"筛选"按钮，每个字段的右边都出现一个下拉按钮，单击下拉按钮，即可设置筛选条件。

如需对特定字段单独建立筛选，可点选该字段，单击"数据"→"排序和筛选"→"筛选"按钮即可。

如需清除筛选结果，单击"数据"→"排序和筛选"→"清除"即可。

如何快速标识符合条件的数据呢？我们可以通过高级筛选，在原有区域显示筛选结果，将符合条件的数据筛选出来，标记颜色，再显示全部数据即可。

（2）高级筛选

①建立条件区域。条件区域由字段和数据构成，在条件区域与原数据区之间至少留出一个空行或空列。字段可以是一个，也可以是多个，但必须与原数据表一致；数据可以是值，也可以是表达式。

如筛选成绩表中性别为"女"且英语成绩大于 80 分的同学，条件区（C7:D8）的建立如图 4-68 所示。

②建立高级筛选。单击"数据"→"排序和筛选"→"高级"按钮，弹出"高级筛选"对话框，如图 4-69 所示。

| | A | B | C | D | E | F |
|---|---|---|---|---|---|---|
| 1 | 序号 | 姓名 | 性别 | 语文 | 数学 | 英语 |
| 2 | 1 | 张三 | 女 | 79 | 80 | 86 |
| 3 | 2 | 李四 | 女 | 90 | 86 | 85 |
| 4 | 3 | 王五 | 男 | 70 | 80 | 80 |
| 5 | 4 | 赵六 | 女 | 90 | 82 | 78 |
| 6 | | | | | | |
| 7 | | | 性别 | 英语 | | |
| 8 | | | 女 | >80 | | |
| 9 | | | | | | |
| 10 | 序号 | 姓名 | 性别 | 语文 | 数学 | 英语 |
| 11 | 1 | 张三 | 女 | 79 | 80 | 86 |
| 12 | 2 | 李四 | 女 | 90 | 86 | 85 |

图 4-68　高级筛选案例

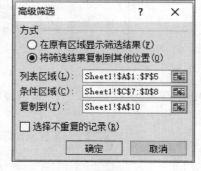

图 4-69　高级筛选

可以选中"在原有区域显示筛选结果"单选按钮，也可选中"将筛选结果复制到其他位置"单选按钮。一般选择"将筛选结果复制到其他位置"。

单击"列表区域"右侧的 按钮，拖动鼠标，选择 A1：F5 单元格区域作为数据区。

单击"条件区域"右侧的 按钮，拖动鼠标，选择 C7：D8 单元格区域作为条件区。

单击"复制到"右侧的 按钮，选择 A10 单元格作为目标单元格。

单击"确定"按钮，符合条件的数据即可筛选到目标位置。

## 4.6.4　数据工具

本知识点常考题型如下。

①在"订单明细"工作表中，删除订单编号重复的记录（保留第一次出现的那条记录），但须保持原订单明细的记录顺序。

②正确的准考证号为 12 位文本，面试分数的范围为 0 ～ 100（整数，含本数），试检测这两列数据的有效性，当输入错误时给出提示信息"超出范围，请重新输入！"，以红色（标准色）文本标出存在的错误数据。

③方向列中只能有借、贷、平 3 种选择，用数据验证控制该列的输入范围为借、贷、平 3 种中的一种。

④在工作表"经济订货批量分析"的单元格区域 B7:M27 创建模拟运算表，模拟不同的年需求量和单位年储存成本所对应的不同经济订货批量；其中 C7:M7 为年需求量可能的变化值，B8:B27 为单位年储存成本可能的变化值，模拟运算的结果保留整数。

### 1. 删除重复项

单击"数据"→"数据工具"→"删除重复项"按钮，即可打开"删除重复项"对话框，如图 4-70 所示。

图 4-70　删除重复项

选择一个或多个包含重复值的列，即可删除该列重复数据。

### 2. 分列

分列是将单列文本拆分为多列。Excel 2016 支持分隔符号或固定宽度分列，分隔符可以是 Tab 键、分号、逗号、空格或其他自定义字符，如"省""市""系"等。固定宽度分列用于数据长度一致的数据分列，如身份证号、电话号码等，如图 4-71 所示。

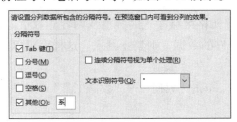

图 4-71　设置分隔符号

分列前，选中需分列的数据，单击"数据"→"数据工具"→"分列"按钮，打开"文本分列向导 – 第 1 步，共 3 步"对话框，选择最合适的分列类型，单击"下一步"按钮，设置分隔符号或设置字段宽度（列间隔），单击"下一步"按钮，设置导入列的数据格式及目标区域，也可选中"不导入此列"单选按钮放弃部分数据的导入，单击"完成"按钮即可。

下面以身份证号分类为例，如图 4-72 所示。

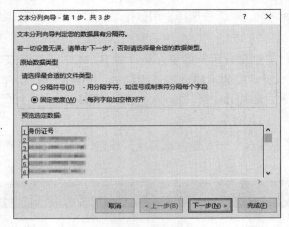

（a）选择分列类型

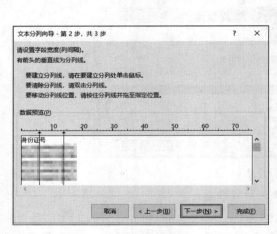

（b）设置字段宽度

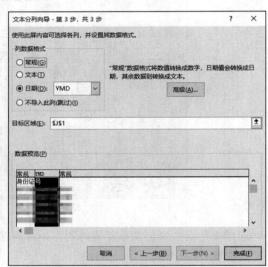

（c）设置数据格式及目标区域

图 4-72　身份证号码分列

### 3. 数据验证

数据验证是对单元格或单元格区域输入的数据从内容到数量上的限制。对于符合条件的数据，允许输入；对于不符合条件的数据，则禁止输入。这样就可以依靠系统检查数据的正确性，避免错误的数据录入。

选择单元格或单元格区域，单击"数据"→"数据工具"→"数据验证"按钮，即可打开"数据验证"对话框。

单击"设置"选项卡，在验证条件中选择对应的允许值。

如对"身份证号"字段设置允许"文本长度""等于""18"，当输入长度不等于 18 时，则会限制输入，如图 4-73 所示。

在验证条件中，如"允许"为"序列"，来源中设置序列值，单击"确定"按钮，允许序列得到的结果是下拉菜单选项，如图 4-74 所示。

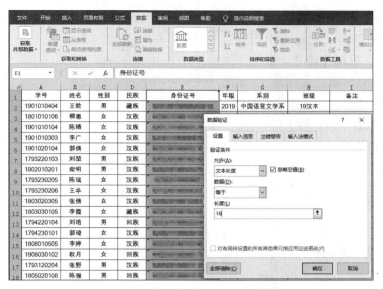

图 4-73  设置数据验证允许值

图 4-74  验证条件 – 序列

单击"输入信息"选项卡，可设置输入提示信息。

单击"出错警告"选项卡，设置警告样式及标题。

### 4. 合并计算

Excel 2016 的合并计算可以实现求和、求平均值、计数、求最大值、求最小值等一系列合并功能，操作方法如下。

1 月和 2 月工作表中分别存放了 1、2 月的图书销售数据，接下来就用合并计算中的求和功能完成数据的合并计算。

选中"合并"工作表的 A1 单元格，单击"数据"→"数据工具"→"合并计算"按钮，打开"合并计算"对话框如图 4-75 所示。

在"函数"中选择"求和"；单击"引用位置"右侧的  按钮，按住鼠标左键拖动鼠标，选择 1 月工作表的 A2:C19 单元格区域作为数据区；单击"添加"按钮；再次单击"引用位置"右侧的 按钮，按住鼠标左键并拖动鼠标，选择 2 月工作表的 A2:C19 单元格区域作为数据区；数据选好后，勾选"首行"和"最左列"，复选框单击"确定"按钮完成数据合并。

合并完成后要自己补上"图书编号"标签。

图 4-75　合并计算

### 5. 单变量求解

单变量求解是 Excel 2016 中根据所提供的目标值，将引用单元格的值不断调整，直至达到所需要求的公式的目标值时，确定最后一个变量的求解过程。

如某企业根据销售额为员工提成 1% 作为奖金，某员工前三季度的销售额分别为 250 万元、360 万元、300 万元，如计划拿到 12 万元奖金，第四季度销售额应该是多少？

输入如图 4-76 所示销售数据，在 D2 单元格中输入奖金的计算公式"=SUM(B2:B15)*1%"，选择"数据"→"预测"→"模拟分析"→"单变量求解"选项，打开"单变量求解"对话框。

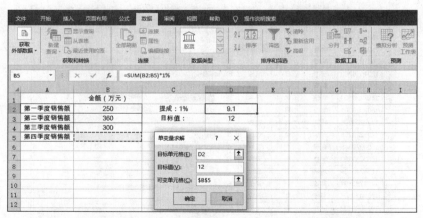

图 4-76　单变量求解

设置"目标单元格"为"D2"，输入"目标值"为"12"，设置"可变单元格"为"$B$5"，单击"确定"按钮，即可求解出要拿到 12 万元奖金时的第四季度的销售额。

### 6. 模拟运算表

模拟运算表用于同时查看多个输入的结果。

例如，用模拟运算制作九九乘法口诀表，操作步骤如下。

输入如图 4-77 所示数据，选中 A3：J12 单元格区域，选择"数据"→"预测"→"模拟分析"→"模拟运算表"选项，打开"模拟运算表"对话框。

设置"输入引用行的单元格"为"$A$1"，设置"输入引用列的单元格"为"$A$2"，单击"确定"按钮，即可快速制作出九九乘法口诀表。

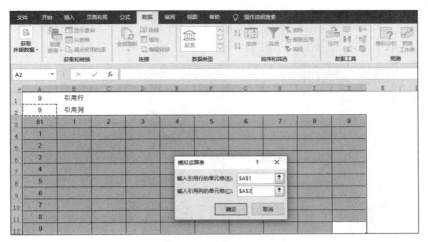

图 4-77　模拟运算表

## 4.6.5　分类汇总

本知识点常考题型如下。

①通过分类汇总，按日计算借方、贷方发生额总计并将汇总行放于明细数据下方。

②通过分类汇总功能求出每个班各科的平均成绩，并将每组结果分页显示。

③在"成绩分类汇总"中通过分类汇总功能求出每个班各科的成绩最大值，并将汇总结果显示在数据下方。

④通过分类汇总功能，按季度升序求出每个季度各类开支的月均支出金额。

分类汇总是实现数据快速汇总的一种方法。利用分类汇总，Excel 2016 可根据分类字段汇总相关内容并自动分级显示。

### 1. 数据分类

建立分类汇总前，需对数据按分类字段排序。如统计各出版社的图书销售数量及销售金额。我们可以分析排序字段是谁？统计字段是谁？怎样解决该问题最为简单？解决该问题的思路是以"出版社"为主要关键字对数据排序，统计字段为销售数量及销售金额，可以用分类汇总实现。

单击"数据"→"排序"按钮，打开"排序"对话框，选择主要关键字为"出版社"，单击"确定"按钮，如图 4-78 所示。

### 2. 创建分类汇总

单击"数据"→"分级显示"→"分类汇总"按钮，打开"分类汇总"对话框。

选择"分类字段"为"出版社"；选择"汇总方式"为"求和"；选择"选定汇总项"

图 4-78　按分类字段排序

为相应的汇总内容，如"数量""合计"，单击"确定"按钮，即可完成分类汇总，如图 4-79 所示。

### 3. 删除分类汇总

如需删除分类汇总，单击"数据"→"分级显示"→"分类汇总"按钮，打开"分类汇总"对话框，选择"全部删除"即可。

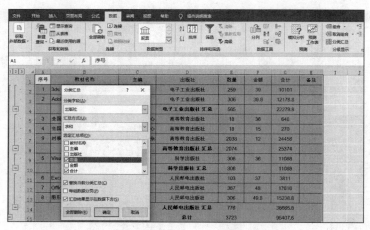

图 4-79　分类汇总

### 4.6.6　数据透视表

本知识点常考题型如下。

①为"销售统计"工作表创建一个数据透视表，放在一个名为"数据透视分析"的新的工作表中。

②依据"销售业绩表"中的数据明细，在"按部门统计"工作表中创建一个数据透视表，并将其放置于 A1 单元格。要求可以统计出各部门的人员数量，以及各部门的销售额占销售总额的比例。数据透视表效果可参考"按部门统计"工作表中的示例。

③为销售数据插入数据透视表，数据透视表放置到一个名为"商品销售透视表"的新工作表中，透视表"行"为"咨询商品编码"，"列"为"预购类型"，对"成交金额"求和。

**1. 创建数据透视表**

使用数据透视表可实现对大量数据快速汇总，还可以查看汇总结果。

例如，图 4-80 所示的学籍表中，需快速汇总不同系别、不同班级的男、女生人数，哪种方法最为简单？我们可以通过建立数据透视表完成。

| | A | B | C | D | E | F | G | H | I |
|---|---|---|---|---|---|---|---|---|---|
| 1 | 学号 | 姓名 | 性别 | 民族 | 身份证号 | 年级 | 系别 | 班级 | 备注 |
| 2 | 1901010404 | 王乾 | 男 | 藏族 | | 2019 | 中国语言文学系 | 19汉本 | |
| 3 | 1801010106 | 栁惠 | 女 | 汉族 | | 2018 | 中国语言文学系 | 18汉本 | |
| 4 | 1901010104 | 陈婧 | 女 | 汉族 | | 2019 | 中国语言文学系 | 19汉本 | |
| 5 | 1901010303 | 李广 | 女 | 汉族 | | 2019 | 中国语言文学系 | 19汉本 | |
| 6 | 1901020104 | 郭倩 | 女 | 汉族 | | 2019 | 中国语言文学系 | 19汉本 | |
| 7 | 1793220103 | 刘埜 | 男 | 汉族 | | 2017 | 经济管理系 | 17会计学 | |
| 8 | 1802010201 | 柴明 | 男 | 汉族 | | 2018 | 经济管理系 | 18会本 | |
| 9 | 1793230205 | 陈瑞 | 女 | 汉族 | | 2017 | 经济管理系 | 17会计师 | |
| 10 | 1793230206 | 王华 | 女 | 汉族 | | 2017 | 经济管理系 | 17会计师 | |
| 11 | 1803020305 | 张倩 | 女 | 汉族 | | 2018 | 经济管理系 | 18会本 | |
| 12 | 1803030105 | 李霞 | 女 | 藏族 | | 2018 | 经济管理系 | 18会师 | |
| 13 | 1794220104 | 刘培 | 男 | 回族 | | 2017 | 教育管理系 | 17公管班 | |
| 14 | 1794230101 | 郭琦 | 女 | 汉族 | | 2017 | 教育管理系 | 17心理班 | |
| 15 | 1808010505 | 李婷 | 女 | 汉族 | | 2018 | 教育管理系 | 18学前教育 | |
| 16 | 1908030102 | 秋月 | 女 | 回族 | | 2019 | 教育管理系 | 19心本班 | |
| 17 | 1793120204 | 张野 | 男 | 汉族 | | 2017 | 法律系 | 17法本 | |
| 18 | 1805020108 | 陈强 | 男 | 回族 | | 2018 | 法律系 | 18法本 | |

图 4-80　数据透视表数据

建立数据透视表时，打开工作表，单击"插入"→"表格"→"数据透视表"按钮，打开"创建数据透视表"对话框，如图 4-81 所示。

选择全部数据作为"表 / 区域"，选择放置数据透视表的位置为"新工作表"，单击"确定"按钮，打开"数据透视表字段"任务窗格，如图 4-82 所示。

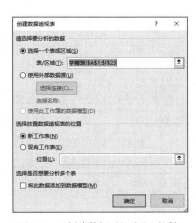

图 4-81　"创建数据透视表"对话框　　　　　　　图 4-82　"数据透视表字段"任务窗格

在"数据透视表字段"任务窗格中，从"选择要添加到报表的字段"区域选择准备设置为"行"的字段，按住鼠标左键并拖动到"行"区域中，放置数据透视表的位置同时会显示"行"结果；选择准备设置为"列"的字段，按住鼠标左键并拖动到"列"区域中，放置数据透视表的位置同时会显示"列"结果；选择准备设置为"值"的字段，按住鼠标左键并拖动到"值"区域中，放置数据透视表的位置同时会显示数值结果。

"行"和"列"区域均可放置一个字段，也可以放置多个字段。如需放置多个字段，数据范围必须是从大到小的。如在"行"中，可先放置"系别"字段，再放置"班级"字段，则数据透视表汇总结果中即可显示各系、各班的男、女生人数。

### 2. 修改数据透视表

建立数据透视表后，Excel 2016 的功能区会增加"数据透视表工具"选项卡，如图 4-83 所示。

（a）数据透视表工具 – 分析

（b）数据透视表工具 – 设计

图 4-83　数据透视表工具

单击"数据透视表工具 – 分析"→"数据"→"更改数据源"按钮，即可修改数据源；单击"刷新"按钮即可刷新汇总结果。

如需修改字段，单击"行""列"字段右侧的下拉按钮，在弹出的菜单中选择"删除字段"命令，之后重新拖动添加其他字段即可。

单击"值"区域中字段右侧的下拉按钮，在弹出的菜单中选择"值字段设置"命令，打开"值字段设置"对话框，可设置"值汇总方式"和"值显示方式"。

### 3. 删除数据透视表

数据透视表建立后，可在数据透视表中右击，选择删除"行""列""值"中的字段。如需删除数据透视表，需选中整个数据透视表，按下"Delete"键删除。

### 4. 数据透视表的使用

数据透视表建立后，双击统计值即可方便查看汇总结果指向的数据源。如双击中国语言文学系总计值"5"，即可创建存放系别为"中国语言文学系"的5条数据。

该案例同时说明，汇总结果实际是指向数据源的，数据表修改后，"刷新"即可修改数据透视表。如需使用汇总结果数值，可复制数据透视表汇总结果区域，在目标单元格右击，在弹出的快捷菜单中选择"粘贴选项－值"命令，数据透视表结果即可编辑与修改。

## 4.6.7　数据透视图

本知识点常考题型如下。

① 为数据透视表数据创建一个类型为饼图的数据透视图，设置数据标签显示在外侧，将图表的标题改为"12月份计算机图书销量"。

② 根据生成的数据透视表，在透视表下方创建一个簇状柱形图，图表中仅对博达书店1月份的销售额小计进行比较。

打开工作表，单击"插入"→"图表"→"数据透视图"按钮，打开"创建数据透视图"对话框，与创建数据透视表步骤相同，之后将所需字段拖拽添加到"轴""图例"和"值"区域，即可完成创建，如图4-84所示。

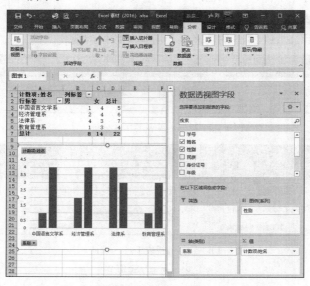

图 4-84　数据透视图创建

透视图表的编辑方法，与普通图表相似。

# 4.7　宏功能的简单使用

## 4.7.1　什么是宏

Excel 2016 的强大优势还在于它提供的宏语言 Visual Basic for Application（VBA）。Visual Basic 是 Windows 环境下开发应用软件的一种通用程序设计语言，功能强大，简便易用。VBA 是它的一个子集，可以广泛地应用于 Microsoft 公司开发的各种软件中，例如 Word、Excel、PowerPoint 等。

简单来说，宏就是用 VBA 代码编写的具有一定功能的过程。其目的是在重复性操作中节省时间，提高工作效率。

要使用 Excel 2016 中的宏，首先要打开"开发工具"选项卡。单击"开始"→"选项"，打开"Excel 选项"对话框，单击"自定义功能区"，勾选"开发工具"复选框，单击"确定"按钮即可完成添加，如图 4-85 所示。

图 4-85　自定义功能区

"开发工具"选项卡如图 4-86 所示。

图 4-86　"开发工具"选项卡

## 4.7.2　录制宏

录制"宏"时，单击"开发工具"→"录制宏"按钮，打开"录制新宏"对话框，如图 4-87 所示。输入宏名，选择保存位置，单击"确定"按钮开始录制。将设置过程操作一遍，完成后，按一下"停止录制"按钮，宏录制完成。宏的保存位置有 3 种：当前工作簿——宏只对当前工作簿有效；个人宏工作簿——宏对所有工作簿都不得有效；新工作簿——录制的宏保存在一个新建工作簿中，对该工作簿有效。

下面，我们以录制一个"标题栏"宏为例，设置标题格式为"跨列居中、黑体、18 号、加粗"。

①单击"开发工具"→"录制宏"按钮，打开"录制新宏"对话框。

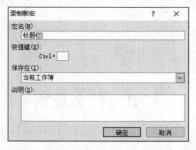

图 4-87 "录制新宏"对话框

②在"宏名"下面输入名称"标题栏"，并设置宏的保存位置为"当前工作簿"。

③单击"确定"按钮开始录制。

④选择 A1:F1 单元格区域，设置对齐方式为"跨列居中"，字体为"黑体"、字号为"18 号"、字形为"加粗"，操作完成后，单击"停止录制"按钮，宏录制完成。

### 4.7.3 执行宏

执行"宏"时，单击"开发工具"→"宏"按钮，打开"宏"对话框，如图 4-88 所示。

选择宏名"标题栏"，单击"执行"按钮，工作表中首行即设定为该标题栏格式。

图 4-88 "宏"对话框

# 4.8 应用案例

## 4.8.1 应用案例 1——制作员工工资表

### 1. 员工工资表基本数据录入

Excel 2016 常用于员工信息管理，我们以东方公司员工工资表为例，制作"员工工资表.xlsx"，如图 4-89 所示。

| 序号 | 员工工号 | 姓名 | 部门 | 基础工资 | 奖金 | 补贴 | 应付工资合计 | 扣除社保 | 应纳税所得额 | 应交个人所得税 | 实发工资 |
|---|---|---|---|---|---|---|---|---|---|---|---|
| 东方公司2020年3月员工工资表 | | | | | | | | | | | |
| 1 | DF001 | 包宏伟 | 管理 | 30000 | 500 | 500 | 31000 | 2700 | 23300 | 3250 | 25050 |
| 2 | DF002 | 陈万地 | 管理 | 20000 | | 500 | 20500 | 1800 | 13700 | 1330 | 17370 |
| 3 | DF003 | 张惠 | 行政 | 15000 | | | 15000 | 1350 | 8650 | 655 | 12995 |
| 4 | DF004 | 闫朝霞 | 人事 | 12000 | | | 12000 | 1080 | 5920 | 382 | 10538 |
| 5 | DF005 | 吉祥 | 研发 | 10000 | 500 | | 10500 | 900 | 4600 | 250 | 9350 |
| 6 | DF006 | 李燕 | 管理 | 9000 | | 500 | 9500 | 810 | 3690 | 159 | 8531 |
| 7 | DF007 | 李娜娜 | 管理 | 8000 | | 500 | 8500 | 720 | 2780 | 83.4 | 7696.6 |
| 8 | DF008 | 刘康锋 | 研发 | 7000 | 500 | | 7500 | 630 | 1870 | 56.1 | 6813.9 |
| 9 | DF009 | 刘鹏举 | 销售 | 6000 | | | 6000 | 540 | 460 | 13.8 | 5446.2 |
| 10 | DF010 | 倪冬声 | 研发 | 5500 | 500 | | 6000 | 495 | 505 | 15.15 | 5489.9 |
| 11 | DF011 | 齐飞扬 | 销售 | 5494.5 | | | 5494.5 | 494.5 | 0 | 0 | 5000.0 |
| 12 | DF012 | 苏解放 | 研发 | 4000 | 500 | | 4500 | 360 | 0 | 0 | 4140 |
| 13 | DF013 | 孙玉敏 | 管理 | 3500 | | 500 | 4000 | 315 | 0 | 0 | 3685 |
| 14 | DF014 | 王清华 | 行政 | 3000 | | | 3000 | 270 | 0 | 0 | 2730 |
| 15 | DF015 | 谢如康 | 管理 | 2500 | | 500 | 3000 | 225 | 0 | 0 | 2775 |

图 4-89 员工工资表

在 A1 单元格中输入标题，选中 A1:M1 单元格区域，单击"开始"→"对齐方式"→"合并后居中"按钮，切换至"开始"→"字体"组，设置字体和字号分别为"楷体"和"18 号"。

在 A2：H2 单元格区域中分别输入"序号""员工工号""姓名""部门"等字段。

选中 A3 单元格，输入"1"，以序列填充方式输入序号。选中"E～H"列，右击，在弹出的快捷菜单中选择"设置单元格格式"命令，弹出"设置单元格格式"对话框，切换至"数字"选项卡，在"分类"列表框中选择"会计专用"，在"小数位数"微调框中输入"2"，在"货币符号"下拉列表框中选择"无"。在 B3：H17 单元格区域中依次录入上图信息。

选中第 2～17 行，右击，在弹出的快捷菜单中点击"设置单元格格式"命令，弹出"设置单元格格式"对话框。切换至"对齐"选项卡，在"文本对齐方式"组中"水平对齐"下拉列表框中点击"居中"，单击"确定"按钮关闭对话框。

单击"页面布局"→"页面设置"按钮，设置"纸张大小"为"A4"；"纸张方向"为"横向"。适当调整表格各列宽度、对齐方式，使得表格显示更加美观，并且保持页面在 A4 虚线框的范围内。

### 2. 员工工资表数据处理

（1）计算应付工资合计

应付工资合计 = 基础工资 + 奖金 + 补贴。在 I3 单元格输入公式"=E3+F3+G3"，按"Enter"键后完成应付工资合计计算，将鼠标指针移动到单元格右下角填充句柄处，下拉完成公式填充。

（2）计算应纳税所得额

按《中华人民共和国个人所得税法》现行体制，2018 年 8 月 31 日，关于修改个人所得税法的决定通过，起征点为每月 5000 元，2018 年 10 月 1 日起实施最新起征点和税率，自 2019 年 1 月 1 日起施行。个人所得税税率参考表如图 4-90 所示。

| 级数 | 全月应纳税所得额 | 税率（%） | 月速算扣除数 |
|---|---|---|---|
| 1 | 不超过 3000 元的 | 3 | 0 |
| 2 | 超过 3000 元至 12000 元的部分 | 10 | 210 |
| 3 | 超过 12000 元至 25000 元的部分 | 20 | 1410 |
| 4 | 超过 25000 元至 35000 元的部分 | 25 | 2660 |
| 5 | 超过 35000 元至 55000 元的部分 | 30 | 4410 |
| 6 | 超过 55000 元至 80000 元的部分 | 35 | 7160 |
| 7 | 超过 80000 元的部分 | 45 | 15160 |

图 4-90　个人所得税税率

因此，计算应纳税所得额可在 J3 单元格中输入公式"=IF((H3-I3-5000)>0，H3-I3-5000，0)"，按"Enter"键后完成应纳税所得额计算，将鼠标指针移动到单元格右下角填充句柄处，下拉完成公式填充。

（3）应交个人所得税

应交个人所得税 = 应纳税所得额 * 对应税率 – 对应速算扣除数。在 K3 单元格中输入公式"=ROUND(IF(J3=0，0，IF(J3<=3000，0.03*J3，IF(J3<=12000，0.1*J3-210，IF(J3<=25000，0.2*J3-1410，IF(J3<=35000，0.25*J3-2660，IF(J3<=55000，0.3*J3-4410，IF(J3<=80000，0.35*J3-

7160，0.45*J3-15160))))))），2)"，按 "Enter" 键后完成个人所得税计算，将鼠标指针移动到单元格右下角填充句柄处，下拉完成公式填充。

我们也可以通过 Max 函数实现应交个人所得税计算，在 L3 单元格中输入公式 "=MAX((J3*{0.03，0.1，0.2，0.25，0.3，0.35，0.45}-{0，210，1410，2660，4410，7160，15160})，0)"，按 "Enter" 键后完成个人所得税计算，将鼠标指针移动到单元格右下角填充句柄处，下拉完成公式填充。

不防思考一下，上述哪种方法更加简单？

（4）计算实发工资

实发工资=应付工资合计-扣除社保-应交个人所得税。选中 L3 单元格，输入 "=H3-I3-K3"，按 "Enter" 键后完成 "实发工资" 的计算。将鼠标指针移动到单元格右下角填充句柄处，下拉完成公式填充。

## 4.8.2　应用案例2——Excel 在学生基本信息管理中的应用

### 1. 解读身份证号码

编制新生名册时，新生身份证号码就是一项重要数据。根据 18 位身份证号码的意义，第 7～14 位数字代表持证人的出生年、月、日，第 17 位数字表示持证人的性别，奇数为男，偶数为女。我们可以通过有关函数，进行身份证号码有关信息的查询，不仅快速简便，而且不容易出错，核对时只需要对身份证号码进行检查，可以大大提高工作效率。以下操作基于学生基本信息表完成，如图 4-91 所示。

| | A | B | C | D | E | F | G | H |
|---|---|---|---|---|---|---|---|---|
| 1 | 学号 | 姓名 | 性别 | 民族 | 政治面貌 | 身份证号 | 出生年月 | 年龄 |
| 2 | 001 | 张三 | 男 | 汉族 | 中共党员 | | 19940216 | 19 |
| 3 | 002 | 李四 | 女 | 汉族 | 团员 | | 19921225 | 21 |
| 4 | 003 | 王五 | 男 | 回族 | 团员 | | 19981129 | 15 |
| 5 | 004 | 赵六 | 男 | 汉族 | 中共党员 | | 19920212 | 21 |
| 6 | 005 | 孙七 | 女 | 回族 | 团员 | | 19940321 | 19 |
| 7 | 006 | 周八 | 女 | 汉族 | 中共党员 | | 19961002 | 17 |
| 8 | | | | | | | | |
| 9 | | 男生人数： | | 3 | | | | |
| 10 | | 女生人数： | | 3 | | | | |
| 11 | | 团员人数： | | 3 | | | | |
| 12 | | 中共党员人数： | | 3 | | | | |
| 13 | | 少数民族人数： | | 2 | | | | |

图 4-91　学生基本信息表

### 2. 身份证号码中提取出生日期

从身份中号码中提取出生日期，可以利用 Mid 函数完成。该函数实现从文字指定位置开始提取指定长度的字符串。语法格式为 Mid(text，start_num，num_bytes)，在单元格 G2 输入公式 "=Mid(F2，7，8)" 即可在 F2 单元格的身份证号码中，从第 7 位开始截取 8 位数字，取出出生日期。将鼠标指针移动到单元格右下角填充句柄处，下拉完成其他出生日期的提取。

### 3. 计算学生年龄

在单元格 H2 输入公式 "=Year(Now())-Mid(F2，7，4)"。

该公式可以理解为：从当前日期 Now() 中取出年份，减去身份证号码中的出生年份。将鼠标指针移动到单元格右下角填充句柄处，下拉完成其他年龄的计算。

**4. 统计男女生人数**

在 Excel 2016 中，计算某个区域中满足给定条件的单元格数目可以通过 CountIF 函数完成，该函数的语法格式为"=CountIF(range, criteria)"。

统计男生人数，在单元格 D9 中输入公式"=CountIF(C2:C7, " 男 ")"。

统计女生人数，在单元格 D10 中输入公式"=CountIF(C2:C7, " 女 ")"。

**5. 统计党团员学生人数**

统计团员人数，在单元格 D11 中输入公式"=CountIF(E2:E7, " 团员 ")"。

统计中共党员人数，在单元格 D12 中输入公式"=CountIF(E2:E7, " 中共党员 ")"。

**6. 统计少数民族学生人数**

统计少数民族学生人数，在单元格 D13 中输入公式"=CountIF(D2:D7, "<> 汉族 ")"。

其中，"<>"表示不等于。

## 4.8.3　应用案例 3——Excel 在学生成绩管理中的应用

在学生信息管理中，经常需要对学生成绩进行数据处理，除简单的求和、求平均值外，我们还要了解以下公式及处理技巧。以下操作基于学生成绩表完成，如图 4-92 所示。

| | A | B | C | D | E | F | G | H |
|---|---|---|---|---|---|---|---|---|
| 1 | 学号 | 姓名 | 语文 | 数学 | 英语 | 总分 | 名次 | 不及格门次 |
| 2 | 001 | 张三 | 92 | 68 | 57 | 217 | 4 | 1 |
| 3 | 002 | 李四 | 87 | 69 | 80 | 236 | 2 | 0 |
| 4 | 003 | 王五 | 50 | 85 | 79 | 214 | 5 | 1 |
| 5 | 004 | 赵六 | 66 | 89 | 73 | 228 | 3 | 0 |
| 6 | 005 | 孙七 | 86 | 94 | 64 | 244 | 1 | 0 |
| 7 | 006 | 周八 | 81 | 57 | 71 | 209 | 6 | 1 |

图 4-92　学生成绩表

**1. 根据总分排名次**

Rank 函数返回某数字在一系列数字中相对于其他数值的大小排位。选中 G2 单元格，输入公式"=Rank(F2, $F$2:$F$7, 0)"。

按下"Enter"键后，张三同学总分的名次即排定，并填入 G2 单元格中。用填充句柄就可以将 G2 单元格中的公式复制到 G3:G7 单元格区域中，用于排定其他学生的名次。公式中 F2:F7 表示全体学生，在排名过程中比较范围不变，因此需要按下"F4"键将 F2:F7 转换为绝对引用 $F$2:$F$7。

**2. 各分数段学生人数的统计**

要分别统计每门课程各分数段学生的人数，可以通过 CountIF 函数实现。以语文成绩为例，分别选中 C9 和 C13 单元格，输入公式"=CountIF(C2:C7, ">=90")""=CountIF(C2:C7, "<60")"。

统计出了大于等于 90 分和低于 60 分的学生人数，其他各分数段学生人数如何统计呢？我们可以用差值实现。分别选中 C10、C11、C12 单元格，依次输入公式"=CountIF(C2:C7, ">=80")−CountIF(C2:C7, ">=90")""=CountIF(C2:C7, ">=70")−CountIF(C2:C7, ">=80")""=CountIF(C2:C7, ">=60")−CountIF(C2:C7, ">=70")"。

应用公式统计出该学科其他各分数段的学生人数。

### 3. 统计学生不及格门次

要获得一个学生不及格的门次，只要统计该生成绩小于 60 分的单元格数即可，因此，可在 H2 单元格中输入公式 "=CountIF(C2:E2，"<60")"。

将鼠标指针移动到单元格右下角填充句柄处，下拉完成其他同学的科目统计。

### 4. 用条件格式将成绩分类显示

单击"开始"→"样式"→"条件格式"下拉按钮，弹出"条件格式"下拉列表，单击"突出显示单元格规则"可设置成绩分类显示。例如，可以设置条件大于"90"，设置为红色文本；设置条件小于"60"，设置为自定义格式 −25% 灰度填充。

### 5. 实现自定义数据的快速排序

在 Excel 2016 中排序，通常情况有按字母或按笔画进行排序，但在实际应用中，往往要求按特定的顺序进行排序，如职称中的教授、副教授、讲师、助教顺序。根据特定要求，需要按职称由高到低进行排序。

完成此功能，首先需要自定义序列，单击"工具"菜单中的"选项"子菜单，在弹出的选项对话框中添加"教授、副教授、讲师、助教"顺序的自定义序列；其次，在排序时，单击"工具"菜单中的"排序"子菜单，在排序对话框中单击"选项"按钮，打开自定义排序对话框，选择设置好的自定义序列；最后，单击"确定"按钮，即可完成自定义数据的快速排序功能。

# 习　题

1. 某公司拟对其产品季度销售情况进行统计，打开素材库中的"素材 1.xlsx"文件，按下面的要求进行操作，并把操作结果存盘。具体要求如下。

（1）分别在"一季度销售情况表""二季度销售情况"工作表内，计算"一季度销售额"列和"二季度销售额"列内容，结果格式均为数值型，保留小数点后 0 位。

（2）在"产品销售汇总图表"内，计算"一二季度销售总量"和"一二季度销售总额"列内容，结果为数值型，保留小数点后 0 位；在不改变原有数据顺序的情况下，按一二季度销售总额给出销售额排名。

（3）选择"产品销售汇总图表"内 A1：E21 单元格区域的内容，建立数据透视表，"行"为产品型号，"列"为产品类别代码，求和计算一二季度销售额的总计，将表置于现工作表 G1 为起点的单元格区域内。

2. 国家统计局每 10 年进行一次全国人口普查，以掌握全国人口的增长速度及规模。按照下列要求完成对第五次、第六次人口普查数据的统计分析。

（1）新建一个空白 Excel 文档，将工作表"Sheet1"更名为"第五次普查数据"，将"Sheet2"更名为"第六次普查数据"，将该文档以"全国人口普查数据分析 .xlsx"为文件名进行保存。

（2）浏览网页"第五次全国人口普查公报 .htm"，将其中的"2000 年第五次全国人口普查主要数据"表格导入工作表"第五次普查数据"中；浏览网页"第六次全国人口普查公报 .htm"，将其中的"2010 年第六次全国人口普查主要数据"表格导入工作表"第六次普查数据"中（要求均从 A1 单元格开始导入，不得对两个工作表中的数据进行排序）。

（3）对两个工作表中的数据区域套用合适的表格样式，要求至少四周有边框、且偶数行有底纹，并将所有人口数列的数字格式设为带千分位分隔符的整数。

（4）将两个工作表内容合并，合并后的工作表放置在新工作表"比较数据"中（自 A1 单元格开始），且保持最左列仍为地区名称、A1 单元格中的列标题为"地区"，对合并后的工作表适当的调整行高列宽、字体字号、边框底纹等，使其便于阅读。以"地区"为关键字对工作表"比较数据"进行升序排列。

（5）在合并后的工作表"比较数据"中的数据区域最右边依次增加"人口增长数"和"比重变化"两列，计算这两列的值，并设置合适的格式。其中，人口增长数 =2010 年人口数 −2000 年人口数，比重变化 =2010 年比重 −2000 年比重。

（6）打开工作簿"统计指标 .xlsx"，将工作表"统计数据"插入正在编辑的文档"全国人口普查数据分析 .xlsx"的工作表"比较数据"的右侧。

（7）在工作簿"全国人口普查数据分析 .xlsx"的工作表"比较数据"中的相应单元格内填入统计结果。

（8）基于工作表"比较数据"创建一个数据透视表，将其单独存放在一个名为"透视分析"的工作表中。透视表中要求筛选出 2010 年人口数超过 5000 万的地区及其人口数、2010 年各地区人口数所占比重、各地区人口增长数，并按人口数从多到少排序。最后适当调整透视表中的数字格式。（提示："行"为"地区"，数值项依次为 2010 年人口数、2010 年比重、人口增长数。）

3. 小林是北京某师范大学财务处的会计，计算机系计算机基础教研室提交了该教研室 2012 年的课程授课情况，希望财务处尽快核算并发放他们室的课时费。请根据考生文件夹下"素材 3.xlsx"中的各种情况，帮助小林核算出计算机基础教研室 2012 年度每个教员的课时费情况。具体要求如下。

（1）将文件"素材 3.xlsx"另存为名为"课时费 .xlsx"的文件，后面的所有操作基于此新保存好的文件。

（2）将"课时费统计表"工作表标签颜色更改为红色，将第一行根据表格情况合并为一个单元格，并设置合适的字体、字号，使其成为该工作表的标题。对 A2：I22 单元格区域套用合适的中等深浅的、带标题行的表格格式。前 6 列对齐方式设为居中；其余与数值和金额有关的列，标题为居中，值为右对齐，学时数为整数，金额为货币样式并保留 2 位小数。

（3）"课时费统计表"中的 F 至 I 列中的空白内容必须采用公式的方式计算结果。根据"教师基本信息"工作表和"课时费标准"工作表计算"职称"和"课时标准"列的内容，根据"授课信息表"和"课程基本信息"工作表计算"学时数"列的内容，最后完成"课时费"列的计算。（提示：对"授课信息表"中的数据按姓名排序后增加"学时数"列，并通过 VLOOKUP 查询"课程基本信息"表获得相应的值。）

（4）为"课时费统计表"创建一个数据透视表，保存在新的工作表中。其中报表筛选条件为"年度"，"列"为"教研室"，"行"为"职称"，求和项为"课时费"。并在该透视表下方的 A12：F24 单元格区域内插入一个饼图，显示计算机基础教研室课时费对职称的分布情况。并将该工作表命名为"数据透视图"，工作表标签颜色为蓝色。

（5）保存"课时费 .xlsx"文件。

# 第5章
# PowerPoint 2016 演示文稿软件

主要知识点

- Powe=rPoint 2016 的应用界面使用和基本功能。
- 演示文稿的基本操作。
- 演示文稿的视图模式和使用。
- 幻灯片中图形、SmartArt 图形、艺术字、表格、图表、音频、视频等对象的插入与编辑。
- 演示文稿中幻灯片的主题设置、背景设置、母版制作和使用。
- 幻灯片中对象动画、幻灯片切换效果、链接操作等交互设置。
- 幻灯片放映设置，演示文稿的打包和输出。
- 分析图文素材，并根据需求提取相关信息引用到 PowerPoint 文档中。

## 5.1  PowerPoint 2016 简介

### 5.1.1  PowerPoint 2016 基本功能

PowerPoint 是集文字、图形、图像、动画、声音以及视频剪辑等多媒体于一体的演示文稿设计制作软件。

PowerPoint 的特点是入门简单、制作效果各不相同，创新该软件的教学方法可以更好地提高学生的学习兴趣。教学中可重点培养学生的创新思维能力，渗透计算思维，鼓励学生各自发挥特长，针对同一主题进行设计，在竞争中互相学习，教师在辅导过程中帮助学生完成相关知识的建构。

使用 PowerPoint 创建的文件称为演示文稿，文件扩展名为".pptx"。演示文稿由若干张幻灯片组成。制作一个演示文稿的过程实际上就是制作一张张幻灯片的过程，故幻灯片是演示文稿的核心部分。一个小的演示文稿由几张幻灯片组成，而一个大的演示文稿由几百张甚至更多幻灯片组成。演示文稿中的幻灯片大小统一、风格匹配、元素多样，可以通过页面设置和母版的来设计。幻灯片一般由编号、标题、占位符、文本、图片、动画、声音、表格等元素组成。

## 5.1.2　PowerPoint 2016 应用界面

PowerPoint 2016 的工作界面由标题栏、快速访问工具栏、大纲窗格、幻灯片编辑窗格、任务窗格、备注窗格、功能区和菜单栏等组成，如图 5-1 所示。

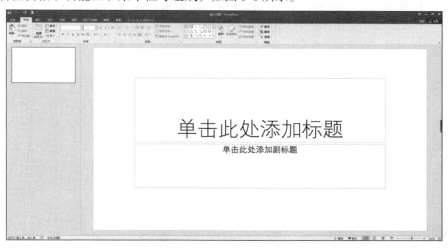

图 5-1　PowerPoint 的工作界面

窗口的组成与 Office 的其他软件相似，功能区的选项卡有"文件""开始""插入""设计""切换""动画""幻灯片放映""审阅""视图"等。每一个选项卡中又有多个组，每个组中有相应的命令按钮，使用时只要单击相应按钮就可以执行。中间工作区域分大纲窗格、幻灯片窗格、任务窗格和备注窗格，最下面是状态栏。幻灯片中带有虚线或阴影线边缘的框称作占位符，虚线框内往往有"单击此处添加标题"之类的提示语，单击之后，提示语会自动消失。我们在创建自己的模板时，占位符就显得非常重要，它能起到规划幻灯片结构的作用。绝大部分幻灯片版式中都有占位符，如果没有占位符可以插入文本框，在占位符或者文本框内可以放置标题、正文、图表、表格和图片等对象。

## 5.1.3　PowerPoint 2016 视图方式

视图是 PowerPoint 文档在电脑屏幕中的显示方式，便于用户以不同的方式查看或编辑自己设计的幻灯片内容或效果。PowerPoint 2016 提供了普通视图、大纲视图、幻灯片浏览视图、备注页视图、阅读视图等 5 种视图。

单击"视图"选项卡，在"演示文稿视图"组中就可以看到 5 种视图方式，如图 5-2 所示。

图 5-2　演示文稿视图

### 1. 普通视图

在该视图下，能完成的功能有输入、查看幻灯片的主题、小标题以及备注，并且可以移动幻灯片图像位置或是改变备注页方框的大小，如图 5-3 所示。

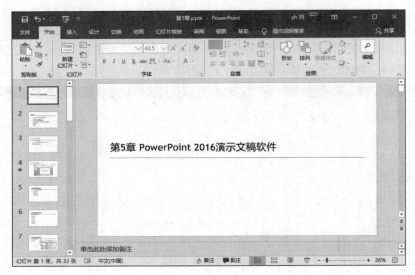

图 5-3　普通视图

### 2. 大纲视图

在该视图下，大纲窗格中显示每张幻灯片的标题和副标题，通过点击选择幻灯片图标，可以对所选择的幻灯片在大纲窗格中进行文字的添加、更改、删除等编辑操作，如图 5-4 所示。

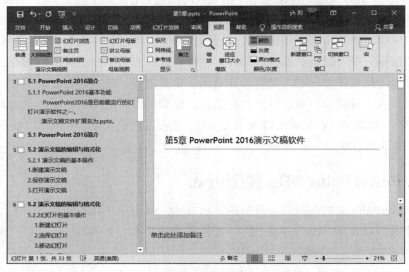

图 5-4　大纲视图

### 3. 幻灯片浏览视图

在该视图下，能同时显示多张幻灯片，可以添加、删除、复制和移动幻灯片，如图 5-5 所示。

### 4. 备注页视图

在该视图下，可以输入演讲者的备注，其中，幻灯片下方带有备注页方框，可以通过单击方框来输入备注文字，也可以在普通视图中输入备注文字。

### 5. 阅读视图

在该视图下，进入幻灯片播放模式，可以实现幻灯片切换及复制等功能，但无法实现白屏、黑屏切换及指针选项的编辑功能。

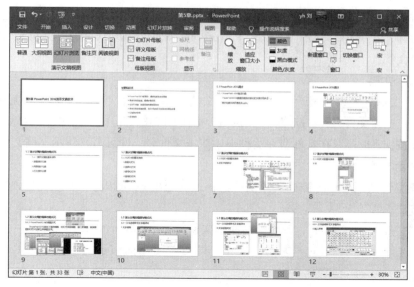

图 5-5　幻灯片浏览视图

# 5.2　演示文稿的创建与修饰

## 5.2.1　演示文稿的基本操作

本知识点常考题型如下。

①依据考生文件夹下的文件"文本内容 .docx"中的文字创建共包含 14 张幻灯片的演示文稿，将其保存为"PPT.pptx"（".pptx"为扩展名），后续操作均基于此文件，否则不得分。

②在考生文件夹下新建一个空白演示文稿，将其命名为"PPT.pptx"（".pptx"为文件扩展名），之后所有的操作均基于此文件，否则不得分。

③将演示文稿保存为"福星一号 .pptx"。

在 PowerPoint 2016 中，用户创建的幻灯片都将保存在演示文稿中，因此，用户首先应该了解和熟悉演示文稿的基本操作。

### 1. 新建演示文稿

启动 PowerPoint 2016 应用程序后，系统自动新建了一个空白演示文稿，除此之外新建演示文稿主要有以下几种方式。

①单击"文件"→"新建"→"空白演示文稿"，可创建一个空白演示文稿，也可以在"搜索联机模板和主题"搜索栏中输入"邀请函""贺卡"等主题关键字进行搜索，在搜索结果中选择需要的主题模板，单击"创建"建立主题模板。

②打开某个文件夹，在空白区域右击，在弹出的快捷菜单中选择"新建"→"Microsoft PowerPoint 演示文稿"命令，即可创建演示文稿。

### 2. 保存演示文稿

当所有内容编辑结束时，单击"文件"→"保存"/"另存为"，选择保存位置，单击"保存"

后，无保存对话框，单击"另存为"后，需单击"浏览"、弹出"另存为"对话框，在"文件名"中输入文件名称，在"保存类型"中选择"PowerPoint 演示文稿（*.pptx）"，并单击"保存"按钮，即可保存演示文稿。

### 3. 打开演示文稿

对已经以".pptx"文件类型保存后的演示文稿，如果要再次查看或编辑，就要打开演示文稿文件。可以点击"文件"→"打开"→"浏览"按钮，打开"打开"对话框，选择要打开的文件，单击"打开"按钮；也可以在文件所在文件夹中双击文件名，即可打开演示文稿文件。

### 4. 关闭演示文稿

当查看或编辑结束时后，需要关闭演示文稿，并退出 PowerPoint 2016 软件，关闭演示文稿有以下几种方法。

①单击"文件"→"关闭"，关闭当前演示文稿并退出 PowerPoint 2016 软件。

②单击文档窗口右上角的"关闭"按钮，即可关闭当前演示文稿并退出 PowerPoint 2016 软件。

③按下"Ctrl+F4"组合键或"Ctrl+W"组合键，即可关闭当前文档窗口。并未退出 PowerPoint 2016 软件。

演示文稿关闭前如果未保存，在关闭或退出软件时会自动弹出保存对话框，可以根据提示先保存再关闭。

### 5. 检查文档

单击"文件"→"信息"→"检查问题"，在弹出的下拉列表中选择"检查文档"，如图 5-6 所示。

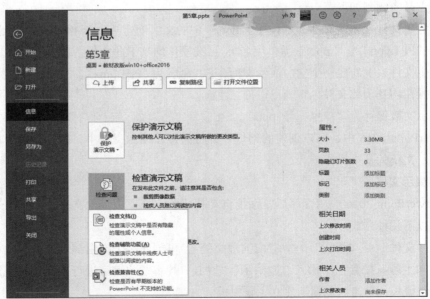

图 5-6　检查文档

弹出"文档检查器"对话框，选中相应复选框，单击"检查"按钮，如图 5-7 所示。

检查结束后，在审阅检查结果中单击检查结果右侧的"全部删除"即可删除对应的检查结果，如图 5-8 所示。如全部删除"文档属性和个人信息""演示文稿备注"等。

<table>
<tr><td>图 5-7 "文档检查器"对话框</td><td>图 5-8 审阅检查结果</td></tr>
</table>

## 5.2.2　幻灯片的基本操作

本知识点常考题型如下。

①新建名为"世界动物日 1"的自定义版式，在该版式中插入"图片 2.jpg"，并对齐幻灯片左侧边缘；调整标题占位符的宽度为 17.6 厘米，将其置于图片右侧；在标题占位符下方插入内容占位符，宽度为 17.6 厘米，高度为 9.5 厘米，并与标题占位符左对齐。

②将第一张幻灯片版式设为"竖排标题与文本"，将第二张幻灯片版式设为"标题和竖排文字"，第四张幻灯片设为"比较"。

③在最下面增加一个名为"标题和 SmartArt 图形"的新版式，并在标题框下添加 SmartArt 占位符。

④演示文稿中需包含 6 页幻灯片，每页幻灯片的内容与"ppt 素材及设计要求 .docx"文件中的序号内容相对应，并为演示文稿选择一种内置主题。

⑤将第一张幻灯片的版式设为"节标题"，并在第一张幻灯片中插入一幅人物剪贴画。

⑥将演示文稿按要求分为 3 节，分别为每节应用不同的设计主题和幻灯片切换方式。

在 PowerPoint 2016 中，所有的文本、动画、图片等数据都要在幻灯片中做处理，而幻灯片则包含在演示文稿中。学习了演示文稿的基本操作后，下面就来学习幻灯片的基本操作。

### 1. 新建幻灯片

单击"开始"→"幻灯片"→"新建幻灯片"下拉按钮，在下拉列表中选择预设的幻灯片版式，这时将在当前幻灯片后面插入一张新幻灯片。

### 2. 更改幻灯片版式

单击"开始"→"幻灯片"→"版式"下拉按钮，在下拉列表中选择符合要求的版式对当前幻灯片的版式进行更换，如图 5-9 所示。

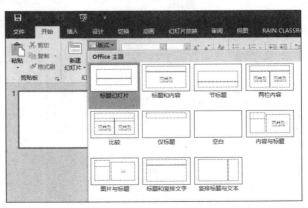

图 5-9　更换幻灯片版式

**3. 重用幻灯片**

单击"新建幻灯片"下拉按钮展开下拉列表，选择"重用幻灯片"选项，在"重用幻灯片"窗格中单击"浏览"按钮，从"浏览幻灯片库"或"浏览文件"中选取另一个演示文稿，单击列表中的幻灯片，就可以将源幻灯片插入当前幻灯片的后面。

**4. 选择幻灯片**

在"幻灯片浏览"视图或幻灯片窗格中，将鼠标指针指向需要选择的幻灯片，单击鼠标左键，即可选中单张幻灯片；按住"Ctrl"键，单击需要选择的幻灯片，即可选择多张不连续的幻灯片；选中单张幻灯片，按住"Shift"键，再单击选中另一张幻灯片，即可选择两次单击之间的多张连续幻灯片。

**5. 移动幻灯片**

选择要移动的单张或多张幻灯片，单击"开始"→"剪贴板"→"剪切"选项，再将光标定位在目标位置，单击"开始"→"剪贴板"→"粘贴"按钮；或按住鼠标左键直接拖动幻灯片到目标位置，释放鼠标左键，则原来的幻灯片将被移动到新的位置；或用"Ctrl+X"组合键剪切，用"Ctrl+V"组合键粘贴，也可实现幻灯片的移动。

**6. 复制幻灯片**

选择需要复制的幻灯片，单击"开始"→"剪贴板"→"复制"按钮，再将光标定位在目标位置，单击"开始"→"剪贴板"→"粘贴"按钮；或在先按住鼠标左键，再按下"Ctrl"键拖动幻灯片到目标位置，释放鼠标左键，则原来的幻灯片将被复制到新的位置；或用"Ctrl+C"组合键复制，用"Ctrl+V"组合键粘贴，也可实现幻灯片的复制。

**7. 删除幻灯片**

在编辑幻灯片的过程中，当出现不再需要的幻灯片时，则需要将其删除。选择要删除的幻灯片，直接按下"Delete"或"Backspace"键删除；或选择要删除的幻灯片，右击，在弹出的快捷菜单中选择"删除幻灯片"命令。

**8. 幻灯片的拆分**

选择需拆分的幻灯片，切换至"大纲"视图，在大纲视图中将光标插入需拆分内容的前面，按"Enter"键；然后右击，在弹出的快捷菜单中选择"升级"命令提高列表级别，点击次数由列表级别决定，直到升级为标题级别，如图 5-10 所示。

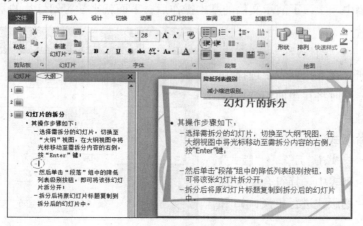

图 5-10　幻灯片的拆分

**9. 节**

类似于 Word 2016 中的"节"操作，演示文稿也可以划分成若干个小节来管理。"节"的相关操作方法如下。

（1）新增"节"

在左侧幻灯片窗格中，将光标定位在要插入节的幻灯片前，选择"开始"→"幻灯片"→"节"→"新增节"选项，即可新增"无标题节"；或将光标定位在要插入节的幻灯片前，右击，在弹出的快捷菜单中选择"新增节"命令。

（2）重命名"节"

选择"开始"→"幻灯片"→"节"→"重命名节"选项，修改节名称；或将鼠标指针指向"无标题节"，右击，在弹出的快捷菜单中选择"重命名节"命令，修改节名称，如图 5-11 所示。

（3）删除"节"

选"开始"→"幻灯片"→"节"→"删除节"选项，即可删除节；或将鼠标指针指向"无标题节"，右击，在弹出的快捷菜单中，进行"删除节""删除节和幻灯片""删除所有节"等操作。

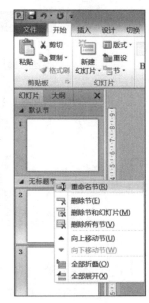

图 5-11　重命名节

（4）其他"节"操作

选择节标题，可以给每一节设置不同的设计主题和幻灯片切换方式等。

## 5.2.3　文本的编辑与文本格式化

本知识点常考题型如下。

①将第 3 张幻灯片中的文本转换为字号为 60、字符间距加宽至 20 磅的"填充－橙色，着色 2，轮廓-着色 2"样式的艺术字，文本效果转换为"棱台－柔圆"，且位于幻灯片的正中间。

②参考样例文件效果，调整第 5 和 6 张幻灯片标题下文本的段落间距，并添加或取消相应的项目符号。

③为演示文稿插入幻灯片编号，编号从 1 开始，标题幻灯片中不显示编号。

④除标题幻灯片外，将其他幻灯片的标题文本字体全部设置为微软雅黑、加粗；标题以外的内容文本字体全部设置为幼圆。

⑤设置标题幻灯片中的标题文本字体为方正姚体，字号为 60（并应用"蓝色，个性色 5，深色 50%"的文本轮廓）；在副标题占位符中输入"过程和影响"文本，适当调整其字体、字号和对齐方式。

⑥除标题幻灯片外，其他幻灯片的页脚显示幻灯片编号。

**1. 文本的编辑**

在一个演示文稿文件中，大部分内容是需要用文本来表达的，所以就要在演示文稿中输入文本内容。

（1）输入文字

打开 PowerPoint 2016 后，将自动新建一个空白演示文稿，在幻灯片中有预设的占位符，占位符在幻灯片中起到了规划幻灯片结构的作用。用鼠标单击占位符，即可看到插入的光标，可以在插入光标处输入文字。用同样的方式可以完成所有占位符中文字的输入，如图 5-12 所示。

图 5-12　输入文字

（2）插入符号

将光标定位在插入符号的目标位置，单击"插入"→"符号"按钮，打开"符号"对话框，在"字体"下拉列表中选择插入符号的字体样式，在"子集"下拉列表中选择插入符号的类型，然后在符号列表中选择需要的符号，再单击"插入"按钮，既可将该符号插入指定的位置，完成后单击"关闭"按钮关闭此对话框，如图 5-13 所示。

（3）输入公式

打开 PowerPoint 2016 后，将光标定位在插入公式的目标位置，单击"插入"→"公式"按钮，可以进入公式编辑状态，单击"公式"下拉按钮可以选择预设的几种公式，如图 5-14 所示。

（4）编辑文本

编辑文本时主要操作有移动、复制、删除、粘贴，对于一篇较长的文稿，还会用到快速查找或替换功能。具体操作步骤如下。

①选择需要移动的文本，单击"开始"→"剪贴板"→"剪切"按钮，确定新的位置，再单击"开始"→"剪贴板"→"粘贴"按钮，即可实现文本的移动；或者按住鼠标左键直接拖动文本到需要的位置，释放鼠标左键，也可以移动文本到新的位置；或者用"Ctrl+X"组合键剪切，用"Ctrl+V"组合键粘贴，以实现文本的移动。

②选择需要复制的文本，单击"开始"→"剪贴板"→"复制"按钮，确定新的位置，再单击"开始"→"剪贴板"→"粘贴"按钮；或者右击，在弹出的

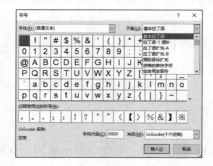

图 5-13　插入符号

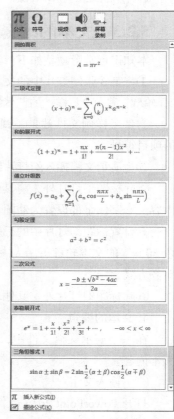

图 5-14　输入公式

快捷菜单中选择"粘贴"命令；也可以用"Ctrl+C"组合键复制，用"Ctrl+V"组合键粘贴，以实现文本的复制。

③选择需要删除的文本，按"Delete"键或者按"Backspace"键，都可以删除已选择的文本。

④查找文本时，单击"开始"→"编辑"→"查找"按钮，打开"查找"对话框，在"查找内容"输入框中输入要查找的内容，单击"查找下一个"按钮，在演示文稿中将依次找到和所输入内容相同的内容；替换文本时，单击"开始"→"编辑"→"替换"按钮，打开"替换"对话框，在"查找内容"输入框中先输入要查找的内容，再在"替换为"输入框中输入准备替换为的内容，单击"替换"或"全部替换"按钮，即可实现一个或批量的文本替换。如将"PowerPoint"替换为"演示文稿"，如图 5-15 所示。

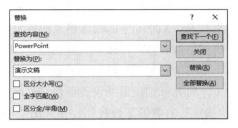

图 5-15　"替换"对话框

**2. 文本的格式化**

在演示文稿中，输入文字内容后，需要对文字进行字体格式、段落格式等格式的设置。

（1）设置字体格式

在演示文稿中选择需要设置字体格式的文本，单击"开始"选项卡，在"字体"组可以直接单击相应按钮以设置字体格式；也可以打开"字体"对话框，进行字体、字号、字体颜色以及字符间距等格式的设置，如图 5-16 所示。

（2）设置字体效果

除了设置基本的字体格式外，还可以设置字体的

图 5-16　"字体"对话框

艺术效果以美化演示文稿，特别是在演示文稿文字中，应适当为文字添加艺术效果，可以通过单击"插入"→"文本"→"艺术字"按钮来插入艺术字。

在演示文稿中选择需要设置艺术效果的文字，单击"绘图工具 - 格式"→"艺术字样式"组，即可设置形状格式，如图 5-17 所示。

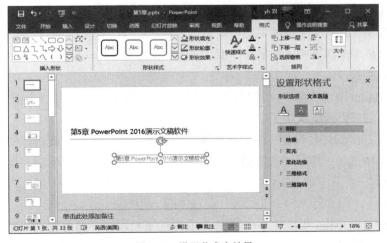

图 5-17　设置艺术字效果

（3）更改字体方向

将光标定位到需要更改字体方向的占位符中，单击"开始"→"段落"→"文字方向"按钮，在弹出的下拉列表中选择文字方向样式。如选择"竖排"，文字将以竖排方式排列，在工作区中可以看更改字体方向后的效果。

（4）设置段落格式

PowerPoint 2016 的段落格式包括对齐方式、段落缩进、段落间距、行距、制表位等，其效果和 Word 2016 中的段落格式的效果一样，可单击"开始"选项卡，在"段落"组中直接单击相应按钮或者打开"段落"对话框，设置段落格式，如图 5-18 所示。

（5）设置项目符号和编号

将光标定位需要设置项目符号或编号的段落中，单击"开始"→"段落"→"项目符号"或"编号"右侧的下拉按钮，在弹出的下拉列表中选择项目符号样式或编号样式，也可以选择"项目符号和编号"选项，打开"项目符号和编号"对话框设置项目符号或编号，如图 5-19 所示。

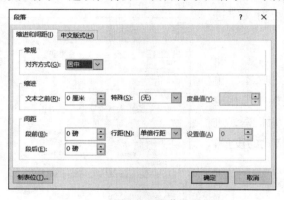

图 5-18　段落设置

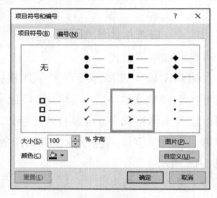

图 5-19　"项目符号和编号"对话框

## 5.2.4　设置主题

本知识点常考题型如下。

①为演示文稿"PPT.pptx"应用新建的设计主题"环保"。

②使用"水滴"演示文稿设计主题修饰全文。

③为演示文稿应用一个美观的主题样式。

④将演示文稿中的所有中文文字字体由"宋体"替换为"微软雅黑"。

### 1. 使用默认主题

打开 PowerPoint 演示文稿，文档将自动新建一个空白页面的幻灯片，单击"设计"选项卡，在"主题"组中就可以预览默认主题。

如果要为某一张幻灯片设置主题，可以选择该张幻灯片，然后在要选择的主题上右击，在弹出的快捷菜单中选择"应用于选定幻灯片"命令，这时将只对选定的幻灯片应用选定的主题，如图 5-20 所示。

### 2. 设置主题

设置主题颜色，单击"设计"→"变体"右侧的下拉按钮，即可看到"颜色""字体""效果""背景样式"等主题设置选项，如图 5-21 所示。

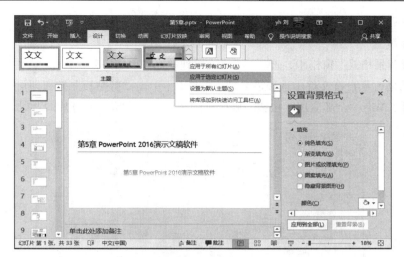

图 5-20 使用默认主题

图 5-21 设置主题

选择"颜色"选项，可为主题选择不同的配色方案；选择"字体"选项，可为主题选择不同的字体效果；选择"效果"选项，可为主题选择不同的主题效果；选择"背景样式"选项，可为主题选择不同的背景样式。

## 5.2.5 设置背景

本知识点常考题型如下。

①）将考生文件夹下的图片"Background.jpg"作为"标题幻灯片"版式的背景，透明度设为 65%。

②设置除标题幻灯片外其他版式的幻灯片的背景为渐变填充"浅色渐变 – 个性色 1"；插入图片"Pic.jpg"，设置该图片背景色透明，并令其对齐幻灯片的右侧和下部，不要遮挡其他内容。

③使用"图片 1.jpg"作为标题幻灯片版式的背景。

单击"设计"→"变体"右侧的下拉按钮，选择"背景样式"选项，在弹出的下拉列表中可以选择默认的背景样式。

单击"设置背景格式"按钮，打开"设置背景格式"窗格，即可设置背景样式的填充方式、颜色及透明度，如图 5-22 所示。

（1）纹理填充

在"设置背景格式"窗格中，选中"图片或纹理填充"单选按钮，单击"纹理"下拉按钮，在弹出的纹理列表中选择需要的纹理。

（2）图片填充

在"设置背景格式"窗格中，选中"图片或纹理填充"单选按钮，单击"文件"按钮打开"插入图片"对话框，从自有文件中选择需要插入的图片；单击"剪贴板"按钮即可插入已复制到剪贴板中的图片；单击"全部应用"按钮，则所选图片即可成为所有幻灯片的背景。

图 5-22　设置背景格式

## 5.2.6　幻灯片母版

本知识点常考题型如下。

①通过幻灯片母版为每张幻灯片增加利用艺术字制作的水印效果，水印文字中应包含"员工守则"字样，并旋转一定的角度。

②将默认的"Office 主题"幻灯片母版重命名为"中国梦母版 1"，并将图片"母版背景图片 1.jpg"作为其背景。为第 1 张幻灯片应用"中国梦母版 1"的"空白"版式。

③创建一个名为"环境保护"的幻灯片母版，对该幻灯片母版进行指定的设计。

幻灯片母版是设计模板存储模板信息的一个元素，这些模板信息包括字形、占位符大小和位置、背景设计和配色方案。

打开母版视图，可更改幻灯片母版。母版包括了背景以及所有的格式设置，如果把这个母版应用于幻灯片，不仅是背景，而且所有的文字格式等都按照母版的设置应用于该幻灯片。应用于所有幻灯片意味着每张幻灯片都有母版中的背景和所有格式，从而统一了整个演示文稿的格式。

### 1. 添加母版和版式

打开一个演示文稿，单击"视图"→"母板视图"→"幻灯片母版"按钮，将切换到"幻灯片母版"视图，单击"幻灯片母版"→"编辑母版"→"插入幻灯片母版"按钮，可以在左侧的幻灯片窗格中插入一个与现有母版相同的新幻灯片母版。

### 2. 复制、删除母版或版式

在母版视图中选择左侧的幻灯片窗格中需要复制的母版或版式，右击，在弹出的快捷菜单中选择"复制"或"复制版式"命令，再进行粘贴即可在列表中复制一模一样的模板或版式。

对于不需要的母版，选中并右击，在弹出的快捷菜单中选择"删除版式"命令，即可删除该母版。

### 3. 编辑母版内容

添加母版或版式后，可以在其中编辑内容，包括添加占位符、编辑母版主题、设置背景样式和设置页面格式等。选择母版，然后选择"幻灯片母版"选项卡，在其中可以设置各种内容和格式。

### 4. 使用模板

打开需要保存为模板的演示文稿，单击"文件"→"另存为"→"浏览"按钮，在"另存为"对话框中选择保存类型为"PowerPoint 模板"选项，在"文件名"文本框中输入模板名称，单击"保存"按钮，即可保存该模板。

在下次需要使用该模板时，单击"文件"→"新建"命令，单击"个人"，即可看到刚刚保存的模板，选择其中的模板即可。

# 5.3　插入多媒体对象

为了更加生动地说明演示文稿中的数据，可以在演示文稿中插入图形、图片、表格、图表、符号及视频、音频等多媒体。插入这些内容后还可以对其进行格式设置，使演示文稿更加美观大方，演示效果更加吸引人。

## 5.3.1　插入图形

本知识点常考题型如下。

①利用相册功能为考生文件夹下的"Image2.jpg"～"Image9.jpg"8 张图片"新建相册"，要求每页幻灯片有 4 张图片，图片样式为"居中矩形阴影"；将标题"相册"更改为"六、图片欣赏"。将相册中的所有幻灯片复制到"天河二号超级计算机 .pptx"中。

②在第 4 张幻灯片的右侧，插入考生文件夹下名为"图片 2.jpg"的图片，并应用"圆形对角，白色"的图片样式。

③在第 7 张幻灯片中，插入考生文件夹下的"图片 6.jpg""图片 7.jpg""图片 8.jpg"，参考示例文件，为其添加适当的图片效果并进行排列，使他们顶端对齐，图片之间的水平间距相等，左右两张图片到幻灯片两侧边缘的距离相等；在幻灯片右上角插入考生文件夹下的"图片 9.gif"，并将其顺时针旋转 300 度。

④在第 3 张幻灯片右侧的图片占位符中插入图片"图片 3.jpg"；对左侧的文字内容和右侧的图片添加"淡出"进入动画效果，并设置在放映时左侧文字内容首先自动出现，在该动画播放完毕且延迟 1 秒后，右侧图片再自动出现。

### 1. 插入形状

打开演示文稿，选中准备插入图形的幻灯片，单击"插入"→"插图"→"形状"按钮，在弹出的列表中可以预览各种图形样式。选择一种图形，在幻灯片中按住鼠标左键拖动即可绘制出所需的图形，如图 5-23 所示。

### 2. 插入图片

打开演示文稿，选中需要插入图片的幻灯片，单击"插入"→"图像"→"图片"按钮，弹出"插入图片"对话框，选择预先存储在磁盘中的图片，单击"插入"按钮，即可将选择的图片插入幻灯片中，如图 5-24 所示。

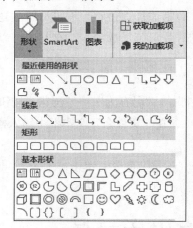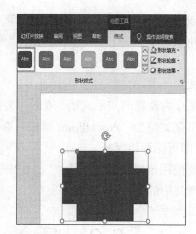

图 5-23　插入图形

图 5-24　插入图片

在幻灯片中插入一张图片后，选择该图片，单击"图片工具－格式"选项卡，在"调整"组中可以设置图片的艺术效果、更换图片、压缩图片、重设图片；在"图片样式"组中，可以为图片加边框、改变图片效果和设置图片版式；在"大小"组中，可以直接输入调整图片大小的数值，再按下"Enter"键确认图片按比例缩放。

## 5.3.2　插入 SmartArt 图形

本知识点常考题型如下。

①为了布局美观，将第 2 张幻灯片中的内容区域文字转换为"基本维恩图"SmartArt 布局，更改 SmartArt 图形的颜色，并设置该 SmartArt 图形样式为"强烈效果"。

②对第 2 页使用 SmartArt 图形。

③根据第 5 张幻灯片左侧的文字内容创建一个组织结构图，结果应类似"Word 样例文件 -组织结构图样例 .docx"中所示，并为该组织结构图添加"轮子"动画效果。

④将第 2 张幻灯片中标题下的文字转换为 SmartArt 图形，布局为"垂直曲形列表"，并应用"白色轮廓"的样式，字体为"幼圆"。

SmartArt 图形是信息和观点的视觉表达形式，PowerPoint 2016 提供了多种不同的 SmartArt 布局，从而可以帮助用户快速、轻松、有效地创建 SmartArt 图形。

创建 SmartArt 图形时，系统将提示用户选择一种 SmartArt 图形类型，PowerPoint 2016 内置的 SmartArt 图形包含列表图、流程图、循环图、层次结构图、关系图、矩阵图、棱锥图和图片等，而且每种类型包含几个不同的布局。插入 SmartArt 图形的具体操作步骤如下。

### 1. 创建 SmartArt 图形

选择要插入 SmartArt 图形的幻灯片，单击"插入"→"插图"→"SmartArt"按钮，打开"选择 SmartArt 图形"对话框，如图 5-25 所示，共有 8 个类别，先选择一种与幻灯片文本内容的格式相对应的 SmartArt 图形类型，再根据布局的说明信息选择该类型的一种布局。

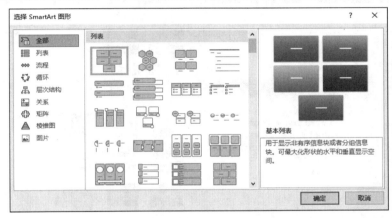

图 5-25　选择 SmartArt 图形

### 2. 在 SmartArt 图形中输入文本内容

当 SmartArt 图形插入幻灯片后，如图 5-26 所示。单击 SmartArt 图形框左侧的箭头，弹出"在此处键入文字"文本窗格，开始键入内容，左边键入的文字会在右边相应的 SmartArt 组件中显示出来。按键盘上的"↓"键可移动到下一项进行编辑，使用其他方向键也可以在文本输入框中进行相应的移动；也可以直接在 SmartArt 组件内单击"文本"输入文字，而不使用文本窗格。

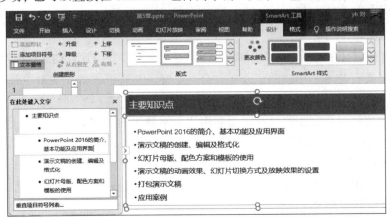

图 5-26　输入文本

### 3. 设置 SmartArt 图形的格式

在 PowerPoint 2016 中，用户除了可以针对 SmartArt 图形进行整体的样式设置外，还可以分别针对形状和文本设置格式。用户可选择已经插入幻灯片的 SmartArt 图形，在"SmartArt 工具 – 设计""SmartArt 工具 – 格式"选项卡中进行设置。

单击"SmartArt 工具 – 设计"选项卡，可进行图形创建、版式修改、SmartArt 样式修改、图形重置等操作。如单击"创建图形"→"添加形状"按钮，即可在 SmartArt 图形中增加形状；单击"升级""降级"按钮即可修改图形显示方式；单击"版式"下拉按钮，可选择版式或其他布局方式，即可改变幻灯片中 SmartArt 图形的布局结构；单击"SmartArt 样式"下拉按钮，根据需要选择自己喜欢的 SmartArt 样式和颜色，在幻灯片中可以看到实时预览效果，如图 5-27 所示。

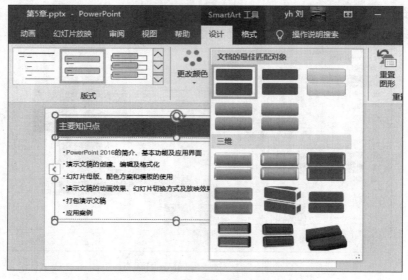

图 5-27　更改 SmartArt 样式

单击"SmartArt工具 – 格式"，可修改形状、形状样式、艺术字样式、排列及大小。如单击"形状样式"下拉按钮，在弹出的列表中进行选择即可改变当前选择图形的形状，还可以设置形状填充、形状轮廓、形状效果；在"艺术字样式"组中即可设置文字的艺术字效果等。

## 5.3.3　插入艺术字

本知识点常考题型如下。

①在第 6 页幻灯片中插入包含文字为"结束"的艺术字，并设置其动画动作路径为圆形形状。

②第一页上要有艺术字形式的"百年好合"字样，要有标题页及演示主题，并且演示文稿中的幻灯片至少要有 2 种以上的主题。

③通过幻灯片母版为每张幻灯片增加利用艺术字制作的水印效果，水印文字中应包含"员工守则"字样，并旋转一定的角度。

### 1. 插入艺术字

选择要插入艺术字的幻灯片，单击"插入"→"文本"→"艺术字"下拉按钮，在弹出的下拉列表中选择需要的艺术字样式。

单击"开始"选项卡，在"字体"组中设置艺术字字体、字号等。

**2. 添加艺术效果**

选择在幻灯片中需要添加艺术字效果的普通文字，单击"绘图工具 – 格式"→"艺术字样式"下拉按钮，在弹出的下拉列表中选择所需的艺术字样式，即可为普通文字添加艺术字效果。

**3. 文字的变形效果**

选择幻灯片中需要改变形状的文字，单击"绘图工具 – 格式"→"艺术字样式"→"文本效果"按钮，在弹出的下拉列表中选择"转换"，然后选择所需的转换样式，即可使选中的文字变形。

## 5.3.4　插入表格

本知识点常考题型如下。

①在标题为"2012 年同类图书销量统计"的幻灯片中，插入一个 6 行 6 列的表格，列标题分别为"图书名称""出版社""出版日期""作者""定价""销量"。

②将第 3 张幻灯片中标题下的文字转换为表格，表格的内容参考示例文件，取消表格的标题行和镶边行样式，并应用镶边列样式；表格单元格中的文本水平和垂直方向都居中对齐，中文设为"幼圆"字体，英文设为"Arial"字体。

③用 3 行 2 列的表格来表示第 6 页幻灯片中的内容，表格第 1 列内容分别为"强国""富民""世界梦"，第 2 列为对应的文字。为表格应用一个表格样式，并设置单元格凹凸效果。

在 PowerPoint 2016 演示文稿中，对表格的操作主要包括创建表格、设置表格格式、输入文字、调整表格样式等。

**1. 创建表格**

打开 PowerPoint 2016 文档窗口，单击"插入"→"表格"→"插入表格"按钮，插入一个指定行数和列数的表格；单击"插入"→"表格"→"绘制表格"按钮，待鼠标指针变成笔形，在幻灯片中按住鼠标左键并拖动即可绘制表格；也可以在"表格"下拉列表中直接拖动鼠标选择表格的行数或列数，选择完毕单击鼠标左键，即可插入需要的表格，如图 5-28 所示。

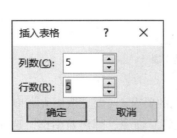

图 5-28　插入表格

#### 2. 设置表格格式

表格插入幻灯片后，选择表格，可以通过拖动表格四周的 8 个控制块以缩放表格，或者单击"表格工具－布局"选项卡，在"表格尺寸"组中直接修改表格的高度和宽度。

当需要插入或删除行和列时，首先将光标定位在插入行和列的参照单元格或要删除的行和列所在的任一单元格中，单击"表格工具－布局"选项卡，在"行和列"组中选择插入方式和删除方式。

根据编辑需要合并单元格时，选择需要合并的单元格，单击"表格工具－布局"→"合并"→"合并单元格"按钮，即可实现两个或多个单元格的合并。

如果需要设置表格的样式，单击"表格工具－设计"选项卡，在"表格样式"组中选择一种样式，在该选项组中还可以自定义设置表格的底纹、边框和效果。

### 5.3.5　插入图表

本知识点常考题型如下。

在第 5 页幻灯片中插入"饼图"图形，用以展示沟通方式所占的比例。为"饼图"添加系列名称和数据标签，调整大小并放于幻灯片适当位置。设置该图表的动画效果为按类别逐个扇区上浮进入效果。

在 PowerPoint 2016 中，用户只需选择图表类型、图表布局、图表样式，即可方便地创建出具有专业外观的图表。

#### 1. 创建图表

打开需要插入图表的演示文稿，单击"插入"→"插图"→"图表"按钮，在弹出的"图表"对话框中选择一种图表类型，单击"确定"按钮，将在幻灯片中插入默认图表，如图 5-29 所示。

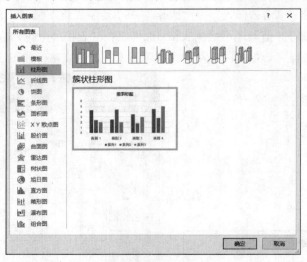

图 5-29　创建图表

#### 2. 更改图表类型

创建图表后，随着对其中数据的修改和实际情况的要求，需要更改图表类型，此时选择图表，右击，在弹出的快捷菜单中选择"更改系列图表类型"命令，弹出对话框，选择一种需要的图表类型和子类型，或者单击"图表工具－设计"→"更改图表类型"按钮，都可以更改当前图表的类型。

### 3. 设置图表的布局和样式

选择需要设置布局和样式的图表，单击"图表工具 – 设计"选项卡，在"图表布局"和"图表样式"组中，可选择预设的图表布局和图表样式。

如果需要设置图表中的图表标题、坐标轴标题、图例等内容，单击"图表工具 – 设计"→"图表布局"→"添加图表元素"按钮，弹出"添加图表元素"下拉列表，可选择相应的选项进行设置。

## 5.3.6　插入多媒体

本知识点常考题型如下。

①演示文稿播放的全程需要有背景音乐。

②在第 1 页幻灯片中插入剪贴画音频"鼓掌欢迎"，剪裁音频只保留前 0.5 秒，设置自动循环播放、直到停止，且放映时隐藏音频图标。

③在第 7 张幻灯片的内容占位符中插入视频"动物相册 .wmv"，并使用图片"图片 1.jpg"作为视频剪辑的预览图像。

### 1. 插入音频

选择要插入音频的幻灯片，单击"插入"→"媒体"→"音频"按钮，在弹出的下拉列表中选择"PC 上的音频"选项，在弹出的对话框中选择需要插入的文件，单击"插入"按钮即可，或者选择"录制音频"选项，插入现场录制的音频文件。

音频插入后，选中音频的小喇叭图标，单击"音频工具 – 播放"选项卡，在"音频选项"组中，可设置播放方式为"自动""单击时"中的一种，可勾选"跨幻灯片播放""循环播放，直到停止""放映时隐藏""播完返回开头"等复选框，如图 5-30 所示。

图 5-30　音频选项

### 2. 插入视频

选择需要插入视频的幻灯片，单击"插入"→"媒体"→"视频"按钮，在弹出的下拉列表中选择"PC 上的视频"选项，在弹出的对话框中选择要插入的视频，单击"插入"按钮即可；也可以选择"联机视频"选项，通过输入网络地址打开网络上的视频文件。

视频插入后，选中视频，单击"视频工具 – 播放"选项卡，在"视频选项"组中可设置播放方式为"自动""单击时"中的一种，可勾选"全屏播放""未播放时隐藏""循环播放，直到停止""播完返回开头"等复选框，如图 5-31 所示。

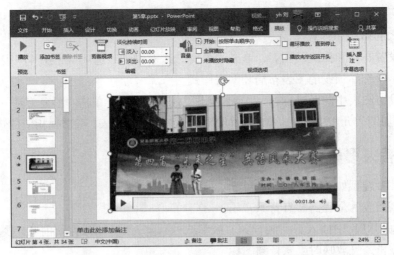

图 5-31　视频选项

### 3. 屏幕录制

单击"插入"→"媒体"→"屏幕录制"按钮，单击"选择区域"中可以设置录屏区域，单击"音频"可以同时录制声音，单击"录制指针"可以同时录制鼠标指针，设置完毕，单击"录制"，即可实现屏幕录制功能，如图 5-32 所示。

图 5-32　屏幕录制

# 5.4　幻灯片的放映与打包

演示文稿的文字内容、图形、图像、图表等多媒体内容都设置好后，就可以进行放映了。但幻灯片的放映也需要有良好的放映效果，所以在放映之前还需要对演示文稿进行放映设置，以便在放映时能够更好地进行控制。

## 5.4.1　动画效果设置

本知识点常考题型如下。

①为上述 SmartArt 图形设置由幻灯片中心进行"缩放"的进入动画效果，并要求自上一动画开始之后自动、逐个展示 SmartArt 中的 3 点产品特性文字。

②采用在展台浏览的方式放映演示文稿，动画效果要贴切、丰富，幻灯片切换效果要恰当。

③在第 12 ～ 14 张幻灯片中，分别插入名为"第一张"的动作按钮，设置动作按钮的高度和宽度均为 2 厘米，距离幻灯片左上角水平 1.5 厘米、垂直 15 厘米，并设置当鼠标指针移过该

动作按钮时，可以链接到第 11 张幻灯片；隐藏第 12 ～ 14 张幻灯片。

④为第 1 张幻灯片应用"标题幻灯片"版式。为其中的标题和副标题分别指定动画效果，其顺序为：单击时标题在 5 秒内自左上角飞入、同时副标题以相同的速度自右下角飞入，4 秒后标题与副标题同时自动在 3 秒内沿原方向飞出。将素材中的黑色文本作为标题幻灯片的备注内容，在备注文字下方添加图片"Remark.png"，并适当调整其大小。

为了丰富演示文稿的播放效果，用户可以为幻灯片中的某些对象设置一些特殊的动画效果，在 PowerPoint 2016 中可以为文本、形状、声音、图形和图表等对象设置动画效果。

### 1. 创建动画

打开一个演示文稿，切换到需要设置动画的幻灯片，选择要设置动画的对象，在"动画"选项卡中打开"动画"功能组下拉列表，在列表中预览动画样式并选择相应的动画效果，包括"进入""强调""退出""动作路径"4 种类型，选择一种动画效果，即可预览动画效果，如图 5-33 所示。

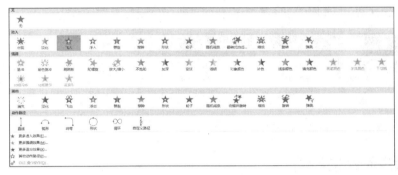

图 5-33　设置动画效果

### 2. 动画窗格

单击"动画"→"高级动画"→"动画窗格"按钮，即可在窗口右侧出现"动画窗格"，在其中可以看到每个动画前面都会显示一个播放编号，如图 5-34 所示。选择需要查看播放的幻灯片，在"动画窗格"中单击"全部播放"按钮，即可播放当前幻灯片中的所有动画效果。

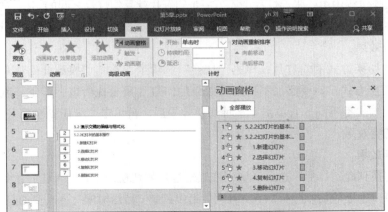

图 5-34　动画窗格

### 3. 调整动画顺序

为某个对象设置好动画后，有时还需要对动画的播放顺序进行调整，选择需要更改顺序的对象，单击"动画"→"计时"→"对动画重新排序"→"向前移动"或"向后移动"按钮，即可调整当前对象的动画播放顺序，如图 5-35 所示，也可以在动画窗格中进行调整。

#### 4. 自定义路径动画

用户可以根据需要自定义动画路径，操作步骤如下。

选择需设置动画的对象，单击"动画"→"高级动画"→"添加动画"，在弹出的下拉列表中选择"动作路径"中的"自定义路径"，如图 5-36 所示。

在幻灯片中按住鼠标左键并拖动以进行路径的绘制，绘制完成后双击即可，对象在沿自定义的路径预演一遍后将显示出绘制的路径。

#### 5. 动画刷

动画刷操作类似于 Word 2016 中的格式刷，可以将当前对象的动画格式通过动画刷定义到其他对象上，省去设置动画操作的中间环节，达到快速进行动画设置的目的。

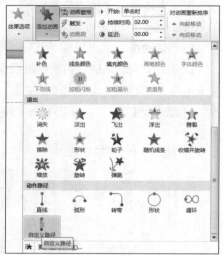

图 5-35　调整动画播放顺序　　　　　　　　　图 5-36　自定义路径

### 5.4.2　切换效果设置

本知识点常考题型如下。

①为演示文稿中的所有幻灯片设置不同的切换效果。

②为演示文稿设置不少于 3 种幻灯片切换方式。

③为演示文稿中的全部幻灯片应用一种合适的切换效果，并将自动换片时间设置为 20 秒。

演示文稿放映过程中由一张幻灯片进入另一张幻灯片就是幻灯片之间的切换，PowerPoint 2016 提供了多种幻灯片的切换效果，用户通过设置幻灯片的切换效果可使幻灯片放映更具有趣味性。

#### 1. 添加切换效果

选定要设置切换方式的幻灯片，单击"切换"选项卡，在"切换到此幻灯片"组中，选择需要的幻灯片切换方式，对要添加不同切换效果的幻灯片重复执行以上步骤，就可以实现每一张幻灯片的切换方式都不同。若单击了某种切换效果后，再单击"应用到全部"，将给所有幻灯片添加同一种切换效果。

#### 2. 设置切换效果

可以在"切换到此幻灯片"选项区域中修改幻灯片的切换效果，每单击一次切换方式，系统会自动在预览窗口中播放切换效果。在"计时"组中调整"持续时间"可改变幻灯片切换的速度，在"声音"下拉列表中选择切换时的声音。在"换片方式"组中，可以设置切换幻灯片的控制方式，用户可以用鼠标控制，也可以设定时间间隔，由程序自动来完成切换任务。如要用户想要查看效果，可以直接单击"预览"按钮，就可以在主窗口中看到切换效果。

### 5.4.3　幻灯片放映设置

本知识点常考题型如下。

①采用由观众手动自行浏览方式放映演示文稿，动画效果要贴切，幻灯片切换效果要恰当、多样。

②在该演示文稿中创建一个演示方案，该演示方案包含第 1、3、4 张幻灯片，并将该演示方案命名为"放映方案 1"。

在放映幻灯片前，用户可以对放映方案进行设置，可以根据需要选择不同的放映类型，通过自定义放映的形式有选择地放映演示文稿中的部分幻灯片。

#### 1. 设置放映方式

在放映幻灯片时，用户可以对幻灯片放映进行一些特殊设置。打开需要设置的演示文稿，单击"幻灯片放映"→"设置"→"设置幻灯片放映"按钮，打开"设置放映方式"对话框，可以设置放映类型、放映幻灯片的张数、换片方式等操作，如图 5-37 所示。

#### 2. 应用排练计时

排练计时就是预演的时间，可单击"幻灯片放映"→"设置"→"排练计时"按钮，将会自动进入放映排练状态，窗口左上角出现"录制"工具栏，在该工具栏中可以显示预演的时间。在放映屏幕中单击鼠标左键，可以排练下一个动画或下一张幻灯片出现的时间，鼠标指针停留的时间就是下一张幻灯片显示的时间。显示结束后将弹出提示对话框，询问是否保留排练时间，单击"是"按钮，选择幻灯片浏览视图，此视图下每张幻灯片的右下角将显示该幻灯片的放映时间。

#### 3. 隐藏幻灯片

当用户暂时不使用某张幻灯片时，可以暂时隐藏此幻灯片。选择幻灯片，单击"幻灯片放映"→"设置"→"隐藏幻灯片"按钮，或者右击，在弹出的快捷菜单中选择"隐藏幻灯片"命令，即可隐藏该幻灯片。被隐藏的幻灯片的编号上会出现斜对角线，表示该幻灯片已经被隐藏，在播放演示文稿时，会自动跳过该幻灯片而播放下一张幻灯片，如图 5-38 所示。再次单击"隐藏幻灯片"按钮或选择"隐藏幻灯片"命令可取消隐藏功能。

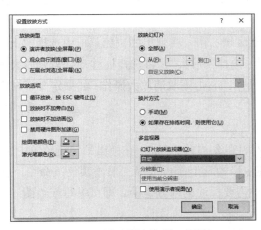

图 5-37　"设置放映方式"对话框

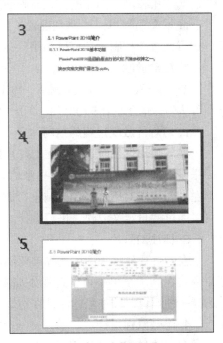

图 5-38　隐藏幻灯片

**4. 录制旁白**

在放映幻灯片时如果没有现场讲解可以提前录制旁白，选择需要录制旁白的幻灯片，选择"幻灯片放映"→"设置"→"录制幻灯片演示"→"从头开始录制"或"从当前幻灯片开始录制"选项，将弹出"录制幻灯片演示"对话框，勾选"旁白、墨迹和激光笔"复选框，如图 5-39 所示。单击"开始录制"按钮，进入幻灯片放映状态，开始录制旁白，使用鼠标在幻灯片中单击以切换到下一张幻灯片，按下"Esc"键将停止录制旁白，回到演示文稿窗口中，录制的幻灯片右下角会出现一个声音图标。

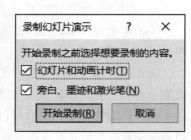

图 5-39　录制旁白

**5. 设置自定义放映**

打开需要进行自定义放映的演示文稿，选择"幻灯片放映"→"开始放映幻灯片"→"自定义幻灯片放映"→"自定义放映"选项，将打开"自定义放映"对话框，单击"新建"按钮打开"定义自定义放映"对话框，可以设置幻灯片放映名称，然后在左侧列表框中选择要添加到自定义放映中的幻灯片，单击"添加"按钮，设置结束单击"确定"按钮，在"自定义放映"对话框中，可以看到刚才设置的自定义放映名称，单击"放映"按钮，可以直接放映自定义设置的幻灯片，单击"关闭"按钮可以返回编辑窗口。

## 5.4.4　放映幻灯片

本知识点常考题型如下。

①设置演示文稿为循环放映方式，每页幻灯片的放映时间为 10 秒，在自定义循环放映时不包括最后一页的致谢幻灯片。

②采用在展台浏览的方式放映演示文稿，动画效果要贴切、丰富，幻灯片切换效果要恰当。

演示文稿编辑完毕并且设置了放映效果后，就可以放映演示文稿了。在放映过程中用户可以进行换页等控制，还可以利用鼠标进行标注。

**1. 启动放映**

当设置好幻灯片放映方式后，单击"幻灯片放映"→"开始放映幻灯片"→"从头开始"按钮，即可从第一张开始放映幻灯片；单击"从当前幻灯片开始"按钮，即可从当前选择的幻灯片开始放映。

**2. 幻灯片放映过程的控制**

在放映幻灯片时，可以在幻灯片任意区域右击，在弹出的快捷菜单中选择"上一张"或"下一张"，可以跳至上一张或下一张幻灯片；选择"放大"，将选择框移动到需要放大的区域单击鼠标左键就可以对所选择的区域进行放大操作，右击则取消放大操作；如果定义了自定义放映，则可以通过"自定义放映"进行选择。

**3. 标注幻灯片**

在幻灯片放映视图中选择需要添加标注的幻灯片，右击，在弹出的快捷菜单中选"指针选项"命令，在其子菜单中可以选择添加墨迹注释的笔形，再选择"墨迹颜色"命令，在其子菜单中选择一种颜色，按住鼠标左键在幻灯片中需要标注的部分拖动，即可书写或绘图。

**4. 隐藏鼠标指针**

在放映过程中如果不需要显示鼠标指针，可以将其隐藏，在幻灯片放映视图中右击，在弹出的快捷菜单中，选择"指针选项"→"箭头选项"→"永远隐藏"命令，即可将鼠标指针永远隐藏起来，如图 5-40 所示。如果要重新显示鼠标指针，可以按同样的操作选择"自动"或"可见"命令。

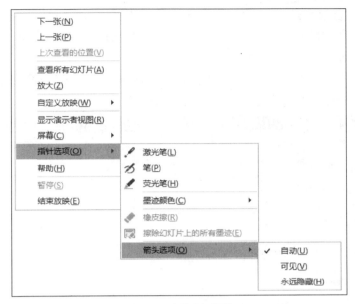

图 5-40　隐藏鼠标指针

### 5. 设置黑屏或白屏

在放映过程中，当演示者需要将听众的注意力集中到自己的讲话上时，可以将屏幕设置为白屏或黑屏效果以隐藏幻灯片上的内容。

在幻灯片放映视图中右击，在弹出的快捷菜单中选择"屏幕"命令，在其子菜单中可以选择"黑屏"或"白屏"命令，即可将屏幕切换为"黑屏"或"白屏"。

### 6. 切换程序

由于幻灯片播放时是全屏显示的，所以在播放过程中需要使用其他软件时，操作起来就不那么方便了，此时可以按键盘上的 Windows 键打开任务栏，在程序或任务栏中选择需要切换的程序。

## 5.4.5　幻灯片链接操作

本知识点常考题型如下。

①为第 2 张幻灯片上面的文字"公司制度意识架构要求"加入超链接，链接到 Word 素材文件"公司制度意识架构要求 .docx"。

②为第 3 张幻灯片左侧的文字"必遵制度"加入超链接，链接到 Word 素材文件"必遵制度 .docx"。

③要有 2 个超链接进行幻灯片之间的跳转。

④将第 15 张幻灯片的版式设为"图片与标题"。为网址添加对应的超链接。在右侧的图片框中插入图片"map.gif"，图片样式设为"剪去对角，白色"。

在 PowerPoint 2016 中，超链接是从一张幻灯片到同一演示文稿中的另一张幻灯片的链接（如到自定义放映的超链接），或是从一张幻灯片到不同演示文稿中的另一张幻灯片、电子邮件地址、网页或文件的链接。创建超链接的方法主要有以下 2 种。

### 1. 利用超链接按钮创建超链接

用鼠标选中需要创建超链接的对象，例如：选中幻灯片中需要建立超链接的对象或文字内容，单击"插入"→"链接"→"超链接"按钮；或者用鼠标右击选择对象，在弹出的快捷菜单中选择"超链接"命令。

接着弹出"插入超链接"对话框，如图 5-41 所示，单击"书签"按钮，弹出"在文档中选择位置"对话框，选中需要连接的幻灯片，单击"确定"按钮。

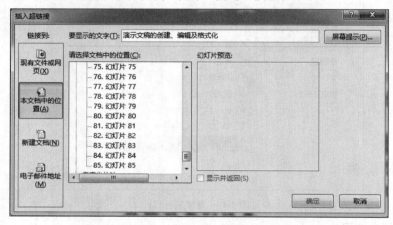

图 5-41 "插入超链接"对话框

也可以让对象链接到外部文件的相关文档，在"插入超链接"对话框中"地址"处输入需要链接的网络地址即可。

### 2. 利用"操作设置"创建超链接

同样选中需要创建超链接的对象（文字或图片），单击"插入"→"链接"→"动作"按钮（为所选对象添加一个操作，当单击该对象或者鼠标指针在其上悬停时应点击的操作），弹出的"操作设置"对话框如图 5-42 所示。

图 5-42 "操作设置"对话框

通常选择默认的"单击鼠标"选项卡，选中"超链接到"单选按钮，打开超链接选项下拉列表，根据实际情况选择其中一项，如选择"幻灯片"，然后单击"确定"按钮即可。若要将超链接的范围扩大到其他演示文稿或 PowerPoint 2016 以外的文件中去，则只需要在选项中选择"其他 PowerPoint 演示文稿"或"其他文件"选项即可。

完成超链接后，选择文字如果加了上下划线，文字颜色是蓝色，表示超级链接创建成功。如果想要更改文字的颜色，可以选择"设计"→"变体"→"颜色"选项以修改超链接字体的颜色。

## 5.4.6　演示文稿的打印

本知识点常考题型如下。

①将幻灯片大小设置为"全屏显示 (16∶9)"，然后按要求修改幻灯片母版。

②除标题幻灯片外，设置其他幻灯片页脚的最左侧为"中国海军博物馆"字样，最右侧为当前幻灯片编号。

演示文稿虽然主要是演示，但有时候还是需要将它打印出来，例如在会议结束后可以将会议上用的演示文稿打印出来作为与会人员的会议资料。

### 1.设置幻灯片大小

打开准备打印的演示文稿，选择"设计"→"自定义"→"幻灯片大小"→自定义幻灯片大小选项，打开"幻灯片大小"对话框，在其中可以设置幻灯片的大小、宽度、高度、幻灯片编号起始值、幻灯片方向等其他属性，如图 5-43 所示。

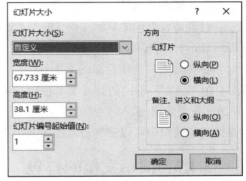

图 5-43　设置幻灯片大小

### 2.设置页眉和页脚

选择需要设置页眉和页脚的幻灯片，单击"插入"→"文本"→"页眉和页脚"按钮，将打开"页眉和页脚"对话框，如图 5-44 所示。

图 5-44　"页眉和页脚"对话框

勾选"日期和时间"复选框，如果想让添加的日期和时间与幻灯片放映的日期一致，则选中"自动更新"单选按钮；如果只想显示演示文稿完成的日期，可以选中"固定"单选按钮，并输入日期。

勾选"幻灯片编号"复选框可以对幻灯片编号，当添加或删除幻灯片时编号会自动更新；勾选"页脚"复选框，可以在下方文本框中输入页脚文本信息；勾选"标题幻灯片中不显示"复选框可以不在标题幻灯片中显示页眉和页脚内容。设置完成后，单击"应用"或"全部应用"按钮，即可将以上设置应用到当前幻灯片或应用到所有幻灯片。

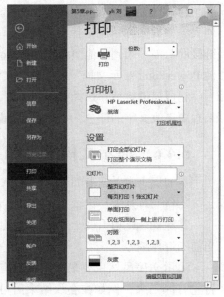

图 5-45　设置打印选项

#### 3. 打印演示文稿

打开需要打印的演示文稿，单击"文件"→"打印"，即可显示打印选项，如图 5-45 所示。

在"份数"选项后面的文本框中输入需要打印的份数；在"设置"下的幻灯片文本框中选择全部幻灯片或者自定义打印范围，"–"表示连续、","表示并列，如果输入"1–3，6"，表示打印第 1 页至第 3 页、第 6 页；单击"整页幻灯片"按钮，在弹出的菜单中可以选择打印版式和每页打印几张幻灯片。

### 5.4.7　演示文稿的打包

所谓打包，就是将已经综合起来共同使用的单个或多个独立文件，集成在一起，生成一种独立于运行环境的文件。将 PowerPoint 打包能解决运行环境的限制、文件损坏或无法调用等不可预料的问题。将 PowerPoint 打包的操作步骤如下。

在 PowerPoint 2016 中打开想要打包的演示文稿，PowerPoint 2016 提供了一个"打包成 CD"的功能，单击"文件"→"导出"→"将演示文稿打包成 CD"→"打包成 CD"。

在弹出的"打包成 CD"对话框中，可以选择添加更多的演示文稿一起打包，也可以删除不需要打包的演示文稿，单击"复制到文件夹"按钮，如图 5-46 所示。

在"复制到文件夹"对话框中选择文件路径和演示文稿打包后的文件夹名称，可以选择想要存放的位置路径，也可以保持默认不变，系统默认勾选"完成后打开文件夹"复选框，不需要可以取消勾选"完成后打开文件夹"复选框，如图 5-47 所示。

图 5-46　"打包成 CD"对话框

图 5-47　"复制到文件夹"对话框

单击"确定"按钮，打包完成后，系统会自动运行"复制到文件夹"程序，在完成之后自动弹出打包好的演示文稿文件夹，其中有一个 AUTORUN.INF 自动运行文件，如果已经打包到 CD 光盘上，则具备自动播放功能，如图 5-48 所示。

图 5-48　打包 CD

# 5.5　应用案例

## 5.5.1　应用案例 1——制作公司简介 PPT

对公司新招聘的员工或新结识的合作伙伴，要首先向他们介绍有关公司的一些基本情况，才能使新员工和新客户更好地了解公司，以便为公司创造出更多的价值，这时候需要做一个有关公司文化简介的演示文稿。

**1. 制作公司简介封面**

由于要起到宣传公司的作用，所以需要为文稿插入不同类型的幻灯片，具体操作如下。

（1）插入不同版式的幻灯片

新建一个演示文稿，文稿中只有一张标题幻灯片，为了让文稿的内容更丰富，首先需要为演示文稿创建出相应版式的幻灯片。

首先插入幻灯片，单击"开始"→"幻灯片"→"新建幻灯片"按钮，在弹出的列表中选择插入幻灯片的类型，如"两栏内容"，重复以上操作，继续插入幻灯片，在弹出的下拉列表中选择插入幻灯片的版式。

（2）更改封面幻灯片版式

如果对封面幻灯片的版式不满意，可以更改封面幻灯片的版式。选择幻灯片，右击，在弹出的快捷菜单中选择"版式"命令，在子菜单中选择更改幻灯片的版式。

（3）制作公司封面幻灯片

选择好版式后，在幻灯片中插入封面图片及输入文本内容等，具体操作步骤如下。

①为封面插入图片。单击幻灯片中"图片"，或者单击"插入"→"图像"→"图片"按钮，弹出"插入图片"对话框；选择所需要图片，单击"插入"按钮。

②在标题文本框中输入标题文字并调整其大小、效果等。

③设置背景格式。单击"设计"→"自定义"→"设置背景格式"按钮，弹出"设置背景格式"窗格，选中"图片或纹理填充"单选按钮，单击"文件"按钮，弹出"插入图片"对话框，在"查找范围"中选择图片位置，在图片区选择所需图片，单击"插入"按钮。

**2. 编辑公司内容**

输入幻灯片文本并进行编排，如添加图片、动画、视频等，让幻灯片播放时更具有吸引力和说服力。

（1）输入幻灯片文本内容

选择完幻灯片类型后，需要输入幻灯片内容，具体操作步骤如下。

①输入标题文本。单击标题占位符，输入标题文本。

②输入幻灯片正文文本。单击正文文本框，输入正文文本。

（2）编排幻灯片内容

对幻灯片文本进行编排和美化是制作演示文稿必不可少的一步，编排包括设置文本格式、插入图形对象、应用主题样式、更改背景效果等。具体操作步骤如下。

①设置文本格式。选择文本，拖动标尺设置段落首行缩进，或者单击"开始"→"段落"按钮，在"段落"对话框中进行设置。

②插入形状。单击"插入"→"插图"→"形状"按钮，在下拉列表中选择形状，如"剪去单角的矩形"，当鼠标指针变成"+"时，按住鼠标左键不放拖动以绘制形状。

③应用形状样式。选择形状，单击"绘图工具－格式"选项卡，在"形状样式"组中选择形状样式。

④在形状中输入文字。选择形状并右击，在弹出的快捷菜单中选择"编辑文字"命令，直接在形状中输入文字。

⑤设置主题样式。单击"设计"→"主题"下拉按钮，在弹出的列表中选择需要的主题样式，如"龙腾四海"。

**3. 设置幻灯片的切换和放映方式**

除了对幻灯片所有的文字、图片、动画进行设置，幻灯片的切换和放映方式也会影响演示文稿的视觉效果。

（1）幻灯片切换

单击"切换"→"切换到此幻灯片"下拉按钮，选择需要的幻灯片切换类型，在"计时"组中设置是否将此换片方式应用到全部幻灯片，幻灯片的"换片方式"可选择"单击鼠标时"或"设置自动换片时间"。

（2）幻灯片放映

单击"幻灯片放映"选项卡，在"开始放映幻灯片"组中选择放映的幻灯片起始页，如"从头开始"；单击"幻灯片放映"→"设置"→"设置幻灯片放映"按钮，弹出"设置放映方式"对话框，按需要进行设置。

## 5.5.2 应用案例2——幻灯片在市场营销中的应用

公司新产品上市时，需要以图片和文本的方式对公司内部负责产品营销的人员进行培训，或放映给目标客户观看，幻灯片通常需要让人印象深刻，并取得不错的介绍或推广产品的效果。

**1. 制作商业宣传演讲幻灯片**

①插入幻灯片，单击"开始"→"幻灯片"→"新建幻灯片"按钮，在下拉列表中选择需要的幻灯片版式，用同样的方法插入需要的幻灯片。

②输入文本，在插入的幻灯片中，单击占位符，添加文本并设置格式。

③插入图片，单击幻灯片中的"图片"，或单击"插入"→"图像"→"图片"按钮，选择需要的图片，单击"打开"按钮。

④设置应用主题。单击"设计"→"主题"下拉按钮，在弹出的下拉列表中选择所需要的主题。

**2. 添加互动按钮**

在 PowerPoint 2016 中，用户可以为幻灯片中的文本、图形和图片等对象添加超链接或动作，使幻灯片之间具有互动性，具体操作步骤如下。

①插入超链接。在幻灯片中选择需要添加超链接的文字或图片，单击"插入"→"链接"→"链接"按钮。

②选择链接文件。打开"插入超链接"对话框，在"查找范围"列表中选择目标文件的地址，在"当前文件夹"右侧的列表中单击链接对象，单击"确定"按钮，可以超链接到其他文件。

③插入形状。选择幻灯片，单击"插入"→"插图"→"形状"按钮，也可以单击"开始"选项卡，在"绘图"组中选择形状。

④设置形状的动作。选择图形，单击"插入"→"链接"→"动作"按钮，并定位在"单击鼠标"选项卡，选中"超链接到"单选按钮，在其中选择要链接到的对象，单击"确定"按钮。

**3. 设置幻灯片动画**

为了能使幻灯片和幻灯片中的对象"动"起来，可以为幻灯片设置切换方式、自定义动画，并通过放映幻灯片来观看幻灯片的总体效果。

①设置文本动画。选择准备设置动画的文本，单击"动画"→"动画"下拉按钮，在弹出的下拉列表中选择动画样式，如"浮入"。

②设置动作路径。选择图片，单击"动画"→"高级动画"→"添加动画"按钮，弹出下拉列表，在其中选择动作路径，如"形状"。

③设置幻灯片的切换方式。单击"切换"选项卡，在"计时"组中设置切换时间长度；打开"切换到此幻灯片"下拉列表，在其中选择切换样式，如"覆盖"。

④设置幻灯片放映方式。单击"幻灯片放映"→"设置"→"设置幻灯片放映"按钮，弹出"设置放映方式"对话框，在"放映选项"组中勾选"循环放映，按 ESC 键终止"复选框，在"放映幻灯片"组中设置幻灯片放映范围，单击"确定"按钮。

⑤设置幻灯片放映操作。单击"幻灯片放映"→"开始放映幻灯片"→"从头开始"按钮。

**4. 打包输出商业宣传演讲幻灯片**

在 PowerPoint 2016 中，用户可以将制作出来的演示文稿输出为多种形式，如将幻灯片打包、发布到其他形式，以满足不同环境的需要。

①将演示文稿打包成 CD。单击"文件"→"导出"，在右侧"导出"组中单击"将演示文稿打包成 CD"命令，单击右侧的"打包成 CD"按钮。

②输入 CD 名称并复制。在打开的"打包成 CD"对话框中，在"将 CD 命名为"文本框中输入 CD 名称，单击"复制到文件夹"按钮。

③选择复制位置。弹出"复制到文件夹"对话框，单击"浏览"按钮，选择演示文稿的保存位置，单击"确定"按钮。

④确认打包演示文稿链接。系统将弹出一个对话框提示用户打包演示文稿中的所有链接文件，单击"是"按钮开始复制到文件夹。

## 5.5.3 应用案例3——制作电子相册

照片能很好地保存人们生活中的美好回忆，也能记录平时的点点滴滴。为了便于管理和欣赏照片，可以利用 PowerPoint 2016 中的"相册"功能制作一个简单的电子相册。如果进一步地对相册效果进行美化，对幻灯片辅以一些文字说明，设置背景音乐、过渡效果和切换效果等，就可以制作一个更精美的个性化的电子相册。

**1. 插入照片**

①创建空白文档，确定保存位置，以"个人相册"为文件名保存。

②插入准备入册的照片，选择"插入"→"图像"→"相册"→"新建相册"选项，打开"相册"对话框。

③选择图片，在"相册内容"中单击"文件/磁盘"按钮，打开"插入新图片"对话框，定位到照片所在的文件夹。选中需要制作成相册的图片，在选中照片时，按住"Shift"键或"Ctrl"键，可以一次性选中多个连续或不连续的图片文件，然后按下"插入"按钮。

④插入照片后，返回"相册"对话框，根据自己的需要调整照片的顺序，选择相应的相册版式，或者单击"插入"→"相册"→"编辑相册"，更改相册版式。

⑤在"相册"对话框的"相册版式"区域，单击"主题"右侧的"浏览"按钮，打开"选择主题"对话框中，为相册选择一个主题，也可以创建完相册后，单击"设计"→"主题"下拉按钮，选择需要的主题。

⑥单击"创建"按钮，照片插入演示文稿，并在第一张幻灯片中留出相册的标题，根据相册的内容输入个性化的相册标题等，并设置标题的字体格式。

创建完成的相册中很多照片的尺寸不统一、横竖交叉着，这时可以选择不同的照片，单击"图片工具–格式"选项卡，在"图片样式"或"大小"组中，调整照片的样式和大小，也可以通过拖动照片四周的控制块调整大小。

如果对设置的主题不满意，用户可以为照片添加一个背景图片，并调整好每张照片在幻灯片页面的布局，一个幻灯片页面可放单张或多张照片。

**2. 切换效果**

为每一张幻灯片设置一种切换特效。依次选中幻灯片，然后单击"切换"选项卡，在"切换到此幻灯片"组中，为每一张幻灯片选择任意一种切换效果，也可以选择一种切换效果应用到所有的幻灯片，幻灯片相册在播放的时候就会更生动。

**3. 设置动画**

PowerPoint 2016 里面还可以自定义设置丰富的动画效果，如果切换效果还不能满足个人需要，用户可以为每一张照片添加动画效果，动画效果有进入、强调、退出及动作路径4类。

①选择需要设置动画效果的图片。

②选择"动画"→"高级动画"→"添加动画"→"更多进入效果"选项，打开"添加进入效果"对话框，选择一种进入动画。

③设置动画的播放属性。

### 4. 插入音乐

如果给电子相册配上音乐，电子相册的插放效果就会更好。

①准备一个音乐文件，选项"插入"→"媒体"→"音频"→"PC 上的音频"选项，打开"插入音频"对话框，选中相应的音乐文件，将其插入第 1 张幻灯片中。

②单击"音频工具 – 播放"选项卡，在其中可以设置音频的相关属性。

如果以上操作还是不能满足个人需求，用户就可以保存 PowerPoint 演示文稿，保存之后的 PowerPoint 演示文稿还不是相册视频，需要将它转换成视频格式，单击"文件"→"导出"，选择"导出"组中的"创建视频"，单击右侧的"创建视频"按钮。

创建完成后便会生成一个".MPEG-4"格式的视频文件，此时可以在播放软件中运行".MPEG-4"格式的视频文件，观看电子相册的视频效果。

# 习　题

1. 文慧是新东方学校的人力资源培训讲师，负责对新入职的教师进行入职培训，其 PowerPoint 演示文稿的制作水平广受好评。最近，她应北京节水展馆的邀请，为展馆制作一份宣传水知识及节水工作重要性的演示文稿。

节水展馆提供的文字资料及素材参见 Word 文档"水资源利用与节水（素材）.docx"，制作要求如下。

（1）标题页包含演示主题、制作单位（北京节水展馆）和日期（××××年××月××日）。

（2）演示文稿须指定一个主题，幻灯片不少于 5 页，且版式不少于 3 种。

（3）演示文稿中除文字外要有 2 张以上的图片，并有 2 个以上的超链接进行幻灯片之间的跳转。

（4）动画效果要丰富，幻灯片切换效果要多样。

（5）演示文稿播放的全程需要有背景音乐。

（6）将制作完成的演示文稿以"水资源利用与节水 .pptx"的文件名进行保存。

2. 设计制作演示文稿，并以文件名"ppt.pptx"存盘，具体要求如下。

（1）将素材文件中每个矩形框中的文字及图片设计为 1 张幻灯片，为演示文稿插入幻灯片编号，与矩形框前的序号一一对应。

（2）将第 1 张幻灯片作为标题页，标题为"云计算简介"，并将其设为艺术字，有制作日期（格式：××××年××月××日），并指明制作者为"考生×××"。第 9 张幻灯片中的"敬请批评指正！"采用艺术字。

（3）幻灯片版式至少有 3 种，并为演示文稿选择一个合适的主题。

（4）为第 2 张幻灯片中的每项内容插入超链接，鼠标单击时转到相应幻灯片。

（5）第 5 张幻灯片采用 SmartArt 图形中的组织结构图来表示，最上级内容为"云计算的 5 个主要特征"，其下级依次为具体的 5 个特征。

（6）为每张幻灯片中的对象添加动画效果，并设置 3 种以上幻灯片切换效果。

（7）增大第 6、7、8 张幻灯片中图片显示比例，达到较好的效果。

3. 某会计网校的刘老师正在准备有关《小企业会计准则》的培训课件，她的助手已搜集并整理了一份该准则的相关资料存放在 Word 文档"《小企业会计准则》培训素材 .docx"中。按下列要求帮助刘老师完成 PowerPoint 演示文稿的整合制作。

（1）在 PowerPoint 2016 中创建一个名为"小企业会计准则培训 .pptx"的新演示文稿，该演示文稿需要包含 Word 文档"《小企业会计准则》培训素材 .docx"中的所有内容，每一张幻灯片对应 Word 文档中的一页，其中 Word 文档中应用了"标题 1""标题 2""标题 3"样式的文本内容分别对应演示文稿中的每页幻灯片的标题文字、第 1 级文本内容、第 2 级文本内容。

（2）将第 1 张幻灯片的版式设为"标题幻灯片"，在该幻灯片的右下角插入任意一幅剪贴画，依次为标题、副标题和新插入的图片设置不同的动画效果，并且指定动画出现顺序为图片、标题、副标题。

（3）取消第 2 张幻灯片中文本内容前的项目符号、并将最后两行落款和日期右对齐。将第 3 张幻灯片中用绿色标出的文本内容转换为"垂直框列表"类的 SmartArt 图形，并分别将每个列表框链接到对应的幻灯片。将第 9 张幻灯片的版式设为"两栏内容"，并在右侧的内容框中插入对应素材文档第 9 页中的图形。将第 14 张幻灯片最后一段文字向右缩进两个级别，并链接到文件"小企业准则适用行业范围 .docx"。

（4）将第 15 张幻灯片自"（二）定性标准"开始拆分为标题同为"二、统一中小企业划分范畴"的两张幻灯片、并参考原素材文档中的第 15 页内容将前 1 张幻灯片中的红色文字转换为一个表格。

（5）将素材文档第 16 页中的图片插入对应幻灯片中，并适当调整图片大小。将最后一张幻灯片的版式设为"标题和内容"，将图片"pic1.gif"插入内容框中并适当调整其大小。将倒数第 2 张幻灯片的版式设为"内容与标题"，参考素材文档第 18 页中的示例，在幻灯片右侧的内容框中插入 SmartArt 不定向循环图，并为其设置一个逐项出现的动画效果。

（6）将演示文稿按表 5-1 的要求分为 5 节，并为每节应用不同的设计主题和幻灯片切换方式。

表 5-1　演示文稿分节情况

| 节名 | 包含的幻灯片 | 节名 | 包含的幻灯片 |
| --- | --- | --- | --- |
| 小企业准则简介 | 1～3 | 准则的主要内容 | 10～18 |
| 准则的颁布意义 | 4～8 | 准则的贯彻实施 | 19～20 |
| 准则的制定过程 | 9 | | |

# 第 6 章
# 网络基础与 Internet 应用

主要知识点

- 计算机网络的概念、组成和分类。
- 计算机与网络信息安全的概念和防控。
- Internet 网络服务的概念、原理和应用。

计算机网络是计算机技术和通信技术相结合的一种新技术，它使得人们不受时间、空间等各种因素的限制，解决了计算机之间相互通信、共享资源、提高系统利用率等方面的问题。计算机网络特别是 Internet 技术的发展，已经成为推动社会发展的重要因素。本章主要介绍计算机网络的一些基本概念及 Internet 的一些简单应用。

# 6.1　计算机网络概述

## 6.1.1　计算机网络的概念

计算机网络也称计算机通信网。从逻辑功能上看，计算机网络是以传输信息为基础目的，用通信线路将多个计算机连接起来的计算机系统的集合，一个计算机网络组成包括传输介质和通信设备。我们可以将计算机网络简单地理解为：计算机网络就是利用通信设备和线路，将地理位置分散、功能相对独立的多个计算机连接起来，以功能完善的网络软件（即网络通信协议、信息交换方式和网络操作系统等）实现网络中资源共享和信息传递的系统。

## 6.1.2　计算机网络的组成

计算机网络可以从物理结构和逻辑功能两个角度进行分类。

### 1. 按物理结构分类

从物理结构的角度来看，计算机网络是由网络硬件和网络软件两部分组成。在整个计算机网络中，网络硬件是网络运行的载体，对网络的性能起着决定性的作用；而网络软件则是支持网络运行、调度和开发网络资源的工具。

（1）网络硬件

计算机网络硬件主要包括服务器、工作站以及外围设备等。其中，服务器（Server）也称伺服器，为用户提供共享资源和通信控制服务，是整个网络的核心。通常分为文件服务器、数据库服务器和应用程序服务器等。服务器的构成与常见的个人计算机相似，但是服务器在稳定性、安全性等方面的要求较个人计算机高。

工作站（Workstation），又称客户机或结点，是连接到网络中的计算机，是用户与网络之间进行沟通的设备，一般由微机担任，每一个工作站都运行在它自己的、并为服务器所认可的操作系统环境中。工作站通过接入计算机网络享受网络上提供的各类资源。

外围设备是指连接服务器与工作站的一些通信设备和介质。通信设备主要包括网卡、集线器、交换机和路由器等；通信介质分为有形介质和无形介质，有形介质主要包括双绞线、同轴电缆和光缆等，如图 6-1 所示，无形介质主要包括无线电、微波、卫星通信等。不同的通信介质有着不同的数据通信速率和传输距离，并分别支持不同的网络类型。

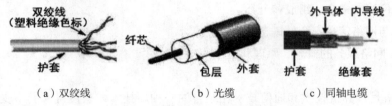

| （a）双绞线 | （b）光缆 | （c）同轴电缆 |

图 6-1　双绞线、光缆与同轴电缆

（2）网络软件

网络软件一般是指网络操作系统、网络通信协议和提供网络服务功能的应用级专用软件。常见的网络操作系统有 Unix、Netware、Windows NT、Linux 等；网络通信协议是网络中计算机交换信息时的约定，它规定了计算机在网络中互通信息的规则，互联网采用的协议是 TCP/IP；提供网络服务功能的应用级专业软件包括通信支撑平台软件、网络服务支撑平台软件、网络应用支撑平台软件、网络应用系统、网络管理系统以及用于特殊网络站点的软件等。

**2. 按逻辑功能分类**

从计算机网络的逻辑功能的角度来看，计算机网络主要由资源子网和通信子网两部分组成，如图 6-2 所示。

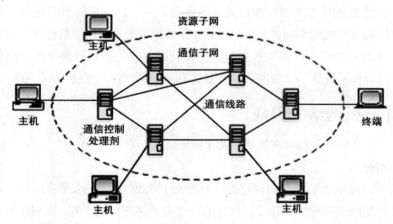

图 6-2　资源子网与通信子网

（1）资源子网

资源子网的主要任务是收集、存储和处理信息，实现全网面向应用的数据处理和网络资源共享，由硬件和软件两部分组成，主要包括以下 4 个方面。

①主机和终端。主机也称服务器，是进行数据分析处理和网络控制的计算机系统，其中包括外部设备、操作系统及其他软件。在局域网中，主机一般由拥有大容量硬盘、充足内存和各种软件的较为高档的计算机担任，是资源子网的主要组成部分。终端也叫工作站，一般由微机担任，用户通过工作站共享网络资源，工作站是用户访问网络资源的入口。

②网络操作系统。网络操作系统是整个网络的灵魂，用于实现不同主机之间的通信，使得网络中各种软、硬件资源协调一致、有条不紊地工作，并向用户提供统一的网络接口。

③网络数据库。网络数据库是建立在网络操作系统上的一种数据库系统，向用户提供存取、修改和共享网络资源的服务。

④应用系统。是建立在计算机网络系统上的应用程序，以实现用户的不同需求。

（2）通信子网

通信子网的主要功能是利用通信线路和设备连接网络中的主机和终端，完成网络数据传输、交换和通信处理任务，由通信控制处理器、通信线路与其他通信设备组成。

需要指出的是，广域网可以明确地划分出资源子网和通信子网，而局域网由于采用的工作原理与结构的限制，不能明确地划分出子网的结构。

## 6.1.3　计算机网络的功能

一般来说，计算机网络的主要功能是实现计算机之间的资源共享和数据通信。除此之外，计算机网络还具有分布处理、集中管理和均衡负荷等功能。

### 1. 资源共享

资源共享被认为是建设计算机网络的主要目的之一，计算机资源包括硬件资源、软件资源、数据资源和信道资源等。

①硬件资源：包括各种类型的计算机、大容量存储设备、计算机外部设备。

②软件资源：包括各种应用软件、工具软件、系统开发所用的支撑软件、语言处理程序、数据库管理系统等。

③数据资源：包括数据库文件、办公文档资料、各类报表、图片和影像资料等。

④信道资源：通信信道可以理解为电信号的传输介质。

### 2. 数据通信

数据通信是利用计算机网络实现不同地理位置计算机之间的数据传输。通信信道可以传输各种类型的信息，包括数据信息和图形、图像、声音、视频流等各种多媒体信息。

### 3. 分布处理

分布处理是把要处理的任务分散到各个计算机上运行，而不是集中在一台大型计算机上运行。这样一来，不仅可以降低软件设计的复杂性，而且还可以大大提高工作效率，降低成本。

### 4. 集中管理

计算机在没有联网的情况下，每台计算机都是一个"信息孤岛"，在管理这些计算机时，必须分别进行管理。而计算机联网后，可以在某个中心位置实现对整个网络的管理，如数据库情报检索系统、交通运输部门的订票系统、军事指挥系统等。

### 5. 均衡负荷

当网络中某台计算机的任务负荷太重时，通过网络和应用程序的控制和管理，可以将作业分散到网络中的其他计算机中，由多台计算机共同完成。

## 6.1.4　计算机网络的分类

计算机网络的分类标准很多，根据网络覆盖范围的大小分为局域网、城域网和广域网；根据网络中结点的物理拓扑结构可以将计算机网络分为总线型网络、环形网络、星形网络和树形网络等，这些网络结构也可以混合连接成复合形拓扑结构网络。

### 1. 根据网络覆盖范围的大小划分

（1）局域网

局域网（Local Area Network，LAN），是在一个局部的地理范围内为某一个单位服务的网络，比如一个学校、工厂或是机关，覆盖范围一般在十千米以内，传输速率可以达到 1000Mb/s 以上。局域网以双绞线作为主要的传输媒介，将各种计算机、外部设备和数据库等连接起来，可以通过数据通信网或专用数据电路与远方的局域网、数据库或处理中心相连接，构成一个较大范围的信息处理系统。

（2）城域网

城域网（Metropolitan Area Network，MAN），是在一个城市范围内所建立的计算机通信网，是为整个城市服务的。其传输速率一般在 100Mb/s 以上，所采用的技术跟局域网类似，覆盖范围通常达到几十千米，一般以光纤作为传输媒介。

（3）广域网

广域网（Wide Area Network，WAN），通常跨接很大的物理范围，所覆盖的范围从几十千米到几千千米，它能连接多个城市或国家，或横跨几个洲并且能够提供远距离通信，形成国际性的远程网络。广域网的典型速率是 56kb/s ～ 155Mb/s。可以利用公用分组交换网、卫星通信网和无线分组交换网，将分布在不同地区的局域网或计算机系统互连起来，达到资源共享的目的。因特网（Internet）是目前世界范围内最大的广域网。

### 2. 根据网络拓扑结构划分

（1）总线型网络

在总线型网络结构中各结点都连在一条公共的通信电缆上，各结点发出的信息包都带有目的地址在网络中传输，如图 6-3 所示。这种网络拓扑结构比较简单，总线型网络中所有设备都直接与一条被称为公共总线的传输介质相连，这种介质一般是同轴电缆（包括粗缆和细缆）。不过现在也有采用光缆作为总线型传输介质的，如 ATM 网、Cable Modem 等所采用的网络都属于总线型网络结构。

（2）环形网络

环形网络结构中各结点首尾相连形成一个闭合的环，"环形"结构的命名起因就在于此，通常采用同轴电缆作为传输介质，如图 6-4 所示。这种结构的网络形式主要应用于令牌网中，在这种网络结构中各设备是直接通过电缆来串接的，最后形成一个封闭的环，整个网络发送的信息就是在这个环中传递的，通常把这类网络称为"令牌环网"。在"令牌环网"中，只有获得"令牌"的结点才可以在网络中传输信息。从其网络结构可以看到，整个网络各结点间是串联的，这样任何一个结点出了故障都会造成整个网络的中断、瘫痪，且移除或扩充结点较为困难，维护起来非常不便。

图 6-3　总线型网络结构

图 6-4　环形网络结构

（3）星形网络

星形网络结构是用集线器或交换机作为网络的中央结点的，网络中的每一台计算机都通过网卡连接到中央结点，计算机之间通过中央结点进行信息交换，星形结构因各结点呈星状分布而得名，如图 6-5 所示。这类网络目前用得最多得传输介质是双绞线。星形结构是目前在局域网中应用得最为普遍的一种，在企业网络中几乎都是采用这一方式。在星形网络中，任何一个结点发送信息，整个网络中的结点都可以收到，而且网络结点的移除或扩充较为方便。星形网络几乎是以太网（Ethernet）专用。

（4）树形网络

树形网络结构是由总线型拓扑结构演变而来的，其结构像一棵倒置的树。树的最上端结点称之为根结点，在这种网络结构中，任何一个结点发送信息时，根结点就会接收信息并向网络中的各结点发送，如图 6-6 所示。树形拓扑结构网络易于扩展，可以延伸出很多分支。如果网络中发生故障，也可以很方便地进行隔离，而不会影响到其他分支。这种拓扑结构的网络一般用于军事单位、政府机构等上、下级关系相对比较明显的部门。

图 6-5　星形网络结构

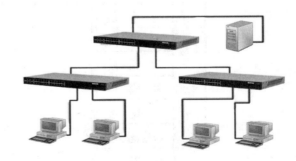

图 6-6　树形网络结构

## 6.1.5　网络协议

在计算机网络中要做到有条不紊地交换数据，就必须遵守一些事先约定好的规则。这些规则明确规定了所交换数据的格式以及有关的同步问题。这里所说的同步不是狭义的（即同频），而是广义的，即在一定的条件下应当发生什么事件（如发送一个应答信息），因而同步含有时序的意思。这些为进行网络中的数据交换而建立的规则、标准或约定被称为网络协议。进一步讲，一个网络协议主要由以下 3 个要素构成。

①语法，即数据与控制信息的结构或格式。

②语义，即需要发出何种控制信息，完成何种动作以及做出何种应答。

③同步，即事件实现顺序的详细说明。

### 1.OSI 参考模形

在计算机网络技术中，网络的体系结构指的是通信系统的整体设计，目的是为网络硬件、软件、协议、存取控制和拓扑结构提供相应的标准。影响网络体系结构的关键要素是协议和拓扑结构，网络体系结构的优劣将直接影响总线、接口和网络的性能。

在 20 世纪 80 年代早期，国际标准化组织（International Organization for Standardization，ISO）开始致力于制定一套普遍适用的规范集合，以使全球范围的计算机平台可以进行开放式通信。ISO 创建了一个有助于开发和理解计算机的通信模形，即开放式系统互联（Open System Interconnection，OSI）参考模型。

OSI 参考模型将网络结构划分为 7 层：物理层、数据链路层、网络层、传输层、会话层、表示层和应用层。每一层均有自己的一套完善的功能集，并与紧邻的上层和下层交互作用。在顶层，应用层与用户使用的软件进行交互，在 OSI 参考模型的底端是携带信号的网络电缆和连接器所构成的物理层。总的来说，在顶端与底端之间的每一层均能确保数据以一种可读、无错、排序正确的格式被发送，且每一层直接调用下层提供的服务。

一台计算机的第 $X$ 层向另一台计算机的第 $X$ 层传输数据进行通信，这种通信由通信协议控制。计算机 H1 将比特流传送到计算机 H2 的通信过程如下：在 H1 中比特流先从上层传到下层，直到物理层，再由 H1 的物理层传输到 H2 的物理层，在 H2 中比特流从物理层开始逐层传输到上层。具体的传输过程如图 6-7 所示。

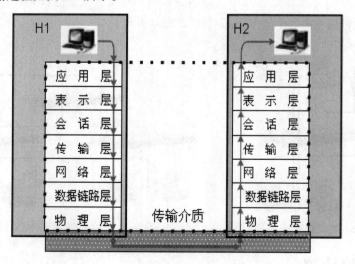

图 6-7　计算机 H1 传输数据给计算机 H2 的过程

### 2.TCP/IP 参考模型

TCP/IP 参考模型是首先由 ARPAnet 所使用的网络体系结构。这个体系结构在它的两个主要协议传输控制协议 / 因特网互联协议（TCP/IP）出现以后被称为 TCP/IP 参考模型（TCP/IP

Reference Model）。TCP/IP 参考模型共分为 4 层：网络访问层、互联网层、传输层和应用层。

网络访问层指出主机必须使用某种协议与网络相连；互联网层的功能是使主机可以把分组发往任何网络，并使分组独立地传向目标，互联网层使用因特网协议（IP）；传输层使源端和目的端机器上的对等实体可以进行会话，在这一层定义了两个端到端的协议——传输控制协议（TCP）和用户数据报协议（UDP）；应用层包含所有的高层协议，包括虚拟终端协议（TELNET）、文件传输协议（File Transfer Protocol，FTP）、电子邮件传输协议（Simple Mail Transfer Protocol，SMTP）、域名服务（Domain Name Service，DNS）、网上新闻传输协议（Network News Transfer Protocal，NNTP）和超文本传送协议（Hyper Text Transfer Protocol，HTTP）等。TELNET 允许一台机器上的用户登录到远程机器上，并进行工作；FTP 提供有效地将文件从一台机器上移到另一台机器上的方法；SMTP 用于电子邮件的收发；DNS 用于把主机名映射到网络地址；NNTP 用于新闻的发布、检索和获取；HTTP 用于在万维网（World Wide Web，WWW）上获取主页。

TCP/IP 是目前 Internet 上普遍采用的协议。

# 6.2　计算机与网络信息安全

## 6.2.1　计算机与网络信息安全的概念

信息泛指人类社会传播的一切内容。当今社会是一个信息社会，随着计算机网络和信息技术的发展，信息的作用和地位也随之快速上升。军事、经济、文化等各个领域的信息越来越依赖计算机网络传输和存储，以至于确保信息安全的难度也随之越来越大。

信息安全是一门涉及计算机科学、网络技术、通信技术、密码技术、信息安全技术、应用数学、数论、信息论等多种学科的综合性学科。信息安全是指信息网络的硬件、软件及其系统中的数据受到保护，不被破坏、更改或泄露，系统连续、可靠、正常地运行，确保信息服务不中断。信息安全主要包括以下几个方面的内容。

①保密性：是指网络信息不被泄露给非授权的用户、实体或过程。常用的保密技术有物理保密、防窃听、防辐射、信息加密等。

②完整性：是指在传输、存储信息或数据的过程中，确保信息或数据不被未授权的用户篡改或在篡改后能够被迅速发现。

③有效性：是指要求信息和系统资源持续有效，能够确保授权用户可以随时随地存取信息资源。

## 6.2.2　计算机与信息安全的防范

### 1. 信息的不安全因素

（1）计算机系统面临的威胁

①自然威胁：是不以人的意志为转移的、不可抗的自然事件对计算机系统的威胁，如自然灾害、断电、电流突然波动等。

②人为威胁：分为有意威胁和无意威胁，是指人为因素造成信息的保密性、完整性、有效性受到威胁，如黑客攻击、误操作等。

（2）网络自身存在的安全缺陷

现行的所有网络系统都存在着或多或少的先天缺陷，如系统漏洞、软件后门等，如果计算机网络没有先天的安全缺陷，计算机系统将不会受到人为的攻击和威胁。

### 2. 网络安全面临的主要威胁

（1）计算机病毒

计算机病毒是目前威胁网络安全的最主要因素，大部分病毒在激发的时候会破坏计算机系统的运行程序或重要数据，所利用的手段有格式化磁盘、改写文件分配表和目录区、删除文件或者用"垃圾"数据改写文件、破坏互补金属氧化物半导体（Complementary Metal Oxide Semicondutor，CMOS）设置等。

（2）软件漏洞或"后门"

网络软件不可能是百分之百无缺陷或无漏洞的，"后门"是软件编程人员为了方便自己工作而设置的，然而这些漏洞和"后门"恰恰是黑客进行攻击的首选目标，一旦攻击者通过漏洞或"后门"进入受感染的计算机系统里，就会对系统进行上传、下载恶意文件和代码等破坏行为。

（3）黑客攻击

黑客攻击是指黑客利用公共通信网络，针对计算机系统和网络的缺陷或漏洞实施的攻击，黑客在未经许可的情况下非法载入对方系统，并对载入系统进行控制。

（4）管理缺陷

网络系统的严格管理是企业及用户免受网络攻击的重要措施。一台设备所支持的管理程度反映了该设备的可管理性及可操作性。很多企业及个人用户对网站或系统都疏于管理，主要表现为系统配置得不到优化、运行记录缺失、软件不能及时升级、对黑客的攻击准备不足等。

### 3. 信息安全的保障措施

（1）养成良好的上网习惯

不要打开一些来历不明的邮件及附件，不要上一些不了解的网站、不要执行通过 Internet 下载后未经杀毒处理的软件等，这些必要的习惯会使您的计算机更安全。

（2）关闭系统中不需要的服务

在默认情况下，许多操作系统会安装一些辅助服务，如 FTP 客户端、Telnet 和 Web 服务器。这些服务为攻击者提供了方便，却对用户没有太大用处，如果关闭或是删除它们，就能大大减少被攻击的可能性。

（3）经常升级安全补丁

据统计，有 80% 的网络病毒是通过系统安全漏洞进行传播的，像蠕虫、冲击波、震荡波等，所以我们应该定期到微软网站下载最新的安全补丁，防患于未然。

（4）设置复杂的密码

许多网络病毒就是通过猜测简单密码的方式攻击系统的，因此使用复杂的密码，如采用字母、数字和符号混合的密码，将会大大提高用户账户的安全系数。

（5）隔离受感染的计算机

当你发现你的计算机被病毒感染或异常时应立刻断网，以防止计算机受到更多的感染，或者成为传播源，感染其他计算机。

（6）了解一些计算机知识

了解一些简单的病毒知识之后，用户就可以及时发现新病毒并采取相应措施，在关键时刻使自己的计算机免受病毒侵害。如果能了解一些注册表知识，用户就可以定期查看注册表的自启动项是否有可疑键值；如果了解一些内存知识，用户就可以经常看看内存中是否有可疑程序。

（7）安装专业的杀毒软件

在病毒日益增多的今天，使用杀毒软件进行防毒是越来越经济的选择，而且用户在安装了反病毒软件之后，应该经常进行升级、将一些主要监控措施打开（如邮件监控、内存监控等），这样才能最大限度地保障计算机的安全。

（8）安装防火墙软件

由于网络的发展，用户电脑面临的黑客攻击问题也越来越严重，许多网络病毒都采用了黑客的方法来攻击用户电脑，因此，除了杀毒软件外，用户还应该安装个人防火墙软件，将安全级别设为中或高，这样才能有效地防止网络黑客的攻击。

# 6.3　Internet 应用

## 6.3.1　Internet 简介

Internet 中文译名为因特网，又称互联网。起源于 20 世纪 60 年代美国军用计算机网 ARRAnet，是美国国防部为军事目的而建立的，主要任务是连接不同的子网，当网络中的一部分被破坏时，其余部分的网络会很快建立起新的联系。在联网过程中，为了解决不同子网之间的互联问题形成了 TCP/IP，TCP/IP 定义了电子设备如何连入计算机网络，以及数据如何在它们之间传输的标准。1984 年，美国国家科学基金会采用了 TCP/IP 技术建立了 Csnet，在 ARPAnet 和 Csnet 相互连通以后，伴随着计算机用户的迅速增加，逐步形成了目前的因特网。

自 20 世纪 80 年代以来，Internet 发展迅速，2015 年互联网调查报告显示，全球网民 32 亿人，手机用户数达 71 亿。我国于 1994 年 4 月正式接入 Internet。

在 Internet 上，每个注册用户都是平等的，所有资源都是开放的，每个注册用户都有发布信息的权利，每个用户在接受服务的同时也为其他用户提供服务。Internet 的迅速发展跟它的开放性和平等性是分不开的。

## 6.3.2　Internet 提供的服务

### 1. 基本概念

（1）网址

网址也称 IP 地址，是按照 IP 协议规定的格式为每一个接入 Internet 的主机分配的网络地址。网址确保接入 Internet 主机地址的唯一性，如同每一个住宅都有唯一的门牌号一样，使得发送方所发送的信息能准确无误的发送给接收方。

现行的 TCP/IP 是基于 IPv4 的第二代互联网技术的，IPv4 地址用 32 位二进制编址，每 8 位二进制位为一组，每组之间用圆点隔开，为了方便记忆，将每组二进制数转换成十进制数表示，这种 IP 地址的表示方法被称为"点分十进制法"。例如，中国教育科研网的 WWW 服务器的 IP 地址为 11001010 11001101 01101101 00011001，用"点分十进制法"可以记作"202.205.109.25"。从理论上讲，IPv4 可以编址 1600 万个网络、40 亿台主机，采用 A、B、C、D、E 5 类编址方式，其中商业中应用到的 A、B、C 类被称为基本类，D 类和 E 类留作特殊的用途。每一类网络中的 IP 地址的结构都有所不同，如图 6-8 所示。

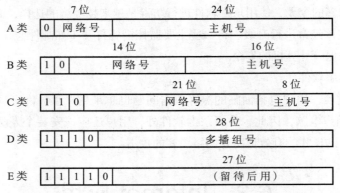

图 6-8　5 类互联网地址

① A 类地址。A 类地址的第一个字节以"0"开始，接下来的 7 位标识网络地址，即用第一个字节标识网络地址，后 3 个字节标识主机地址。所以 A 类地址可分配使用的 IP 地址范围为（1.0.0.1 ～ 126.255.255.254。）A 类地址网络号较少，通常分配给拥有大量主机的大型网络。

② B 类地址。B 类地址的第一个字节以"10"开始，接下来的 14 位标识网络地址，后 16 位标识主机地址。所以 B 类地址可分配使用的 IP 地址范围为 128.0.0.1 ～ 191.255.255.254。B 类地址一般适用于中等规模的网络。

③ C 类地址。C 类地址的第一个字节以"110"开始，接下来的 21 位标识网络地址，后 8 位标识主机地址。所以 C 类地址可分配使用的 IP 地址范围为 192.0.0.1 ～ 223.255.255.254。C 类地址的网络地址较多，而主机地址相对较少，一般适用于小型网络。

④ D 类地址。D 类地址的第一个字节以"1110"开始，第一个字节的范围为 224 ～ 239。它并不指向特定的网络，目前这一类地址被用在多点广播中。多点广播地址用来一次寻址一组计算机，它标识共享同一协议的一组计算机。

⑤ E 类地址。E 类地址的第一个字节以"11110"开始，第一个字节的范围为 240 ～ 255。E 类地址保留，仅作为搜索、Internet 的实验和开发之用。

从 Internet 目前的发展速度来看，现行的 IPv4 已不太适用，最主要的问题是 32 位的 IP 地址已经枯竭。同时，IPv4 在服务质量、传送速度、安全性、支持移动性和多播等方面也有很多的局限性，这些局限性妨碍着 Internet 的发展，使得许多服务与应用难以开展。在这种情况下，IPv6 应运而生。IPv6 所拥有的地址容量是 IPv4 的约 $8 \times 10^{28}$ 倍，达到 $2^{128}$ 个（算上全为零的）。这不但解决了网络地址资源数量的问题，同时也为除计算机外的设备连入互联网在数量方面的限制上扫清了障碍。

（2）域名

在 Internet 上，主机之间相互通信必须指定双方机器的 IP 地址。IP 地址虽然能够唯一地标识网络上的计算机，但它是数值型的，且长度较长，对使用网络的用户来说不便记忆，因而提出了字符型的名字标识，就是将二进制的 IP 地址用字符型地址（即域名地址）来代替，这个字符型地址被称为域名（Domain Name）。

域名由字母、数字和连字符组成，开头和结尾必须是字母或数字，最长不超过 63 个字符，不区分大小写，完整的域名总长度不超过 255 个字符。在实际应用中，每个域名长度一般小于 8 个字符。其格式为：主机名 . 机构名 . 二级域名 . 顶级域名。顶级域名一般有两个大类，一类是地理类域名，另一类是机构类域名。地理类域名是通过地理区域来划分的，如表 6-1 所示；机构类域名是根据注册的机构类型来分类的，如表 6-2 所示。

表 6-1　常用的地理类顶级域名

| 域名 | 国家或地区名 | 域名 | 国家或地区名 |
| --- | --- | --- | --- |
| .cn | 中国 | .fr | 法国 |
| .au | 澳大利亚 | .us | 美国 |
| .uk | 英国 | .ru | 俄罗斯 |
| .jp | 日本 | .de | 德国 |

表 6-2　常用的机构类顶级域名

| 域名 | 机构类型 | 域名 | 机构类型 |
| --- | --- | --- | --- |
| .gov | 政府机构 | .net | 网络中心 |
| .edu | 教育机构 | .com | 商业机构 |
| .int | 国际机构 | .info | 信息服务 |
| .mil | 军事机构 | .org | 其他社会组织 |

例如，www.××××.edu.cn 中 .edu 代表教育机构，.cn 代表中国。

（3）域名解析

域名是为了方便记忆而专门建立的一套地址转换系统，要访问一台互联网上的服务器，最终还必须通过 IP 地址来实现，域名解析就是将域名重新转换为 IP 地址的过程。一个域名对应一个 IP 地址，一个 IP 地址可以对应多个域名，所以多个域名可以同时被解析到一个 IP 地址。域名解析需要由专门的 DNS 来完成。当 Internet 应用程序接收到一个主机名时，先由本地的域名服务器向其他域名服务器发出信号，由其他域名服务器配合查找，并把查找到的 IP 地址返回给 Internet 应用程序。Internet 中的域名服务器之间具有很好的协作关系，用户只要通过本地的域名服务器便可以实现全网主机 IP 地址的查询。

（4）超链接

超链接（Hypertext）本质上属于一个网页的一部分，它是一种允许我们同其他网页或站点之间进行连接的桥梁。各个网页链接在一起后，才能真正构成一个网站。所谓的超链接是指从一个网页指向一个目标的连接关系，这个目标可以是另一个网页，也可以是相同网页上的不同位置，还可以是一张图片、一个电子邮件地址或一个文件，甚至可以是一个应用程序。而在一个网页中用来作为超链接的对象可以是一段文本或者是一张图片。当浏览者单击已经链接的文字或图片后，链接目标将显示在浏览器上，并且根据目标的类型来打开或运行。

（5）URL

统一资源定位符（Uniform Resource Locator，URL）是对可以从 Internet 上得到资源的位置和访问方法的一种简洁的表示。URL 为资源的位置提供一种抽象的识别方法，并用这种方法为资源定位。只要能够对资源定位，系统就可以对资源进行各种操作，如存取、更新、替换和查找机器属性等。

URL 相当于一个文件名在网络范围的扩展，因此，可以将 URL 看成是开启与 Internet 相连的计算机上访问对象的一把钥匙。URL 中字符的大小写是不区分的。由于对不同对象的访问方式不同，所以 URL 还要指出读取某个对象时所使用的访问方式。这样，URL 的一般形式如下：

<URL 的访问方式 >：//< 主机 >[:< 端口 >/< 路径 >]。

可以看出，URL 由两大部分组成并用冒号隔开。其中冒号左边是 URL 的访问方式，最常见的有 3 种，即文件传输协议（FTP）、超文本传输协议（HTTP）和 USENET 新闻（NEWS）。冒号右边部分 < 主机 > 项是必须的，而 < 端口 > 和 < 路径 > 则可以省略。

### 2. 网络接入方式

（1）ISDN

综合业务数字网（Integrated Services Digital Network，ISDN），俗称"一线通"，是电话拨号上网到宽带接入的一种过渡方式，它是一个全数字化的网络。ISDN 接入 Internet 的方式与电话拨号上网的接入方式类似，也有一个拨号的过程。不同的是，ISDN 不用 Modem 而是用 ISDN 适配器来拨号，ISDN 的传输是纯数字的过程，不需要模拟信号与数字信号之间的转换，且 ISDN 的连接和传输速率都比电话拨号上网要快得多，最高传输速率可以达到 128kb/s。

（2）XDSL

X 数字用户线路（X Digital Subscriber Line，XDSL）是数字用户线路（Digital Subscriber Line，DSL）的统称，是以原有的电话线为传输媒介，采用点对点传输的接入技术。它可以在电话线的其中一根线上传输数字信号，数字信号不经过程控交换机，并不需要拨号，这样一来就不会影响到通话。之所以 XDSL 是当下最为常见的网络接入技术，是因为它可以利用现有的电话网络，而不需要对接入系统进行任何改造，就可以非常方便地办理宽带业务。目前最常用的是 ADSL 技术，即非对称数字用户线路。

（3）HFC

混合光纤同轴电缆网络（HybridFiber-Coaxial，HFC）是由传统的有线电视网升级、改造而成的。从电视网到 HFC 的改造难度很大，传统有线电视网上采用的都是单向放大器和有关设备，需要全部更换才能满足 HFC 的要求；其次，HFC 这种技术本身是一个共享型网络，这就意味着用户要和邻近用户分享带宽，所以 HFC 的理论传输速率也会受到影响。由于 HFC 是混合光纤同轴电缆网络，故而在干线中采用光纤传输，在用户端采用光纤或同轴电缆混合接入。

（4）光纤接入

在所有的有线介质接入网中，目前认为带宽化程度最高、可靠性最好的莫过于光纤接入。随着网络使用的普及、多媒体数据的增加，且光纤的可扩展能力很强，这使得光纤接入具有很大的潜力。光纤宽带稳定性强、速度快，可满足用户对上网速度的要求。另外，光纤接入设备的标准化程度非常高，对用户和一般维修工程师来说，只与终端设备有关，不会介入中间环节，从而可以降低运行和维护成本，并便于管理。

（5）专线接入

对于上网计算机较多、业务量大的企业用户，一般采用租用电信专线的方式接入 Internet，在专线接入中最为常见的是 DDN 专线接入。DDN 可根据用户需要，在约定的时间内接通所需带宽的线路，信道容量的分配和接续均在计算机控制下进行，具有极大的灵活性和可靠性，使用户可以开通各种信息业务，传输任何合适的信息。

（6）无线接入

无线接入是从交换结点到用户终端，部分或全部采用无线接收的接入技术。无线系统具有建网费用低、扩容可按需而定、运行成本低等优点，所以在发达地区可以作为有线接入的补充，能迅速替代有故障的有线系统或提供短期、临时业务；在发展中地区或边远地区可广泛用来替换有线用户环路，以节省时间和投资。因此无线接入技术已成为通信界备受关注的热点。

### 3. 基本服务方式

Internet 的基本服务方式是指 TCP/IP 协议所包含的基本功能，主要包括 WWW 服务、电子邮件服务、文件传输服务、远程登录服务、文件与打印服务等 5 种功能。

（1）WWW 服务

WWW 为上网用户提供了一个可以轻松驾驭的图形化用户界面，它能帮助用户方便地查阅 Internet 上的网页，而这些网页及网页之间的链接则一同构成了一个虚拟现实的全球多媒体信息网。

WWW 是目前 Internet 上最新的应用功能，它采用超文本（Hypertext）或超媒体的信息组织结构。这里所说的媒体是指从网络上能得到和传输的数据的形式，包括 ASCII 文本文件、图形、图像文件、声音、影像文件、动画文件以及其他可以存储于计算机中的数据。超媒体是组织各种数据的一种方法。一个超媒体文档采用非线性链表的方式与其他文档相连。

WWW 与 Internet 的早期功能 Telnet、FTP 及 Gopher 相比，在一些功能及查询信息的目的等方面是相同的。但是，它们查询信息的方式就大不相同了，原有的查询信息功能都是以文件目录和菜单方式来查询信息的，而 WWW 则是按超文本的链指针查询信息。WWW 不仅可以用于查询信息，还可以在网站上建立信息，上网用户可以用 WWW 进行协同建立供其他用户访问的信息网页。WWW 促使 Internet 成为具有信息资源增值服务能力的系统，因此，它是当前 Internet 上最具有活力和最具发展前景的应用系统。

WWW 是基于超文本方式的信息查询工具，利用它可以将 Internet 分布在全球不同地方的相关信息有机地组织在一起。上网用户查询信息时，不需要说明到什么地方查询及如何查询，只需指明所要查询信息的站点及条目，全部查询工作均由 WWW 自动完成。WWW 除可浏览一般文本信息外，还可以通过相应软件，如 IE、Netscape 等，显示网页中嵌入的图形、图像、声音、动画及影像等多媒体信息。

（2）电子邮件服务

电子邮件系统是目前 Internet 上使用非常方便和最受用户欢迎的网络通信工具之一。任何一个 Internet 用户使用电子邮件系统，在全球任何地方都随时能够与朋友或家人交换电子邮件，只要对方也是 Internet 用户或者对方能够使用公用的 Internet 电子邮件系统。

通常一个 Internet 用户上网的第一件事就是注册用户和建立电子邮件信箱地址。一旦确定了用户的电子邮件地址，实际上就是等于在 Internet 上设立了用户的电子邮箱，用户就能使用这个邮箱收发电子邮件。用户除了收发电子邮件外，还可以在 Internet 上建立专题讨论小组，寻求趣味相投的人并通过 E-mail 互相讨论共同关心的话题，当用户参加一个小组讨论之后，就能收到其中任何人发出的信息。当然，用户也可以把自己的观点发送给小组的每个成员。E-mail 还可以以附件的形式传送各种文件，还可以用于举行各种类型的电子会议与查询信息。公司职员能够在世界各地以邮件的形式进行不见面的商务谈判、签订合同、传送各种商务信息。因此，熟练应用 Internet 电子邮件功能，能够最大限度地提高跨区域处理商务业务的效率。

从人类信息交流方式的发展趋势来看，信息的交流表现出所跨越距离越来越长、信息传输量越来越大、对信息时效性的要求越来越高的特点，正是为适应信息交流的这一发展趋势，网上电子邮件才应运而生，并得到快速发展和广泛应用。

（3）文件传输服务

文件传输协议（File Transfer Protocol，FTP）是 Internet 上最早使用的文件传输程序，它同 Telnet 一样，是使用户能够登录一台 Internet 上的远程计算机，并把其中的文件传送回自己的计算机系统，反之也可以把本地计算机上的文件传送并装载到远程的计算机系统中去。FTP 负责将文件从一台计算机传输到另一台计算机上，并保证其传输的可靠性。FTP 属于应用层的协议，并且采用了 Telnet 协议的功能和其他低层通信协议的功能。上网用户在访问文件服务器时，同样被要求输入用户名和密码。但是，为了方便用户使用，有许多服务器可以匿名登录访问。FTP 是 Internet 标准传输协议的一种，它规定了网上信息传输的通信规程和接口交换信息的集合，而 FTP 则是该协议的一个具体应用程序。

FTP 与 Telnet 的不同之处在于 Telnet 把用户的计算机仿真为远端计算机的一台终端，用户在完成远程登录后，具有同远端计算机上的用户一样的权限。而 FTP 则没有给予用户这样的权限，它只允许用户对远端计算机上的文件进行有限的操作，包括查看文件、交换文件以及改变文件目录等。另外，同 Telnet 一样，用 FTP 传输文件时用户也应该先进行注册并登录到远端的计算机系统，不过 Internet 上有许多 FTP 服务器允许用户以 "anonymous" 为用户名、以 E-mail 地址为口令进行登录，这种 FTP 服务器为匿名用户开设特定的子目录，其中的内容对访问者是完全开放的。

（4）远程登录服务

远程登录的根本目的在于访问远程系统的资源，而且像远程系统的当地用户一样。一个本地用户通过远程登录进入远程系统后，远程系统内核并不将它与本地登录区别开，因此远程登录和远程系统的本地登录一样可以访问远程系统权限允许的所有资源。反之，假如我们不采用远程登录的方式，则如何访问远程系统资源呢？显然可以采用单纯的客户 / 服务器方式，但要注意单纯的客户 / 服务器方式要求远程系统上为每一种服务创建一个服务器。当远程系统提供一种很专门的服务时，这种方式是最佳的，但像用户登录这样的服务，单纯的客户 / 服务器方式就不适用了。因为用户登录后，可访问的资源（即服务）很多，比如在 UNIX 系统中，仅常用的 Shell 命令就有几十条甚至上百条，假如对每一种可访问资源都建立一个服务器，毫无疑问远程系统会很快被服务器进程阻塞。

远程登录很好地解决了这个问题，它不要求远程系统创建众多的服务器，只需为每个远程登录用户建立一个进程（如 Shell 进程），这个进程再通过创建子进程为远程登录用户提供各种允许的服务。这样一组少量的动态进程代替了大量静态的服务器进程，其效率是可想而知的。远程登录的另外一个优点是，它提供与本地登录几乎完全相同的用户界面，使用非常方便。

（5）文件与打印服务

联网不只是要看看网络上有哪些邻居，共享邻居们的资源才是我们联网的真正目的。在一般的网络环境中，最常共享的资源包括"文件"和"打印机"。在联网之前，这些资源只是个别计算机的私有资源，在建立了网络环境后，就可以与网上的其他计算机一起共享这些资源。

## 6.3.3　信息检索与文献查询

信息检索（InformationRetrieval，IR）也称情报检索，是指将信息按一定的方式组织起来，并根据信息用户的需要找出有关信息的过程和技术。信息检索的过程就是信息用户的需求与信息集合匹配的过程。用户根据检索需求，对一定的信息集合采用一定的技术手段，按照一定的线索与准则找出相关的信息。

网络信息检索是将网络信息按照一定的方式存储起来，利用网络检索工具，为用户检索、传递知识和信息的过程。

### 1. 信息检索

（1）信息检索的要素

①信息意识。信息意识是信息检索的前提，所谓信息意识是人的信息敏感程度，是人们对自然界和社会的各种现象、行为、理论观点等从信息角度的理解、感受和评价。人们的信息搜集活动是受信息需求驱使的，影响需求大小的主要因素是人们意识的清晰程度，可以说意识越明确、行动目标越清楚，则信息活动的动机越稳定、持久、强烈，努力程度也就越高。因此，信息意识的强弱直接影响人们的信息需求程度。

②信息源。信息源是信息检索的基础，所谓信息源是指个人为满足其信息需要而获得的信息的来源。信息源内涵丰富，它不仅包括各种信息载体，也包括各种信息机构；不仅包括传统印刷型文献资料，也包括现代电子图书报刊；不仅包括各种信息储存和信息传递机构，也包括各种信息生产机构。

③信息获取能力。信息获取能力是信息检索的核心，是用户对信息怀有强烈的意向和愿望，利用必要的检索工具、搜索引擎及其运用方法，快速、准确地判断自己所需信息处于什么位置，可以从什么渠道，采用什么方法、手段来获取的能力。如果具备这种能力，用户就能够有的放矢地组织、策划自己的信息获取方案，既能提高信息查找的速度，又能保证信息获取的全面性、准确性。

④信息利用。信息利用是信息检索的关键，信息利用的过程就是把信息融入学习、经营管理等活动，为学习、决策等提供思路和依据的过程。获取学术信息的最终目的是通过对所得信息进行整理、分析、归纳和总结，并根据自己学习、研究过程中的思考和思路，将各种信息进行重组，以创造出新的知识和信息，从而达到激活信息并使信息增值。

（2）信息检索方法

信息检索方法包括普通法、追溯法和分段法。

①普通法是利用书目、文摘、索引等检索工具进行文献资料查找的方法。运用这种方法的关键在于熟悉各种检索工具的性质、特点和查找过程，并从不同角度进行查找。

②追溯法是利用已有文献所附的参考文献不断追踪查找的方法，在没有检索工具或检索工具不全时，此法可获得针对性很强的资料，查准率较高，但查全率较差。

③分段法是追溯法和普通法的综合，它将两种方法分时、分段交替使用，直至查到所需资料为止。

（3）网络信息检索工具

网络信息检索工具按其检索方式与所对应的检索资源大体分为以下几种类型。

①FTP类的检索工具。FTP类的检索工具是一种实时的联机检索工具，在检索前用户必须要登录到对方的计算机系统，登录后即可以进行文献搜索及文献传输有关的操作。在这类检索工具中Archie是最常用的，Archie可以自动索引Internet上匿名的免费FTP文件信息，并提供一种根据文件名称查询文件所在FTP地址的方法。因此，Archie被称为现代搜索引擎的鼻祖。

②基于菜单式的检索工具。这类检索工具是一种分布式信息查询工具，它将用户的请求自动转换成FTP或Telnet命令，在一级一级菜单的引导下，用户可以选取自己感兴趣的信息资源。Gopher是Internet上一个非常有名的菜单式的检索工具，它将Internet上的文件组织成某种索引，很方便地将用户从Internet的一处带到另一处。在WWW出现之前，Gopher是Internet上最主要的信息检索工具，Gopher站点也是最主要的站点。

③基于关键词的检索工具。广域信息服务系统（Wide Area Information Server，WAIS）是基于关键词的检索工具。在使用WAIS时，用户不用操心所要检索的信息在网络中的哪台计算机上，也不用关心如何去获取这些信息。只需从WAIS给出的数据库中选择自己想要检索的数据源名称，系统会自动进行远程检索并将检索到文件中的信息显示出来，供用户联机浏览。

④基于超文本式的检索工具。WWW是一种基于超文本方式的信息查询工具，它通过将Internet上的各站点的相关数据库信息有机地编织在一起，从而提供一个信息查询接口，用户只需要提出查询要求，WWW将自动完成整个检索过程。WWW上的检索工具不仅可以搜索WWW上的信息，也可以搜索Internet上的其他信息资源，如FTP、Gopher、新闻组等，WWW大有成为Internet上标准检索工具的趋势。

⑤多元搜索引擎。多元搜索引擎是将多个搜索引擎集成在一起，并提供一个统一的检索界面，且将一个检索提问同时发送给多个搜索引擎，同时检索多个数据库，再经过聚合、去重之后输出检索结果。

**2. 计算机文献查询**

文献查询也称文献检索，是指根据学习和工作的需要获取文献的过程。计算机文献查询过程就是由计算机将输入的检索策略与系统中存贮的文献特征标识进行类比、匹配的过程。目前，计算机文献检索方式主要有光盘数据库、网络数据库两种。

（1）光盘数据库

光盘数据本身是一种机读文献，必须通过计算机光盘驱动器读取。光盘检索有着运行速度快、成本低、下载方便、安全性高等特点。目前使用的光盘检索系统都以计算机为基础设备，在普通的计算机上加载光盘驱动器的驱动软件和数据库的检索软件，即可成为光盘检索系统。常用的光盘数据库有《中文科技期刊数据库》《中国专利文献》《科学文摘》等。

（2）网络数据库

网络数据库又称为Web数据库，是以后台数据库为基础，用户通过前台程序浏览器完成数据存储、查询等操作的系统。Web数据库将数据库技术与Web技术融合在一起，使数据库系统成为Web的有机组成部分，不仅把Web与数据库的所有优势集合在了一起，还充分利用了大量已有数据库的信息资源。网络数据库由数据库服务器、中间件、Web 服务器、浏览器等 4 部分组成。

# 6.4　无线网络

无线网络是采用无线通信技术实现的网络。无线网络既包括允许用户建立远距离无线连接的全球语音和数据网络，也包括为近距离无线连接进行优化的红外线技术及射频技术，与有线网络的用途十分类似，最大的不同在于传输媒介的不同，利用无线电技术取代网线，可以和有线网络互为备份。

不同频段的波用途也不一样，其中音频在 300~3400Hz，公众调频广播在 87MHz~108MHz，无线电话一般使用 902MHz~928MHz，GPS 一般使用 1.575/1.227GHz，IEEE802.11B/G 使用 2.400GHz~2.4835GHz，IEEE802.11A 使用 5.725GHz~5.850GHz。

## 6.4.1　常用无线网络

### 1.Wi-Fi

Wi-Fi 是一种短程无线传输技术，能够在数百英尺（1 英尺 ≈ 0.3 米）范围内支持互联网接入的无线电信号。随着技术的发展及 IEEE802.11A 和 IEEE802.11G 等标准的出现，现在 IEEE802.11 这个标准已被统称为 Wi-Fi。

802.11 体系结构的组成包括：无线站点（STA）、无线接入点（AP）、独立基本服务组（IBSS）、基本服务组（BSS）、分布式系统（DS）和扩展服务组（ESS）。

### 2. 蓝牙

蓝牙是一个开放性的、短距离无线通信技术标准。它面向的是移动设备间的小范围连接，可以用来在较短距离内取代目前多种线缆连接方案，穿透墙壁等障碍，通过统一的短距离无线链路，在各种数字设备之间实现灵活、安全、低成本、小功耗的话音和数据通信。

## 6.4.2　无线路由器设置

将无线路由器插上网线，接通电源，在浏览器中输入 http：//192.168.1.1，再输入相应的账号、密码（默认为 admin），单击"登录"按钮进入操作界面。

点击设置向导，进入无线路由器设置向导界面，设置上网方式，设置无线 SSID，选择无线安全选项，点击下一步即可完成设置。

# 6.5　应用案例

## 6.5.1　应用案例 1——收发电子邮件

### 1. 申请电子邮箱

启动浏览器，登录网易官网，点击注册免费邮箱，出现欢迎注册网易邮箱页面，如图 6-9 所示。输入用户名、密码及手机号码，手机扫描二维码，快速发送短信进行验证，勾选"同意"复选框，单击"立即注册"按钮即可完成注册。

图 6-9　网易邮箱注册页面

### 2. 电子邮箱登录

电子邮箱注册成功后，可以通过二维码扫描或输入用户名和密码两种方式登录。如果要使用手机登录，必须先下载并安装网易邮箱的手机客户端软件。

### 3. 发送电子邮件

若要撰写电子邮件，可单击"写信"，进入图 6-10 所示的电子邮件发送页面，在该页面逐项添加邮件信息。

图 6-10　电子邮件发送页面

（1）添加收件人

在"收件人"文本框中输入收件人邮箱地址，如果需要将邮件同时发送给多个联系人，可以输入多个邮件地址，地址间用分号或逗号隔开。

（2）设置主题

在"主题"文本框中输入邮件的主题，这里所说的主题就是邮件的标题，主题将显示在收件人"收件箱"的邮件列表中，是收件人区分邮件的主要依据之一。

（3）添加附件

邮件用户可以在邮件中添加图片、视频、文本等各类文件，单击"添加附件"按钮即可弹出"选择文件"对话框，添加附件文件。如果没有设置主题，在主题文本框中就会出现所添加附件的文件名。

（4）输入邮件正文

在邮件正文区域中，用户可以输入邮件的正文内容，可以添加文字、图片、表格等，在正文区域中文本的编辑方式跟 Word 文本编辑方式类似。

邮件创建完成后，单击"发送"按钮发送邮件，若邮件发送成功，页面上将显示"发送成功"的提示信息，如果邮件接收方是手机邮箱可选择"免费短信通知"，以短信方式告知接收方。

## 6.5.2　应用案例 2——信息检索与文献查询

中国知网是以实现全社会知识资源传播共享与增值利用为目标的信息化建设项目，由清华大学、清华同方发起，始建于 1999 年 6 月，面向海内外读者提供中国学术文献、外文文献、学位论文、报纸、会议、年鉴、工具书等各类资源的统一检索、统一导航、在线阅读和下载服务。

### 1. 中国知网服务内容

（1）中国知识资源总库

提供 CNKI 源数据库、外文类、工业类、农业类、医药卫生类、经济类和教育类多种数据库。其中综合性数据库为中国学术辑刊全文数据库、中国博士学位论文全文数据库、中国优秀硕士学位论文全文数据库、中国重要报纸全文数据库和中国重要会议论文全文数据库等。每个数据库都提供初级检索、高级检索和专业检索 3 种检索功能。高级检索功能最常用。

（2）数字出版平台

数字出版平台是国家"十一五"重点出版工程。数字出版平台提供学科专业数字图书馆和行业图书馆。个性化服务平台由个人数字图书馆、机构数字图书馆、数字化学习与研究平台等组成。

（3）文献数据评价

2010 年推出的《中国学术期刊影响因子年报》在全面研究学术期刊、博硕士学位论文、会议论文等各类文献对学术期刊文献的引证规律基础上，研制者首次提出了一套全新的期刊影响因子指标体系，并制定了我国第一个公开的期刊评价指标统计标准——《〈中国学术期刊影响因子年报〉数据统计规范》，为期刊出版管理部门和主办单位等分析评价学术期刊学科与研究层次类型布局、期刊内容特点与质量、各类期刊发展走势等管理工作提供决策参考。

（4）知识检索

精确完整的搜索结果、独具特色的文献排序与聚类，可以为科研提供助力。

### 2. 单库检索

在单库检索模式下，按照设定的条件在当前选定的单个数据库中进行检索。进入中国知网首页，可以在"图书""古籍""法律法规""政府文件""企业标准""科技报告""政府收购"等选项中选择要检索的数据库源，如图 6-11 所示。

图 6-11　中国知网数据库源选择页面

在单库检索页面左侧可以选择学科领域，页面上方是检索控制条件设置区，分高级检索、专业检索、框式检索等 3 个检索选项卡，在不同的选项卡中可以设置不同的检索条件，如图 6-12 所示。

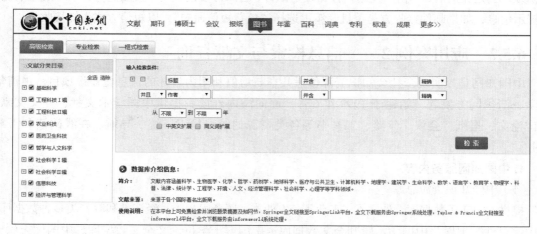

图 6-12　中国知网单库检索页面

**3. 跨库检索**

跨库检索可以根据设定的条件同时在指定的多个数据库中同时进行检索。CNKI 文献检索首页默认的就是一种跨库检索模式。单击"高级检索"，在"文献分类目录"下拉列表中设置学科类别，使文献检索更具针对性。页面中部靠上的区域是检索控制条件设置区，在这里可以设置要检索文件所属类别，如期刊、博硕士、会议、报纸、图书等，如图 6-13 所示。

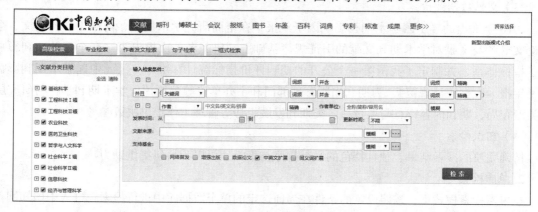

图 6-13　中国知网跨库检索页面

在接下来的"检索"选项中可以按作者、篇名、关键词等设置检索条件，然后在"检索"文本框中输入条件值。

例如，要在"期刊"中检索关键词为"计算机网络"的论文，结果如图 6-14 所示。可以在检索结果中查阅论文的作者、摘要、参考文献等相关资料，也可以进行全文下载。

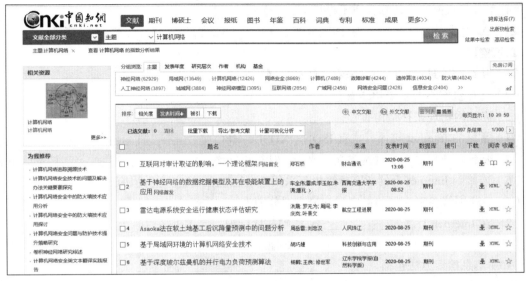

图 6-14　检索关键词为"计算机网络"论文的检索结果

# 习　题

## 1.选择题

（1）（　　）是指为网络数据交换而制定的规则。

    A. 语法　　　　　　　B. 语义　　　　　　　C. 协议　　　　　　　D. 同步

（2）OSI 参考模型将网络结构划分为（　　）层。

    A.6　　　　　　　　　B.7　　　　　　　　　C.8　　　　　　　　　D.9

（3）网络地址：192.168.48.10 属于（　　）IP 地址。

    A. A 类　　　　　　　B. B 类　　　　　　　C. C 类　　　　　　　D. D 类

（4）统一资源定位符（URL）常见的访问方式不包括（　　）。

    A. FTP　　　　　　　B. HTTP　　　　　　　C. NEWS　　　　　　　D. TCP

（5）WWW 的中文名称为（　　）。

    A. 万维网　　　　　　B. 数字交换网　　　　　C. 国际网　　　　　　D. 综合服务网

（6）以下选项中 E-mail 地址格式正确的是（　　）。

    A. 域名 @ 用户名　　　B. 用户名 @ 域名　　　C. 主机名 @ 域名　　　D. 域名 @ 主机名

（7）广域网的英文缩写为（　　）。

    A.WAN　　　　　　　B.MAN　　　　　　　C.LAN　　　　　　　D.GAN

（8）电子邮件包含的信息有（　　　）。

  A. 文字和图形   B. 图像和声音   C. 图形和图表   D. 以上都对

（9）域名 nwnu.edu.cn 中的 .edu 代表（　　　）。

  A. 政府机构   B. 教育机构   C. 商业机构   D. 军事机构

（10）计算机网络的传输介质不包括（　　　）。

  A. 电线    B. 同轴电缆   C. 光纤    D. 微波

**2.填空题**

（1）从系统物理结构的角度来看，计算机网络分为 ＿＿＿＿＿＿ 和 ＿＿＿＿＿＿ 两部分。

（2）计算机网络的主要功能有 ＿＿＿＿＿＿ 和 ＿＿＿＿＿＿ 。

（3）局域网物理拓扑结构有 ＿＿＿＿＿＿ 、＿＿＿＿＿＿ 、＿＿＿＿＿＿ 、＿＿＿＿＿＿ 。

（4）常见的 Internet 接入方式有 ISDN、XDSL、HFC、＿＿＿＿＿＿ 、＿＿＿＿＿＿ 、＿＿＿＿＿＿ 。

（5）从计算机网络逻辑功能的角度来看，计算机网络主要由＿＿＿＿＿＿ 和＿＿＿＿＿＿ 两部分组成。

（6）连接到 Internet 上的所有计算机都采用＿＿＿＿＿＿＿＿＿＿＿协议。

（7）OSI 网络参考模型的最底层和最高层分别为＿＿＿＿＿＿＿＿＿ 和 ＿＿＿＿＿＿＿＿ 。

（8）在 Internet 上，＿＿＿＿＿＿＿＿＿能唯一地标识一台主机。

（9）＿＿＿＿＿＿＿＿＿＿是将域名转换为 IP 地址的过程。

（10）信息检索方法包括＿＿＿＿＿＿＿＿＿ 、＿＿＿＿＿＿＿＿＿ 、＿＿＿＿＿＿＿＿＿ 。

**3.简述题**

（1）简述计算机网络的功能。

（2）计算机局域网拓扑结构有哪些？

（3）简述信息安全保障措施。

（4）域名解析的作用是什么？

（5）信息检索的要素有哪些？

# 第7章
# 公共基础知识

主要知识点

- 计算机系统。
- 算法的基本概念。
- 基本数据结构及其操作。
- 基本排序和查找算法。
- 逐步求精的结构化程序设计方法。
- 软件工程的基本方法，具有初步应用相关技术进行软件开发的能力。
- 数据库的基本知识，了解关系数据库的设计。

# 7.1 计算机系统

计算机系统结构是程序员所看到的计算机属性，即概念性结构与功能特性。众所周知，任何一个计算机系统都由两部分组成：计算机硬件和计算机软件。计算机硬件通常是由中央处理器（运算器和控制器）、存储器、输入设备和输出设备等部件组成，它构成了系统本身及用户作业赖以活动的物质基础和工作环境。

## 7.1.1 计算机硬件系统结构

随着计算机功能的不断增强和应用范围的不断扩展，计算机硬件系统也越来越复杂，但是基本体系结构仍然属于冯·诺依曼型计算机。

冯·诺依曼型计算机的特点如下。

①计算机内部采用二进制表示程序（指令）和数据。

②采用存储程序和程序控制方式工作，即事先编制程序并将程序和数据一起进行存储，然后按程序编排的顺序自动连续地从存储器中依次取出指令并执行。

③计算机硬件系统由运算器、控制器、存储器、输入设备和输出设备五大逻辑功能部件组成。

五大部件中每一个部件都有相对独立的功能，分别完成各自不同的工作，这五大部件在数据处理时有机地结合在一起，通过系统总线完成指令所传达的操作。当计算机接受指令后，由控制器指挥，将数据从输入设备传送到存储器存放，再由控制器将需要参加运算的数据传送到运算器，由运算器进行处理，处理后的结果先存放到存储器，然后由控制器控制输出设备输出，如图7-1所示。

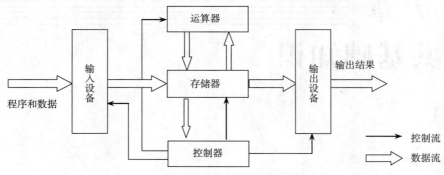

图 7-1　计算机硬件系统构成及工作流程

### 1.CPU 的功能和组成

中央处理器（CPU）是计算机的核心部件，相当于计算机的大脑，负责统一指挥、协调计算机的所有工作，它的速度决定了计算机处理信息的能力，其品质的优劣决定了计算机的系统性能。中央处理器由运算器和控制器组成。

（1）运算器

运算器主要功能是对二进制进行算术运算和逻辑运算，在计算机中不管多么复杂的运算，都是通过基本的算术运算和逻辑运算实现的。运算器由控制器统一控制，不断地读取内部存储器中的数据进行运算，并将运算的结果送回到内部存储器中。

（2）控制器

控制器主要由指令寄存器、译码器、程序计数器和操作控制器组成，协调计算机各部件的工作，并使整个过程有条不紊地进行。它负责按程序计数器指出的指令地址从内部存储器中取出该指令，并对指令进行分析和逻辑译码，然后根据该指令的功能向有关部件发出控制信号，执行该指令。

### 2. 存储器

存储器是计算机系统的记忆设备，用来保存信息，如数据、程序、指令和运算结果等。在计算机内部，为同时满足大容量、高速度和低成本的要求，通常把各种不同容量、不同存取速度的存储器按照一定的结构有机地组织在一起，形成层次化的存储器体系结构。按照与中央处理器的接近程度，可以把存储器分为内部存储器和外部存储器两大类。

（1）内部存储器

内部存储器也称内存或主存，用来存放当前运行程序及所需要的数据，属于临时存储器。CPU 可以直接访问内存并与其交换信息。相对于外部存储器而言，内存的存储容量小、存取速度快、成本较高。根据存取方式的不同，内存分为随机存储器（RAM）和只读存储器（ROM）两类。

随机存储器也叫读写存储器，有两个主要特点：一是其中的信息随时可以读出或写入，当写入时，原来存储的数据将被冲掉；二是加电使用时其中的信息会完好无缺，但是一旦断电（关机或意外断电），RAM 中存储的数据就会消失，而且无法恢复。由于 RAM 的这一特点，所以它也被称为临时存储器。

只读存储器主要用来存放系统程序和数据，信息是在制造时用专门设备一次写入的，存储的内容是永久性的，即使关机或断电也不会丢失。

（2）外部存储器

外部存储器也称外存或辅存，是内存的扩充。外存存放当前不参加运行的程序和数据，以及一些需要永久保存的信息，属于永久性存储器。外存的存储容量大、成本低，但存取速度较慢，且 CPU 不能直接访问它，当需要某一程序或数据时，必须先将其调入内存，然后运行。

常用的外存有硬盘、光盘、移动硬盘和 U 盘等。

### 3. 总线

总线是一组信号线的集合，是一种在各模块间传送信号的通道。在计算机系统中，总线实现芯片内部、印刷电路板各部件之间、机箱内各插线板之间、主机与外部设备之间或系统与系统之间的连接与通信。总线按系统传输信息的不同可分为数据总线、地址总线和控制总线。

（1）数据总线

数据总线用来在各功能部件之间传输数据信息，数据总线的条数称为数据总线的宽度，它是双向的传输总线，一般为 8 位、16 位、32 位、64 位。

（2）地址总线

地址总线主要来指出数据总线上源数据与目的数据在主存储单元或 I/O（输入／输出）端口的地址。地址总线为单向传输，宽度一般为 16 位、24 位、32 位、64 位。

（3）控制总线

控制总线是用来传输各种控制信号的传输线，常见的控制信号有时钟、复位、总线请求、总线允许、中断请求、中断确认、存储器写、存储器读、I/O 写、I/O 读、数据确认等。

### 4. 外部设备

（1）输入设备

输入设备是计算机用来接收外来信息的设备。它的功能是把原始数据和处理这些数据的程序、命令通过输入接口输入计算机。键盘、鼠标、摄像头、扫描仪、光笔、触摸屏、手写板、游戏杆、语言输入装置等都属于输入设备。

（2）输出设备

输出设备是用来输出信息的部件。输出设备把计算机加工处理的结果转换成人或其他设备所能接收和识别的信息形式，如文字、数字、表格、图形、图像、声音和视频等。常用的输出设备有显示器、打印机、绘图仪和音箱等。

## 7.1.2　操作系统的基本组成

操作系统是管理计算机硬件资源，控制其他程序运行并为用户提供交互操作界面的系统软件的集合。操作系统是计算机系统的关键组成部分，负责管理与配置内存、决定系统资源供需的优先次序、控制输入与输出设备、操作网络与管理文件系统等基本工作。

### 1. 进程管理

一个进程是一个程序对某个数据集的执行过程，是系统进行资源分配和调度的一个独立单位。为更好地描述程序的并发执行，实现操作系统的并发性和共享性，需要引入"进程"的概念。

在现代计算机系统中，为了提高系统的资源利用率，通常采用多道程序设计技术，即允许多个程序同时进入计算机系统的内存并运行，通过进程管理来协调多道程序之间的关系，使 CPU 得到充分的利用。

进程具有以下主要特性。

①并发性：可以与其他进程一道在宏观上同时向前推进。

②动态性：进程是执行中的程序。此外进程的动态性还体现在如下两个方面：首先，进程是动态产生、动态消亡的；其次，在进程的生存期内，其状态处于经常性的动态变化之中。

③独立性：进程是调度的基本单位，它可以获得处理机并参与并发执行。

④交互性：进程在运行过程中可能会与其他进程发生直接或间接的相互作用。

⑤异步性：每个进程都以其相对独立、不可预知的速度向前推进。

⑥结构性：每个进程有一个控制块（PCB）。

### 2. 内存管理

内存管理是指软件运行时对计算机内存资源的分配和使用的技术。其最主要的目的是高效、快速地分配内存资源，并且在适当的时候释放和回收内存资源。有效的内存管理在多道程序设计中非常重要，不仅方便用户使用存储器、提高内存利用率，还可以通过虚拟技术从逻辑上扩充存储器。

内存管理的主要功能如下。

①内存分配：由操作系统完成主存储器空间的分配和管理，提高编程效率。

②内存保护：保证各道作业在各自的存储空间内运行，互不干扰。

③地址映射：在多道程序环境下，提供地址转换功能，把逻辑地址转换成相应的物理地址。

④内存扩充：利用虚拟内存技术或自动覆盖技术，从逻辑上扩充内存。

### 3. 目录和文件系统

文件系统是操作系统用于明确存储设备或分区上的文件的方法和数据结构，即在存储设备上组织文件的方法。通常，文件被放置进目录（Windows 中的文件夹）或子目录中。从系统角度来看，文件系统是对文件存储设备的空间进行组织和分配，负责文件存储并对存入的文件进行保护和检索的系统。具体地说，文件系统可以帮助用户建立文件，并对文件的存入、读出、修改和删除提供保护和控制。

### 4. I/O 设备管理

输入/输出（Input/Output，I/O），指的是一切操作、程序或设备与计算机之间的数据传输过程。输入/输出设备，就是指可以与计算机进行数据传输的硬件。一个典型的 I/O 接口应包含端口、地址译码、总线驱动、控制逻辑。

设备管理软件的功能如下。

①实现 I/O 设备的独立性。

②错误处理。

③异步传输。

④缓冲管理。

⑤设备的分配和释放。

⑥实现 I/O 控制立式。

# 7.2　数据结构与算法

## 7.2.1　算法

### 1. 算法的基本概念

①概念：算法是指解决方案的准确而完整的描述。

②基本特征：可行性、确定性、有穷性、拥有足够的情报。

③基本要素：对数据对象的运算和操作、算法的控制结构（运算和操作时间的顺序）。

### 2. 算法复杂度

①时间复杂度：指执行算法所需要的计算工作量。

②空间复杂度：指执行算法所需要的内存空间。

## 7.2.2　数据结构的基本概念

### 1. 数据结构的定义

数据结构指相互有关联的数据元素的集合，即数据的组织形式。

### 2. 数据的逻辑结构与存储结构

数据的逻辑结构，是反映数据元素之间逻辑关系的数据结构。数据的逻辑结构在计算机存储空间中的存放形式称为数据的存储结构。一般来说，一种数据的逻辑结构根据需要可以表示为多种存储结构，常用的存储结构有顺序存储、链式存储、索引存储和散列存储 4 种方式。

### 3. 数据结构的图形表示

一个数据结构除了用二元关系表示外，还可以用图形表示。在数据结构的图形表示中，用方框表示数据结点，用一条有向线段表示数据结点的前后件关系。

### 4. 线性结构与非线性结构的概念

数据结构按各元素之间前后关系的复杂程度可划分为线性结构和非线性结构。线性结构有且只有一个根结点，且每个结点最多有一个直接前驱和一个直接后续的非空数据结构；非线性结构是不满足线性结构的数据结构。

## 7.2.3　线性表及其顺序存储结构

### 1. 线性表的定义

线性结构又称线性表，线性表是最简单也是最常用的一种数据结构。线性表是由 $n$（$n \geqslant 0$）个数据元素组成的一个有限序列，表中的每一个数据元素，除了第一个外，有且只有一个前件，除了最后一个外，有且只有一个后件。

### 2. 线性表的顺序存储结构

元素所占的存储空间必须连续，元素在存储空间的位置是按逻辑顺序存放的。

### 3. 线性表的插入运算

在第 $i$ 个元素之前插入一个新元素的步骤如下。

步骤 1：把原来第 $n$ 个结点至第 $i$ 个结点依次往后移一个元素位置。

步骤2：把新结点放在第 $i$ 个位置上。

步骤3：修正线性表的结点个数。

最坏情况下，即插入元素在第一个位置，线性表中所有元素均需要移动。

**4. 线性表的删除运算**

删除第 $i$ 个位置的元素的步骤如下。

步骤1：把第 $i$ 个元素之后不包括第 $i$ 个元素的 $n-i$ 个元素依次前移一个位置。

步骤2：修正线性表的结点个数。

## 7.2.4 栈和队列

**1. 栈和队列的定义**

栈是一种特殊的线性表，其插入运算与删除运算都只在线性表的一端进行，也被称为先进后出表或后进先出表。队列是指允许在一端进行插入，在另一端进行删除的线性表，又称先进先出的线性表。

**2. 栈的基本运算**

栈的基本运算有3种：入栈、出栈与读栈顶元素。

## 7.2.5 线性链表

在定义的链表中，若只含有一个指针域来存放下一个元素地址，这样的链表被称为单链表或线性链表。

在链式存储方式中，要求每个结点由两部分组成：一部分用于存放数据元素值，称为数据域；另一部分用于存放指针，称为指针域。其中指针用于指向该结点的前一个或后一个结点（即前件或后件）。

## 7.2.6 树和二叉树

**1. 树的基本概念**

树是一种简单的非线性结构，树中有且仅有一个没有前驱的结点称为"根"，其余结点分成 $m$ 个互不相交的有限集合 $T_1$、$T_2$、$\cdots$、$T_m$，每个集合又是一棵树，称 $T_1$、$T_2$、$\cdots$、$T_m$ 为根结点的子树。

父结点：每一个结点只有一个前件，无前件的结点只有一个，称为树的根结点（简称树的根）。

子结点：每一个结点可以有多个后件，无后件的结点称为叶子结点。

树的度：所有结点最大的度。

树的深度：树的最大层次。

**2. 二叉树的定义及其基本性质**

（1）二叉树的定义

二叉树是一种非线性结构，是有限的结点集合，该集合为空（空二叉树）或由一个根结点及两棵互不相交的左右二叉子树组成。可分为满二叉树和完全二叉树，其中满二叉树一定是完全二叉树，但完全二叉树不一定是满二叉树。

（2）二叉树的基本性质

性质1：在二叉树的第 $k$ 层上至多有 $2^{k-1}$ 个结点（$k \geqslant 1$）。

性质 2：深度为 $m$ 的二叉树至多有 $2^m-1$ 个结点。

性质 3：对任何一棵二叉树，度为 0 的结点（即叶子结点）总是比度为 2 的结点多一个。

性质 4：具有 $n$ 个结点的完全二叉树的深度至少为（$\log_2^n$）+1，其中（$\log_2^n$）表示 $\log_2^n$ 的整数部分。

### 3. 二叉树的存储结构

二叉树通常采用链式存储结构，存储结点由数据域和指针域（左指针域和右指针域）组成。二叉树的链式存储结构也称二叉链表，对满二叉树和完全二叉树可按层次进行顺序存储。

### 4. 二叉树的遍历

二叉树的遍历是指不重复地访问二叉树中的所有结点，主要指非空二叉树，对于空二叉树则结束返回。二叉树的遍历包括前序遍历、中序遍历和后序遍历。

（1）前序遍历

前序遍历是指在访问根结点、遍历左子树与遍历右子树这三者中，首先访问根结点，然后遍历左子树，最后遍历右子树；并且，在遍历左、右子树时，仍然先访问根结点，然后遍历左子树，最后遍历右子树。

（2）中序遍历

中序遍历是指在访问根结点、遍历左子树与遍历右子树这三者中，首先遍历左子树，然后访问根结点，最后遍历右子树；并且，在遍历左、右子树时，仍然先遍历左子树，然后访问根结点，最后遍历右子树。中序遍历描述为：若二叉树为空，则执行空操作；否则，中序遍历左子树，访问根结点，中序遍历右子树。

（3）后序遍历

后序遍历是指在访问根结点、遍历左子树与遍历右子树这三者中，首先遍历左子树，然后遍历右子树，最后访问根结点；并且，在遍历左、右子树时，仍然先遍历左子树，然后遍历右子树，最后访问根结点。后序遍历描述为：若二叉树为空，则执行空操作；否则，后序遍历左子树，后序遍历右子树，访问根结点。

## 7.2.7　查找技术

### 1. 顺序查找

顺序查找又称顺序搜索，一般是指在线性表中查找指定的元素。在最坏情况下，最后一个元素才是要找的元素，对于长度为 $n$ 的有序线性表，需要比较 $n$ 次。

### 2. 二分法查找

二分法查找也称折半查找，它是一种高效率的查找方法。但二分法查找有条件限制，它要求表必须用顺序存储结构，且表中元素必须按关键字有序（升序或降序均可）排列。对长度为 $n$ 的有序线性表，在最坏情况下，二分法查找只需比较 $\log_2^n$ 次。

## 7.2.8　排序技术

### 1. 交换类排序法

所谓交换类排序法是指借助数据元素之间的相互交换进行排序的一种方法。冒泡排序法和快速排序法都属于交换类排序法。

（1）冒泡排序法

冒泡排序法是一种最简单的交换类排序法，它是通过相邻数据元素的交换逐步将线性表变成有序的。

在最坏情况下，对长度为 $n$ 的线性表排序，冒泡排序需要比较的次数为 $n(n-1)/2$。

（2）快速排序法

快速排序法是迄今为止所有内排序算法中速度最快的一种。它的基本思想是：任取待排序序列中的某个元素作为基准（一般取第一个元素），通过一趟排序，将待排元素分为左、右两个子序列，左子序列元素的排序码均小于或等于基准元素的排序码，右子序列元素的排序码则大于基准元素的排序码，然后分别对两个子序列继续进行排序，直至整个序列有序。

在最坏情况下，即每次划分，只得到一个序列，时间效率为 $O(n^2)$。

**2. 插入类排序法**

（1）简单插入排序法

所谓插入排序，是指将无序序列中的各元素依次插入已经有序的线性表中。把 $n$ 个待排序的元素看成一个有序表和一个无序表，开始时有序表中只包含一个元素，无序表中包含 $n-1$ 个元素，排序过程中每次从无序表中取出第一个元素，把它的排序码依次与有序表元素的排序码进行比较，将它插入有序表中的适当位置，使之成为新的有序表。

在最坏情况下，即初始排序序列是逆序的情况下，比较次数为 $n(n-1)/2$，移动次数为 $n(n-1)/2$。

（2）希尔排序法

希尔排序是将整个待排元素序列分割成若干个小子序列（由相隔某个"增量"的元素组成）分别进行插入排序，待整个序列中的元素基本有序（增量足够小）时，再对全体元素进行一次直接插入排序。

**3. 选择类排序法**

（1）简单选择排序法

扫描整个线性表，从中选出最小的元素，将它交换到表的最前面；然后对剩下的子表进行同样的操作，直到子表为空。在最坏情况下需要比较 $n(n-1)/2$ 次。

（2）堆排序法

首先将一个无序序列建成堆；然后将堆顶元素（序列中的最大项）与堆中最后一个元素交换（最大项应该在序列的最后）。不考虑已经换到最后的那个元素，只考虑前 $n-1$ 个元素构成的子序列，将该子序列调整为堆。重复上述步骤，直到剩下的子序列为空。

在最坏情况下，堆排序法需要比较的次数为 $O(n\log_2^n)$。

# 7.3　程序设计基础

## 7.3.1　程序设计方法与风格

**1. 设计方法**

程序设计方法指设计、编制、调试程序的方法和过程，主要有结构化程序设计方法、软件工程方法和面向对象方法。

**2.设计风格**

良好的设计风格要注重源程序文档化、数据说明方法、语句的结构和输入/输出。

# 7.3.2 结构化程序设计

### 1.结构化程序设计的原则

结构化程序设计强调程序设计风格和程序结构的规范化，提倡清晰的结构。

①自顶向下：即先考虑总体，后考虑细节；先考虑全局目标，后考虑局部目标。

②逐步求精：对复杂问题，应设计一些子目标作为过渡，再逐步细化。

③模块化：把程序要解决的总目标分解为分目标，再进一步分解为具体的小目标，把每个小目标称为一个模块。

④限制使用 GoTo 语句。

### 2.结构化程序的基本结构与特点

①顺序结构：自始至终严格按照程序中语句的先后顺序逐条执行，是最基本、最普遍的结构形式。

②选择结构：又称为分支结构，包括简单选择和多分支选择结构，可以根据设定的条件，判断应该选择哪一条分支来执行相应的语句序列。

③循环结构：根据给定的条件，判断是否需要重复执行某一相同的或类似的程序段，利用循环结构可简化大量的程序行。

# 7.3.3 面向对象程序设计

面向对象方法的本质是主张从客观世界固有的事物出发来构建系统，强调建立的系统能映射问题域。

面向对象程序设计的优点：与人类习惯的思维方法一致、稳定性好、可重用性好、易于开发大型软件产品、可维护性好。

面向对象方法的基本概念包括以下几方面。

对象：用来表示客观世界中的任何实体，是对问题域中某个实体的抽象。

类：具有共同属性、共同方法的对象的集合。

实例：一个具体对象就是其对应分类的一个实例。

消息：实例间传递的信息，它统一了数据流和控制流。

继承：使用已有的类定义作为基础建立新类的定义技术，广义地讲，继承就是指能够直接获得已有的性质和特征，不必重新定义。

多态性：指对象根据所接受的信息而做出动作，同样的信息被不同的对象接收时有不同行动的现象。

# 7.4 软件工程基础

## 7.4.1 软件工程基本概念

### 1. 软件的定义与特点

（1）定义

软件是与计算机系统的操作有关的计算机程序、规则及相关文档的完整集合。

（2）特点

①软件是一种逻辑实体，具有抽象性。

②软件的生产没有明显的制作过程。

③软件在运行、使用期间不存在磨损、老化问题。

④软件的开发、运行对计算机系统有依赖性，受计算机系统的限制，这导致了软件移植的问题。

⑤软件复杂性较高，成本昂贵。

⑥软件开发涉及诸多社会因素。

### 2. 软件的分类

软件按功能可以分为应用软件、系统软件和支撑软件3类。

①应用软件是为解决特定领域的应用而开发的软件。

②系统软件是计算机管理自身资源，提高计算机使用效率并为计算机用户提供各种服务的软件。

③支撑软件是介于系统软件和应用软件之间，协助用户开发软件的工具性软件。

### 3. 软件危机与软件工程

软件危机泛指在计算机软件的开发和维护中遇到的一系列严重问题。软件工程是应用于计算机软件的定义、开发和维护的一整套方法、工具、文档、实践标准和工序，包括软件开发技术和软件工程管理。

### 4. 软件生命周期

软件产品从提出、实现、使用、维护到停止使用的过程称为软件生命周期。

在国家标准中，软件生命周期分为软件定义、软件开发及软件维护3个阶段。

软件定义阶段的任务是确定软件开发必须完成的目标，确定工程的可行性。

软件开发阶段的任务是具体完成软件设计和实现定义阶段所定义的软件，通常包括总体设计、详细设计、编码和测试。

运行维护阶段的任务是使软件在运行中持久地满足用户的需要。

### 5. 软件工程的原则

软件工程的原则包括抽象、信息隐蔽、模块化、局部化、确定性、一致性、完备性和可验证性。

## 7.4.2 结构化分析方法

需求分析的任务是发现需求、求精、建模和定义需求的过程，可概括为需求获取、需求分析、编写需求规格说明书和需求评审。

### 1. 常用的分析方法

常用的分析方法有结构化分析方法和面向对象分析方法。

### 2. 结构化分析常用工具

结构化分析常用工具包括数据流图、数据字典、判定树和判定表。

①数据流图：即 DFD（Data Flow Diagram）图，是以图形的方式描绘数据在系统中流动和处理的过程，它只反映系统必须完成的逻辑功能，是一种功能模型。

②数据字典：是结构化分析方法的核心，是对所有与系统相关的数据元素的一个有组织的列表，以及精确的、严格的定义，使得用户和系统分析员对于输入、输出、存储成分和中间计算结果有共同的理解。

③判定树：使用判定树进行描述时，应先从问题定义的文字描述中分清判定的条件和判定的结论，根据描述材料中的连接词找出判定条件之间的从属关系、并列关系、选择关系，并根据它们构造判定树。

④判定表：与判定树相似，当数据流图中的加工要依赖于多个逻辑条件的取值，即完成该加工的一组动作是由某一组条件取值的组合引发的，使用判定表比较适宜。

### 3. 软件需求规格说明书

软件需求规格说明书是描述需求中的重要文档，是软件需求分析的主要成果。

①软件需求规格说明书的作用：便于用户、开发人员进行理解和交流；反映用户问题，可以作为软件开发工作的基础和依据；作为确认测试和验收的依据；为成本估算和编制计划进度提供依据；是软件不断改进的基础。

②软件需求规格说明书的内容：应重点描述软件的目标、功能需求、性能需求、外部接口、属性和约束条件等。

③软件需求规格说明书的特点：正确性、无歧义性、完整性、可验证性、一致性、可理解性、可修改性、可追踪性。

## 7.4.3 结构化设计方法

### 1. 软件设计的基本概念和方法

软件设计是一个把软件需求转换为软件表示的过程。

①基本原理：抽象、逐步求精和模块化、信息隐蔽和局部化、模块独立性。

②基本思想：将软件设计成由相对独立、单一功能的模块组成的结构。

### 2. 概要设计

①基本任务：设计软件系统结构、数据结构及数据库设计、编写概要设计文档、概要设计文档评审。

②面向数据流的设计方法：数据流图的信息分为变换流和事务流，结构形式有变换型和事务型。

### 3. 详细设计

常见的过程设计工具有以下几种类型。

图形工具：程序流程图、N-S 图、PAD 图、HIPO 图。

表格工具：判定表。

语言工具：伪码（PDL）。

## 7.4.4　软件测试

### 1. 目的

软件测试是为了发现错误而执行程序的过程。

### 2. 准则

①所有测试都应追溯到用户需求。

②严格执行测试计划，排除测试的随意性。

③充分注意测试中的群集现象。

④程序员应避免检查自己的程序。

⑤穷举测试不可能。

⑥妥善保存设计计划、测试用例、出错统计和最终分析报告，为维护提供方便。

### 3. 软件测试技术和方法

软件测试的方法按是否需要执行被测软件的角度，可分为静态测试和动态测试；按功能可分为白盒测试和黑盒测试。

（1）白盒测试

白盒测试是根据软件产品的内部工作过程，检查内部成分，以确认每种内部操作符合设计规格要求。白盒测试的基本原则：保证所测试模块中每一独立路径至少执行一次；保证所测试模块所有判断的每一个分支至少执行一次；保证所测试模块每一循环都在边界条件和一般条件下至少各执行一次；验证所有内部数据结构的有效性。

（2）黑盒测试

黑盒测试是对软件已经实现的功能是否满足需求进行的测试和验证。黑盒测试方法主要有等价划分法、边界值分析法、错误推测法、因果图法等，主要用于软件确认测试。

### 4. 软件测试的实施

软件测试是保证软件质量的重要手段，软件测试是一个过程，其测试流程是该过程规定的程序，目的是使软件测试工作系统化。

软件测试过程一般按 4 个步骤进行，即单元测试、集成测试、验收测试和系统测试。

单元测试是对软件设计的最小单位——模块（程序单元）进行正确性检验的测试。单元测试的目的是发现各模块内部可能存在的各种错误。单元测试的依据是详细的设计说明书和源程序。单元测试的技术可以采用静态分析和动态测试。

## 7.4.5　程序的调试

（1）任务

程序调试的任务是诊断和改正程序中的错误。

（2）调试方法

程序调试的方法有强行排错法、回溯法和原因排除法。

# 7.5 数据库设计基础

## 7.5.1 数据库系统的基本概念

### 1. 数据

数据是描述事物的符号记录。

### 2. 数据库

数据库是长期存储在计算机内的、有组织的、可共享的数据集合。

### 3. 数据库管理系统的概念

数据库管理系统是数据库的机构，它是一种系统软件，负责数据库中的数据组织、数据操作、数据维护、数据控制、数据保护和数据服务等。为完成以上 6 个功能，数据库管理系统提供了相应的数据语言，包括数据定义语言（负责数据的模式定义与数据的物理存取构建）、数据操纵语言（负责数据的操纵）、数据控制语言（负责数据完整性、安全性的定义）。

数据库管理系统是数据库系统的核心，它位于用户和操作系统之间，从软件分类的角度来说，属于系统软件。

### 4. 数据库技术的发展

数据库技术发展经历了 3 个阶段：人工管理阶段→文件系统阶段→数据库系统阶段。

### 5. 数据库系统的特点

数据库系统的特点有集成性、高共享性与低冗余性、数据独立性、数据统一管理与控制等。

### 6. 数据库系统的内部机构体系

三级模式（模式、内模式、外模式）和二级映射（外模式到模式的映射、模式到内模式的映射）构成了数据库系统内部的抽象结构体系。

## 7.5.2 数据模型

数据模型是数据特征的抽象，从抽象层次上描述了系统的静态特征、动态行为和约束条件，描述的内容有数据结构、数据操作和数据约束。数据模型按不同的应用层次分为 3 种类型：概念数据模型、逻辑数据模型和物理数据模型。

概念数据模型简称概念模型，目前常用的概念模型有 E-R 模型、扩充的 E-R 模型、面向对象模型和谓词模型。逻辑数据模型又称数据模型，目前较为成熟的数据模型有层次模型、网状模型、关系模型和面向对象模型等。

### 1. E-R 模型

E-R 模型提供了表示实体、属性和联系的方法。实体间联系有"一对一""一对多""多对多"等关系。E-R 模型用 E-R 图来表示。

### 2. 层次模型

层次模型利用树形结构表示实体之间的联系，其中结点是实体，树枝是联系，从上到下是一对多关系。

### 3. 网状模型

网状模型用网状结构表示实体之间的联系，是层次模型的扩展。网状模型以记录型为结点，反映现实中较为复杂的事物联系。

### 4. 关系模型

关系模型采用二维表（由表框架和表的元组组成）来表示，可进行数据查询、增加、删除及修改操作。关系模型允许定义"实体完整性""参照完整性""用户定义的完整性"3 种约束。

## 7.5.3 关系代数

关系是由若干个不同的元素组成的，因此关系可视为元素的集合。

①关系模型的基本运算：插入、删除、修改、查询。

②关系代数中的扩充运算：交、除、连接及自然连接。

## 7.5.4 数据库设计与管理

### 1. 数据库设计概述

数据库设计是数据库应用的核心。在数据库应用系统中设计一个能满足用户要求、性能良好的数据库的过程就是数据库设计。

①基本任务：根据用户对象的信息需求、处理需求和数据库的支持环境设计出数据模式。

②方法：面向数据的方法和面向过程的方法。

③设计过程：需求分析→概念设计→逻辑设计→物理设计→编码→测试→运行→进一步修改。

### 2. 数据库设计的需求分析

需求收集和分析是数据库设计的第一阶段。分析和表达用户的需求，经常采用的方法有结构化分析方法和面向对象的分析方法，主要工作有绘制数据流程图、数据分析、功能分析、确定功能处理模块和数据间关系。对数据库设计来讲，数据字典是进行详细的数据收集和数据分析所获得的主要结果。

数据字典是各类数据描述的集合，包括数据项、数据结构、数据流、数据存储和处理过程。

### 3. 数据库概念设计

①数据库概念设计的目的：分析数据间内在的语义关联，以建立数据的抽象模型。

②数据库概念设计的方法：集中式模式设计法和视图集成设计法。

③数据库概念设计的过程：首先选择局部应用，再进行局部视图设计，最后对局部视图进行集成得到概念模型。

### 4. 数据库的逻辑设计

数据库逻辑设计的主要工作是将 E-R 图转换成指定关系数据库管理系统（Relational Database Management System，RDBMS）中的关系模型式。

### 5. 数据库的物理设计

数据库物理设计的主要目标是对数据库内部物理结构进行调整并选择合理的存取路径，以提高数据库访问速度及有效利用存储空间。

### 6. 数据库管理

数据库管理一般包括数据库的建立、数据库的调整、数据库的重组、数据库的安全性控制与完整性控制、数据库的故障恢复和数据库的监控。

# 习　题

**1. 选择题**

（1）下列数据结构中，能用二分法进行查找的是（　　　）。

  A. 顺序存储的有序线性表　　　　　　　B. 线性链表

  C. 二叉链表　　　　　　　　　　　　　D. 有序线性链表

（2）下列关于栈的描述正确的是（　　　）。

  A. 在栈中只能插入元素而不能删除元素

  B. 在栈中只能删除元素而不能插入元素

  C. 栈是特殊的线性表，只能在一端插入或删除元素

  D. 栈是特殊的线性表，只能在一端插入元素，而在另一端删除元素

（3）下列叙述中正确的是（　　　）。

  A. 一个逻辑数据结构只能有一种存储结构

  B. 数据的逻辑结构属于线性结构，存储结构属于非线性结构

  C. 一个逻辑数据结构可有多种存储结构，且各种存储结构不影响数据处理的效率

  D. 一个逻辑数据结构可以有多种存储结构，且各种存储结构影响数据处理的效率

（4）算法执行过程中所需要的存储空间称为算法的（　　　）。

  A. 时间复杂度　　　　　　　　　　　　B. 计算工作量

  C. 空间复杂度　　　　　　　　　　　　D. 工作空间

（5）下面选项中不属于面向对象程序设计特征的是（　　　）。

  A. 继承性　　　　　　　　　　　　　　B. 多态性

  C. 类比性　　　　　　　　　　　　　　D. 封装性

（6）在面向对象方法中，实现信息隐蔽是依靠（　　　）。

  A. 对象的继承　　　　　　　　　　　　B. 对象的多态

  C. 对象的封装　　　　　　　　　　　　D. 对象的分类

（7）结构化程序设计的 3 种结构是（　　　）。

  A. 顺序结构、选择结构、转移结构

  B. 分支结构、等价结构、循环结构

  C. 多分支结构、赋值结构、等价结构

  D. 顺序结构、选择结构、循环结构

（8）在软件设计中，不属于过程设计工具的是（　　　）。

  A.PDL（过程设计语言）　　　　　　　B.PAD 图

  C.N-S 图　　　　　　　　　　　　　　D.DFD 图

（9）两个或两个以上模块之间关联的紧密程度称为（　　　）。

  A. 耦合度　　　　　　　　　　　　　　B. 内聚度

  C. 复杂度　　　　　　　　　　　　　　D. 数据传输特性

（10）实体联系模型中实体与实体之间的联系不可能是（　　　）。

  A. 一对一         B. 多对多

  C. 一对多         D. 一对零

（11）支持数据库各种操作的软件系统叫作（　　　）。

  A. 数据库管理系统      B. 文件系统

  C. 数据库系统        D. 操作系统

（12）在关系数据库模型中，通常可以把（　　　）称为属性，其值称为属性值。

  A. 记录          B. 基本表

  C. 模式          D. 字段

（13）用树形结构来表示实体之间联系的模型称为（　　　）。

  A. 关系模型        B. 层次模型

  C. 网状模型        D. 数据模型

（14）索引属于（　　　）。

  A. 模式          B. 内模式

  C. 外模式         D. 概念模式

（15）在关系数据库中，用来表示实体之间联系的是（　　　）。

  A. 树结构         B. 网结构

  C. 线性表         D. 二维表

（16）将 E-R 图转换到关系模式时，实体与联系都可以表示成（　　　）。

  A. 属性          B. 关系

  C. 键           D. 域

（17）下面描述中不属于数据库系统特点的是（　　　）。

  A. 数据共享        B. 数据完整性好

  C. 数据冗余度高      D. 数据独立性强

**2. 填空题**

（1）在面向对象方法中，＿＿＿＿＿＿＿＿＿＿＿描述的是具有相似属性与操作的一组对象。

（2）在面向对象方法中，类的实例称为＿＿＿＿＿＿＿＿＿＿。

（3）子程序通常分为两类：＿＿＿＿＿＿＿＿和函数，前者是命令的抽象，后者是为了求值。

（4）在面向对象方法中，类之间共享属性和操作的机制称为＿＿＿＿＿＿＿＿＿＿。

（5）软件测试分为白箱（盒）测试和黑箱（盒）测试，等价类划分法属于＿＿＿＿＿＿＿测试。

（6）软件需求规格说明书应具有完整性、无歧义性、正确性、可验证性、可修改性等特性，其中最重要的是＿＿＿＿＿＿＿＿＿＿。

（7）在关系数据库中，把数据表示成二维表，每一个二维表称为＿＿＿＿＿＿＿＿ 。

（8）数据管理技术发展过程经过人工管理、文件系统和数据库系统 3 个阶段，其中数据独立性最高的阶段是＿＿＿＿＿＿＿＿＿＿＿＿＿＿。

（9）在 E-R 图中，矩形表示＿＿＿＿＿＿＿＿＿＿。

（10）数据库管理系统常见的数据模型有层次模型、网状模型和＿＿＿＿＿＿＿ 3 种。

# 第8章
# 计算机新技术简介

## 8.1 物联网基础

### 8.1.1 物联网概述

物联网（Internet of Things）是指在物理世界的实体中，部署具有一定感知能力、计算能力和执行能力的嵌入式芯片和软件，使之成为智能物体，通过网络设施实现信息传输、协同和处理，从而实现物与物、物与人之间的互联。物联网的提出，使世界上所有的人和物在任何时间、任何地点都可以方便地实现人与人、人与物、物与物之间的信息交互。

物联网是继计算机、互联网和移动通信之后的又一次信息产业的革命性发展，被称为继计算机、互联网之后，世界信息产业的第三次浪潮。1999 年，麻省理工学院自动标示中心（MIT Auto-ID Center）的阿什顿（Kevin Ashton）教授提出物联网。2005 年，国际电信联盟（International Telecommunication Union，ITU）发布的年度技术报告中也提出物联网通信时代即将到来。2009 年 8 月，无锡市建立了"感知中国"研究中心，中国科学院、运营商、多所大学在无锡建立了物联网研究院。物联网开始在中国受到极大的关注。美国权威咨询机构 FORRESTER 预测：到 2020 年，世界上物物互联的业务，跟人与人通信的业务相比，将达到 30∶1，因此，物联网被称为下一个万亿级的通信业务。

### 8.1.2 物联网的关键技术

连接到物联网上的"物"应该具有 4 个基本的特征：地址标识、感知能力、通信能力和可以控制。

一般而言，可将物联网从技术架构上分为 3 层：感知层、网络层和应用层。

感知层的主要功能是数据的采集和感知，主要用于采集物理世界中发生的物理事件和数据，由各种传感器以及传感器网关构成，包括二氧化碳浓度传感器、温度传感器、湿度传感器、二维码标签、射频识别（Radio Frequency Identification，RFID）标签和读写器、摄像头、GPS 等感知终端。感知层的作用相当于人的眼、耳、鼻、喉和皮肤等的神经末梢，它是物联网识别物体、采集信息的来源。

网络层的主要功能是实现更加广泛的互联，把感知到的信息无障碍、高可靠、高安全地进行远距离传送，由各种私有网络、互联网、有线和无线通信网、网络管理系统和云计算平台等组成。

网络层相当于人的神经中枢和大脑，负责传递和处理感知层获取的信息。

应用层是物联网和用户（包括人、组织和其他系统）的接口，它与行业需求结合，实现物联网的智能应用。

技术的发展与进步促成了物联网的快速发展，而其中的关键技术对物联网更是具有不同凡响的影响和意义。物联网关键技术主要有RFID技术、传感器技术、物联网通信技术、机器对机器（Machine to Machine，M2M）接入技术。

### 1.RFID技术

RFID技术是一种通信技术，可通过无线电讯号识别特定目标并读写相关数据，而无须识别系统与特定目标之间建立机械或光学接触，即是一种非接触式的自动识别技术。基于射频识别的无线传感器网络，是目前最主要的一种无线传感器网络类型。

（1）RFID技术的组成

①电子标签：由耦合元件及芯片组成，具有存储与计算功能，可附着在物体上用于唯一标识目标对象。根据标签的能量来源，可以将其分为被动式标签、半被动式标签和主动式标签。根据标签的工作频率，又可将其分为低频（Low Frequency，LF）（30kHz～300kHz）、高频（High Frequency，HF）（3MHz～30MHz）、超高频（Ultra High Frequency，UHF）（300MHz～968MHz）和微波（Micro Wave，MW）（2.45GHz～5.8GHz）。

②读写器：又称扫描器，它能发出射频信号，通过扫描电子标签而获取数据。读写器包含高频模块、控制单元、与电子标签连接的耦合元件、与PC或其他控制装置进行数据传输的接口。

③微型天线：在电子标签和读写器间传递射频信号。

（2）RFID技术的基本工作原理

电子标签进入磁场后，接收解读器发出的射频信号，凭借感应电流获得的能量发送存储在芯片中的产品信息，或者由电子标签主动发送某一频率的信号，解读器读取信息并解码后，送至中央信息系统进行有关数据处理。

### 2.传感器技术

在物联网中，系统要感知各种各样的物的信息，就需要依靠作为物联网前端的传感器。传感器是获取自然界领域中非电属性信息的主要途径，是现代科学的"中枢神经系统"。

广义地讲，传感器是获取和转换信息的装置，一般由敏感元件、转换元件、信号调节与转换电路组成，有时还需提供辅助电源。传感器是机器感知物质世界的"感觉器官"，可以感知热、力、光、电、声、位移等信号，为物联网系统的处理、传输、分析和反馈提供最原始的信息。

按照传感器的用途分类，可将传感器分为压力敏和力敏传感器、位置传感器、液位传感器、能耗传感器、速度传感器、热敏传感器、加速度传感器、射线辐射传感器、振动传感器、湿敏传感器、磁敏传感器、气敏传感器、真空度传感器和生物传感器等。

### 3.物联网通信技术

在物联网中，要保证物品与人的无障碍交流，必然离不开保证数据高速、可靠传输的无线通信网络。物联网的通信技术包括感知层的通信技术、网络层的通信技术及物联网的网络管理。

感知层的通信技术主要指短距离无线通信技术，包括无线局域网（Wireless Local Area Network，WLAN）与IEEE802.11标准族、蓝牙（Bluetooth）技术、紫蜂（ZigBee）技术和超宽带（Ultra-Wideband，UWB）技术。网络层的通信技术包括接入网技术、传送网技术、公众通信网技术及各种无线网技术。

### 4.M2M 接入技术

M2M 即机器对机器通信，主要是通过网络传递信息，从而实现机器对机器或人对机器的数据交换，也就是通过通信网络实现机器之间的互联互通。M2M 重点在于机器对机器的无线通信，存在以下 3 种方式：机器对机器、机器对移动电话（如用户远程监视）、移动电话对机器（如用户远程控制）。在 M2M 中，GSM/GPRS/UMTS 是主要的远距离连接技术，其近距离连接技术主要有 802.11b/g、Bluetooth、Zigbee、RFID 和 UWB。此外，还有一些其他技术，如 XML 和 Corba，以及基于 GPS、无线终端和网络的位置服务技术。

M2M 终端不需要人工布线，可以提供移动性支撑，有利于节约成本，并可满足危险环境下的通信需求，是物联网在现阶段最普遍的应用形式。

## 8.1.3　物联网的应用领域

物联网的应用领域相当广泛，在工业、农业、医疗、军事、建筑等各个领域均有应用。在未来的发展过程中，物联网将继续表现其强大的功能，涉及领域将更加广泛，对人们的生活、工作都将起到举足轻重的作用。

### 1. 智能家居

智能家居是利用先进的计算机技术、物联网技术、通信技术，将与家居生活的各种子系统有机地结合起来，通过统筹管理，让家居生活更舒适、方便、有效和安全。

### 2. 智能交通

物联网技术可以自动检测并报告公路、桥梁的"健康状况"，还可以避免过载的车辆经过桥梁，也能够根据光线强度对路灯进行自动开关控制。在交通控制方面，可以通过检测设备，在道路拥堵或特殊情况时，使系统自动调配红绿灯，并向车主预告拥堵路段、推荐最佳行驶路线。

### 3. 智能医疗

以 RFID 为代表的自动识别技术可以帮助医院实现对病人的不间断监控、会诊，共享医疗记录，以及对医疗器械的追踪等。而物联网将这种服务扩展至全世界范围，RFID 技术与医院信息系统（Hospital Inforination System，HIS）及药品物流系统的融合，是医疗信息化的必然趋势。

### 4. 智能电网

智能电网建立在集成、高速的双向通信网络的基础上，通过先进的传感和测量技术、先进的设备、先进的控制方法以及先进的决策支持系统技术的应用，实现电网的可靠、安全、经济、高效、环境友好和使用安全的目标。解决方案主要包括以下几个方面：一是通过传感器连接资产和设备提高数字化程度；二是数据的整合体系和数据的收集体系；三是进行分析的能力，即依据已经掌握的数据进行相关分析，以优化运行和管理。

### 5. 智能物流

智能物流就是利用条形码、射频识别技术、传感器、全球定位系统等先进的物联网技术，通过信息处理和网络通信技术平台广泛应用于物流业运输、仓储、配送、包装、装卸等基本活动环节，实现货物运输过程的自动化运作和高效率优化管理，提高物流行业的服务水平，降低成本，减少自然资源和社会资源消耗。

#### 6. 智能农业

智能农业是通过实时采集温室内温度、土壤温度、$CO_2$ 浓度、湿度信号、光照、叶面湿度等环境参数，自动开启或者关闭指定设备，从而实现对大棚温、湿度的远程控制。

#### 7. 智能安防

一个完整的智能化安防系统主要包括门禁、报警和监控三大部分。从产品的角度讲，应具备防盗报警系统、视频监控报警系统、出入口控制报警系统、保安人员巡更报警系统、GPS 车辆报警管理系统和 110 报警联网传输系统等。

#### 8. 智慧城市

智慧城市就是运用信息和通信技术手段观测、分析、整合城市运行核心系统的各项关键信息，从而对包括民生、环保、公共安全、城市服务、工商业活动在内的各种需求做出智能响应。其实质是利用先进的信息技术，实现城市智慧式管理和运行，进而为城市中的人创造更美好的生活，促进城市的和谐、可持续成长。利用部署在大街小巷的传感器，实现图像敏感性智能分析并与 110、119、120 等交互，实现探头与探头之间、探头与人、探头与报警系统之间的联动，从而构建和谐安全的城市生活环境。

# 8.2　云计算

## 8.2.1　云计算概述

云计算（Cloud Computing）是在分布式计算（Distributed Computing）、并行计算（Parallel Computing）和网格计算（Grid Computing）的基础上发展而来的，是一种新兴的商业计算模型。它是在 2007 年第三季度由 Google 提出的一个概念新名词，仅仅过了半年多，其受关注程度就超过了网格计算。

云计算旨在通过网络把多个成本相对较低的计算实体整合成一个具有强大计算能力的完美系统，并借助 SaaS、PaaS、IaaS、MSP 等先进的商业模式把这强大的计算能力分布到终端用户手中。云计算的一个核心理念就是通过不断提高"云"的处理能力减少用户终端的处理负担，最终将用户终端简化成一个单纯的输入 / 输出设备，并能按需享受"云"的强大计算处理能力。

目前，对于云计算的认识在不断发展变化中，云计算仍没有普遍一致的定义。

为了向云计算的混沌世界中引入一些规则，2009 年 4 月，美国政府的国家标准与技术研究所（National Institute of Standards and Technology，NIST）制定了云计算的标准定义和参考架构（Cloud Computing Reference Architecture）。两者都以"特刊"（Special Publications）方式发表，并非美国政府的官方标准，意在为某些特定群体实践者和研究者提供指导。NIST 对于云计算的定义主要是在 NIST 主办的研讨会和公众意见基础之上形成的，不过目前仍处于草案阶段。

该文件草案将云计算定义为"一种无处不在、便捷且按需对一个共享的可配置计算资源（如网络、服务器、存储、应用和服务）进行网络访问的模式，它能够通过最少量的管理及与服务供应商的互动实现计算资源的迅速供给和释放"。

可以说，狭义的云计算是指 IT 基础设施的交付和使用模式，指通过网络以按需、易扩展的方式获得所需的资源（如硬件、平台、软件）。提供资源的网络被称为"云"。"云"中的资源在使用者看来是可以无限扩展的，并且可以随时获取、按需使用、随时扩展、按使用付费。这种特性经常被称为像水和电一样使用的 IT 基础设施。

广义的云计算是指服务的交付和使用模式，指通过网络以按需、易扩展的方式获得所需的服务。这种服务可以是与 IT 和软件、互联网相关的，也可以是任意的其他服务。

## 8.2.2　云计算相关技术

### 1. 虚拟化技术

虚拟化是指计算机元件是在虚拟的基础上而不是在真实的基础上运行的。虚拟化技术可以扩大硬件的容量，简化软件的重新配置过程。CPU 的虚拟化技术可以单 CPU 模拟多 CPU 并行，允许一个平台同时运行多个操作系统，并且应用程序都可以在相互独立的空间内运行而互不影响，从而显著提高计算机的工作效率。

虚拟化技术是云计算的关键技术。目前在云计算中主要使用的虚拟机为 VMware，中文名"威睿"，是全球桌面到数据中心虚拟化解决方案的领导厂商。其优点有：动态关闭不使用的服务器并且运行较少的服务器；通过减少计划外和计划内停机改进业务连续性；整合服务器以降低 IT 成本。虚拟化技术可用于分享和存储照片的网络相册，虚拟化存储中心的动态管理，服务于个性化搜索请求的搜索引擎，虚拟化匹配和搜索的细节，逐渐兴起的网上开店，虚拟化网上支付、交易，等等。

### 2. 分布式存储技术

分布式文件系统是实现非结构化数据存储的主要技术。与目前常见的集中式存储技术不同，分布式存储技术并不是将数据存储在某个或多个特定的节点上，而是通过网络使用企业中的每台机器上的磁盘空间，并将这些分散的存储资源构成一个虚拟的存储设备，将数据分散地存储在企业的各个角落。相对于结构化数据而言，不方便用数据库二维逻辑表来表现的数据即称为非结构化数据，包括所有格式的办公文档、文本、图片、XML、HTML、报表、图像、音频、视频等。

### 3. 分布式计算与并行计算技术

所谓分布式计算其实就是一门计算机科学，它研究如何把一个需要非常大的计算能力才能解决的问题分成许多小的部分，然后把这些部分分配给许多计算机进行处理，最后把这些计算结果综合起来得到最终的结果。

并行计算是指同时使用多种计算资源解决计算问题的过程。并行计算的主要目的是快速解决大型且复杂的计算问题。此外还包括利用非本地资源节约成本，即使用多种"廉价"计算资源取代大型计算机，同时克服单个计算机上存在的存储器限制问题。

并行计算是相对于串行计算来说的，所谓并行计算分为时间上的并行和空间上的并行。时间上的并行就是指流水线技术，而空间上的并行则是指用多个处理器并发地执行计算。

## 8.2.3　云计算的业务模式

在云计算环境下，包括软件、平台、基础架构等都将以服务的形式提供给用户。按照云计算的业务交付模式，分为 IaaS（Infrastructure as a Service，基础设施即服务）、PaaS（Platform as a Service，平台即服务）和 SaaS（Software as a Service，软件即服务）。

### 1.IaaS 模式

IaaS 模式是提供 IT 基础设施（包括存储、硬件、服务器、网络带宽等设备）出租服务的业务模式。服务提供者拥有该设备，并负责运行和维护。客户提出需求并获取满足自身需求的 IT 基础设施服务。具有代表性的公司和业务有 Amazon 的 EC2、Verizon 的 Terremark 等。

Amazon 部署了大量冗余的 IT 资源和存储资源，为了充分利用闲置的 IT 资源，Amazon 将弹性计算云建立起来并对外提供效能计算和存储租用服务，包括存储空间、带宽、CPU 资源及月租费。月租费与电话月租费类似，存储空间、带宽按容量收费，CPU 资源根据运算量时长收费。例如，弹性计算云 EC2 让用户自行选择服务器配置，以实现按需付费；每个月 10 亿字节 S3 存储服务收费 15 美分。由于是按需付费，相比企业自己部署 IT 硬件资源及软件资源要便宜得多，Amazon 成为了最成功的 IaaS 服务商之一。

AT&T 提供依使用量付费的公用运算服务，供企业弹性使用 IT 资源并能够随时取得所需的处理及存储能力。

NTT DoCoMo 与 OpSource 合作推出基于安全的数据中心及可靠的可扩展网络的云计算解决方案，利用公共云为每个用户提供虚拟化的私有云，使用户在虚拟化的私有环境中完成计算和应用服务，可实现在线购买，目前提供按小时计费的模式。

### 2.PaaS 模式

PaaS 模式将软件开发环境、部署研发平台作为一种服务，以租用的模式提交给用户，具有代表性的公司和业务有 Google App Engine 及 Salesforces 的 Force.com 等。

Google 的云计算平台主要采用 PaaS 商业模式，提供的云计算服务按需收费。Google App Engine 根据中央处理器核心每小时收费 10～12 美元，每 10 亿字节存储空间收费 15～18 美元。

Salesforce 的 PaaS 平台 Force.com 是运行在互联网上，收费以登录为基础的完全即时请求业务模式。通过联合独立软件提供商成为其平台的客户，从而开发出基于其平台的多种 PaaS 应用，扩展其业务范围，使其成为多元化软件服务供货商（Multi Application Vendor）。

### 3.SaaS 模式

SaaS 模式是指由软件供应商或者服务供应商部署软件，通过互联网提供软件服务的分发模式，具有代表性的公司和业务有 Salesforces、微软的邮件等。

阿里软件基于 SaaS 模式，充分利用互联网资源，面向中小企业用户提供先尝试后购买、用多少付多少、无须安装（即插即用）的软件服务，成为低成本在线软件，可以根据行业、区域为中小企业管理软件做大规模需求定制。

Salesforce 让客户通过云端执行商业服务，而不用购买或部署软件，按照订户数和使用时间对客户进行收费。

# 8.3　大数据

## 8.3.1　大数据概述

大数据（Big data），或称巨量资料，指的是所涉及的资料量规模巨大到无法通过目前主流软件工具，在合理时间内达到撷取、管理、处理，并整理成为帮助企业经营决策有更积极目的的资讯。随着云时代的来临，大数据也吸引了越来越多的关注。大数据有 4 个特点：大量（Volume）、高速（Velocity）、多样（Variety）、价值（Value）。

"大数据"作为时下最火热的 IT 行业的词汇，随之而来的数据仓库、数据安全、数据分析、数据挖掘等围绕大数据的商业价值的利用逐渐成为相关行业人士争相追捧的利润焦点。大数据技术的战略意义不在于掌握庞大的数据信息，而在于对这些含有意义的数据进行专业化处理。换言之，如果把大数据比作一种产业，那么这种产业实现盈利的关键，在于提高对数据的"加工能力"，通过"加工"实现数据的"增值"。

从技术上看，大数据与云计算的关系就像一枚硬币的正反面一样密不可分。大数据必然无法用单台的计算机进行处理，而必须采用分布式架构。它的特色在于对海量数据进行分布式数据挖掘。适用于大数据的技术，包括大规模并行处理（Massively Parallel Processing，MPP）数据库、数据挖掘电网、分布式文件系统、分布式数据库、云计算平台、互联网和可扩展的存储系统。

著云台的分析师团队认为，大数据通常用来形容一个公司创造的大量非结构化数据和半结构化数据，这些数据在下载到关系型数据库用于分析时会花费过多时间和金钱。大数据分析常和云计算联系到一起，因为实时的大型数据集分析需要像 MapReduce 一样的框架来向数十、数百，甚至数千台的计算机分配工作。

## 8.3.2　大数据的结构

大数据就是互联网发展到现今阶段的一种表象或特征，在以云计算为代表的技术创新大幕的衬托下，这些原本很难收集和使用的数据开始容易收集和使用了，通过各行各业的不断创新，大数据会逐步为人类创造更多的价值。

大数据结构，主要包含以下 3 个层面。

第一层面是理论，理论是认知的必经途径，也是被广泛认同和传播的基线。包括从大数据的特征定义理解行业对大数据的整体描绘和定性；从对大数据价值的探讨来深入解析大数据的珍贵所在；洞悉大数据的发展趋势；从大数据隐私这个特别而重要的视角审视人和数据之间的长久博弈。

第二层面是技术，技术是大数据价值体现的手段和前进的基石。包括云计算、分布式处理技术、存储技术和感知技术等。

第三层面是实践，实践是大数据的最终价值体现。包括互联网的大数据、政府的大数据、企业的大数据和个人的大数据等方面，主要用来描绘大数据已经展现的美好景象及即将实现的蓝图。

## 8.3.3　大数据的应用领域

2015 年 9 月，国务院印发《促进大数据发展行动纲要》（简称《纲要》），系统部署大数据发展工作。《纲要》明确，推动大数据发展和应用，在未来 5 ～ 10 年打造精准治理、多方协作的社会治理新模式，建立运行平稳、安全高效的经济运行新机制，构建以人为本、惠及全民的民生服务新体系，开启大众创业、万众创新的创新驱动新格局，培育高端智能、新兴繁荣的产业发展新生态。

大数据综合试验区建设不是简单的建产业园、建数据中心、建云平台等，而是要充分依托已有的设施资源，把现有的利用好，把新建的规划好，避免造成空间资源的浪费和损失。探索大数据应用新的模式，围绕有数据、用数据、管数据，开展先行先试，更好地服务国家大数据发展战略。

大数据的核心就是预测。通常被视为人工智能的一部分，随着系统接收的数据越来越多，它们可以聪明到自动搜索最好的信号和模式，并自己改善自己。在大数据时代，我们可以分析更多的数据，有时候甚至可以处理和某个特别现象相关的所有数据，而不再依赖于随机采样。典型的应用案例有：洛杉矶警察局和加利福尼亚大学合作利用大数据预测犯罪的发生；Google 流感趋势（Google Flu Trends）利用搜索关键词预测禽流感的散布；统计学家内特·西尔弗（Nate Silver）利用大数据预测 2012 美国选举结果；麻省理工学院利用手机定位数据和交通数据建立城市规划；梅西百货的实时定价机制，根据需求和库存的情况，该公司基于 SAS 的系统对多达 7300 万种货品进行实时调价。

# 8.4 "互联网 +"

## 8.4.1 "互联网 +"概述

国务院 2015 年 7 月 4 日印发《关于积极推进"互联网 +"行动的指导意见》（以下简称《意见》）。《意见》指出，积极发挥我国互联网已经形成的比较优势，把握机遇，增强信心，加快推进"互联网 +"发展，有利于重塑创新体系、激发创新活力、培育新兴业态和创新公共服务模式，对打造大众创业、万众创新和增加公共产品、公共服务"双引擎"，主动适应和引领经济发展新常态，形成经济发展新动能，实现中国经济提质增效升级具有重要意义。

《意见》认为，"互联网 +"是把互联网的创新成果与经济社会各领域进行深度融合，推动技术进步、效率提升和组织变革，提升实体经济创新力和生产力，形成更广泛的以互联网为基础设施和创新要素的经济社会发展新形态。在全球新一轮科技革命和产业变革中，互联网与各领域的融合发展具有广阔前景和无限潜力，已成为不可阻挡的时代潮流，正对各国经济社会发展产生着战略性和全局性的影响。

为此，意见提出我国"互联网 +"行动总体目标是，到 2018 年，互联网与经济社会各领域的融合发展进一步深化，基于互联网的新业态成为新的经济增长动力，互联网支撑大众创业、万众创新的作用进一步增强，互联网成为提供公共服务的重要手段，网络经济与实体经济协同互动的发展格局基本形成。

"互联网 +"是创新 2.0 下的互联网发展的新业态，是知识社会创新 2.0 推动下的互联网形态演进及其催生的经济社会发展新形态。"互联网 +"是互联网思维的进一步实践成果，推动经济形态不断地发生演变，从而带动社会经济实体的生命力，为改革、创新、发展提供广阔的网络平台。

通俗来说，"互联网 +"就是"互联网 + 各个传统行业"，但这并不是简单的两者相加，而是利用信息通信技术以及互联网平台，让互联网与传统行业进行深度融合，创造新的发展生态。它代表一种新的社会形态，即充分发挥互联网在社会资源配置中的优化和集成作用，将互联网的创新成果深度融合于经济、社会各领域之中，提升全社会的创新力和生产力，形成更广泛的以互联网为基础设施和实现工具的经济发展新形态。

## 8.4.2 "互联网 +" 时代的六大特征

全面透彻理解"互联网 +"的精髓，除了要把握它本身是什么，还需站在这个时代的角度去考察、理解"互联网 +"和这个时代之间是怎样关联、匹配和相契的。

一是跨界融合。"+"就是跨界，就是变革，就是开放，就是重塑融合。敢于跨界了，创新的基础才会更坚实；融合协同了，群体智能才会实现，从研发到产业化的路径才会更垂直。融合本身也是身份的融合，表现为客户消费转化为投资，伙伴参与创新，等等。

二是创新驱动。改革开放的前 30 年以资源驱动为主，客户驱动为辅，创新驱动不足。2015 年 3 月国务院颁发的《关于深化体制机制改革加快实施创新驱动发展战略的若干意见》明确了国家现在处于向新型驱动发展转型的关键时期，用所谓的互联网思维来求变、自我改变，也更能发挥创新的力量。

三是重塑结构。信息革命、全球化、互联网业已打破了原有的社会结构、经济结构、地缘结构、文化结构，权力、议事规则在不断发生变化。

四是尊重人性。人性的光辉是推动科技进步、经济增长、社会进步、文化繁荣的最根本的力量，互联网力量的强大最根本地来源于其对人性的最大限度的尊重、对体验者的敬畏、对人的创造性发挥的重视。

五是开放生态。关于"互联网 +"，生态是非常重要的特征，而生态的本身就是开放的。我们推进"互联网 +"，其中一个重要的方向就是要把过去制约创新的环节化解掉，把孤岛式创新连接起来，让创业者有机会实现自我价值。

六是连接一切。连接是有层次的，连接性是有差异的，连接的价值是相差很大的，但是连接一切是"互联网 +"的目标。

## 8.4.3 "互联网 +" 的应用领域

"互联网 + 工业"即传统制造业企业采用移动互联网、云计算、大数据、物联网等信息通信技术，改造原有产品及研发生产方式。

"互联网 + 金融"从组织形式上看，这种结合至少有 3 种方式。第一种是互联网公司做金融，如果这种现象大范围发生，并且取代原有的金融企业，那就是互联网金融颠覆论；第二种是金融机构的互联网化；第三种是互联网公司和金融机构合作。

从 2013 年以在线理财、支付、电商小贷、P2P、众筹等为代表的细分互联网嫁接金融的模式进入大众视野以来，互联网金融已然成了一个新金融行业，并为普通大众提供了更多元化的投资理财选择。对于互联网金融而言，2013 年是初始之年，2014 年是调整之年，而 2015 年是各种互联网金融模式进一步稳定客户、市场，走向成熟和接受监管的规范之年。

零售、电子商务等领域与互联网的结合更为紧密。2014 年，中国网民数量达 6.49 亿，网站 400 多万个，电子商务交易额超过 13 万亿元人民币。2015 年 5 月 18 日，2015 中国化妆品零售业大会在上海召开，600 位化妆品连锁店主，百余位化妆品代理商，数十位国内外主流品牌代表与会。面对实体零售渠道变革，会议提出了"零售业 + 互联网"的概念，建议以产业链最终环节为切入点，结合国家战略发展思维，发扬"+"时代精神，回归渠道本质，以变革来推进整个产业提升。

在通信领域，"互联网＋通信"有了即时通信，几乎人人都在用即时通信 App 进行语音、文字甚至视频交流。

"互联网＋交通"已经在交通运输领域产生了"化学效应"，比如，大家经常使用的打车软件、网上购买火车和飞机票、出行导航系统等。

从国外的 Uber、Lyft 到国内的滴滴打车、快的打车，移动互联网催生了一批打车、拼车、专车软件，虽然它们在全世界不同的地方仍存在不同的争议，但它们通过把移动互联网和传统的交通出行相结合，改善了人们出行的方式，增加了车辆的使用率，推动了互联网共享经济的发展，提高了效率、减少了排放，对环境保护也做出了贡献。

在教育领域，面向中小学、大学、职业教育、IT 培训等多层次人群提供学籍注册入学开放课程，网络学习一样可以参加我们国家组织的统一考试，可以足不出户在家上课学习取得相应的文凭和技能证书。"互联网＋教育"的结果，将会使未来的一切教与学的活动都围绕互联网进行，老师在互联网上教，学生在互联网上学，信息在互联网上流动，知识在互联网上成型，线下的活动成为线上活动的补充与拓展。

# 8.5　区块链

## 8.5.1　区块链概述

区块链（Blockchain）是分布式数据存储、点对点传输、共识机制、加密算法等计算机技术的新型应用模式。区块链是比特币的一个重要概念，它本质上是一个去中心化的数据库，同时作为比特币的底层技术，是一串使用密码学方法而产生的数据块，每一个数据块中包含了一批次比特币网络交易的信息，用于验证其信息的有效性（防伪）和生成下一个区块。

## 8.5.2　区块链的基本特征

去中心化。由于使用分布式核算和存储，区块链不存在中心化的硬件或管理机构，任意节点的权利和义务都是均等的，系统中的数据块由整个系统中具有维护功能的节点来共同维护。

开放性。系统是开放的，整个系统信息高度透明。除交易各方的私有信息被加密外，区块链的数据对所有人公开，任何人都可以通过公开的接口查询区块链数据和开发相关应用。

自治性。区块链采用基于协商一致的规范和协议（比如一套公开透明的算法）使得整个系统中的所有节点能够在信任的环境下自由安全地交换数据，使得对"人"的信任改成了对机器的信任，任何人为的干预不起作用。

信息不可篡改。一旦信息经过验证并添加至区块链，就会永久地存储起来，除非能够同时控制住系统中超过 51% 的节点，否则在单个节点上对数据库的修改是无效的，因此区块链的数据的稳定性和可靠性极高。

匿名性。由于节点之间的交换遵循固定的算法，其数据交互是无须信任的（区块链中的程序规则会自行判断活动是否有效），因此交易对手无须通过公开身份的方式让对方对自己产生信任，对信用的累积非常有帮助。

## 8.5.3　区块链应用领域

区块链技术应用已从最初的金融领域逐步拓展到政务服务、供应链管理、工业制造等多个领域，其核心思路是利用区块链透明、不可篡改的特性进行数据记录及共享，保障资产确权、数据存证、证照管理、交易清算等不同业务的可信开展。从基础设施到底层技术平台，再到行业应用，可以说区块链产业生态已经初步形成。在我国，在政策、技术、市场的多重推动下，区块链技术正在加速与实体经济融合，助力实体经济高质量发展，对我国探索共享经济新模式、建设数字经济产业生态、提升政府治理和公共服务水平具有重要意义。

在金融领域，区块链技术可以提高交易的结算效率，降低交易成本，有效解决金融应用场景中各方缺乏信任、交易效率低下等问题，目前区块链金融应用案例已涵盖银行、证券、信托、征信、租赁和保险等多个领域。

在工业领域，引入区块链技术可以把产业链上下游的各种设备连接起来，帮助企业、厂家、原材料供应商和监管部门之间建立信任体系，提高生产制造的安全性。区块链的"去中心化"带来的信息透明化，"全网验证"支持的不可篡改性，以及"自动化执行"带来的高运营效率契合工业控制领域的现实需要。

在物流领域，通过将所有物流参与者进行数据连接并记录到区块链的网络中，可以有效解决商品的溯源问题。应用区块链增强供应链物流的溯源能力、透明度和可信度，提高供应链智能化与物流信息管理水平，以改进供应链物流效率与安全、降低综合成本与风险。

在政务领域，区块链为政务数据的互联互通提供了一个分布式、多场景的解决方案，使得政府服务权责更明确，跨区域、跨部门的协调工作更加顺畅，人民群众办事更方便。中国地方政府，如杭州、贵阳、广州、河南、山西、上海和雄安新区等地方政府都开展了政府区块链项目。利用区块链更好地推动国家治理、政府治理，探索更多的治理应用，用先进技术为人民服务。

# 附录 A  全国计算机等级考试简介

全国计算机等级考试（National Computer Rank Examination，NCRE），是经原国家教育委员会（现教育部）批准，由教育部考试中心主办，面向社会，用于考查应试人员计算机应用知识与技能的全国性计算机水平考试体系。

NCRE 级别及科目设置情况如下。

| 级别 | 科目名称 | 科目代码 | 考试时间 | 考试方式 |
| --- | --- | --- | --- | --- |
| 一级 | 计算机基础及 WPS Office 应用 | 14 | 90 分钟 | 无纸化 |
| | 计算机基础及 MS Office 应用 | 15 | 90 分钟 | 无纸化 |
| | 计算机基础及 Photoshop 应用 | 16 | 90 分钟 | 无纸化 |
| | 网络安全素质教育 | 17 | 90 分钟 | 无纸化 |
| 二级 | C 语言程序设计 | 24 | 120 分钟 | 无纸化 |
| | VB 语言程序设计 | 26 | 120 分钟 | 无纸化 |
| | Java 语言程序设计 | 28 | 120 分钟 | 无纸化 |
| | Access 数据库程序设计 | 29 | 120 分钟 | 无纸化 |
| | C++ 语言程序设计 | 61 | 120 分钟 | 无纸化 |
| | MySQL 数据库程序设计 | 63 | 120 分钟 | 无纸化 |
| | Web 程序设计 | 64 | 120 分钟 | 无纸化 |
| | MS Office 高级应用 | 65 | 120 分钟 | 无纸化 |
| | Python 语言程序设计 | 66 | 120 分钟 | 无纸化 |
| 三级 | 网络技术 | 35 | 120 分钟 | 无纸化 |
| | 数据库技术 | 36 | 120 分钟 | 无纸化 |
| | 信息安全技术 | 38 | 120 分钟 | 无纸化 |
| | 嵌入式系统开发技术 | 39 | 120 分钟 | 无纸化 |
| | Linux 应用与开发技术 | 71 | 120 分钟 | 无纸化 |
| 四级 | 网络工程师 | 41 | 90 分钟 | 无纸化 |
| | 数据库工程师 | 42 | 90 分钟 | 无纸化 |
| | 信息安全工程师 | 44 | 90 分钟 | 无纸化 |
| | 嵌入式系统开发工程师 | 45 | 90 分钟 | 无纸化 |

一级：操作技能级。考核计算机基础知识及计算机基本操作能力，包括 Office 办公软件、图形图像软件、网络安全素质教育。

二级：程序设计 / 办公软件高级应用级。考核内容包括计算机语言与基础程序设计能力，要求考生掌握一门计算机语言，可选类别有高级语言程序设计类、数据库程序设计类等；二级还包括办公软件高级应用能力，要求考生具有计算机应用知识及 MS Office 办公软件的高级应用能力，能够在实际办公环境中开展具体应用。

三级：工程师预备级。三级证书考核面向应用、面向职业的岗位专业技能。

四级：工程师级。四级证书面向已持有三级相关证书的考生，考核计算机专业课程，是面向应用、面向职业的工程师岗位证书。

考生可按照省级承办机构公布的流程在网上或考点进行报名，具体报名时间由各省级承办机构规定，考生可登录各省级承办机构网站查询。

NCRE 考试实行百分制计分，但以等第形式通知考生成绩。成绩等第分为"优秀""良好""及格""不及格"4 等。90 ～ 100 分为"优秀"，80 ～ 89 分为"良好"，60 ～ 79 分为"及格"，0 ～ 59 分为"不及格"。

考试成绩优秀者，在证书上注明"优秀"字样；考试成绩良好者，在证书上注明"良好"字样；考试成绩及格者，在证书上注明"合格"字样。

注：二级 VB 语言程序设计将于 2020 年 9 月最后一次组考；三级 Linux 应用与开发技术将于 2020 年 9 月首次开考。

# 附录 B　全国计算机等级考试二级公共基础知识考试大纲（2020 年版）

**基本要求**

1. 掌握计算机系统的基本概念，理解计算机硬件系统和计算机操作系统。

2. 掌握算法的基本概念。

3. 掌握基本数据结构及其操作。

4. 掌握基本排序和查找算法。

5. 掌握逐步求精的结构化程序设计方法。

6. 掌握软件工程的基本方法，具有初步应用相关技术进行软件开发的能力。

7. 掌握数据库的基本知识，了解关系数据库的设计。

**考试内容**

**一、计算机系统**

1. 掌握计算机系统的结构。

2. 掌握计算机硬件系统结构，包括 CPU 的功能和组成，存储器分层体系，总线和外部设备。

3. 掌握操作系统的基本组成，包括进程管理、内存管理、目录和文件系统、I/O 设备管理。

**二、基本数据结构与算法**

1. 算法的基本概念：算法复杂度的概念和意义（时间复杂度与空间复杂度）。

2. 数据结构的定义：数据的逻辑结构与存储结构；数据结构的图形表示；线性结构与非线性结构的概念。

3. 线性表的定义；线性表的顺序存储结构及其插入与删除运算。

4. 栈和队列的定义；栈和队列的顺序存储结构及其基本运算。

5. 线性单链表、双向链表与循环链表的结构及其基本运算。

6. 树的基本概念；二叉树的定义及其存储结构；二叉树的前序、中序和后序遍历。

7. 顺序查找与二分法查找算法；基本排序算法（交换类排序，选择类排序，插入类排序）。

**三、程序设计基础**

1. 程序设计方法与风格。

2. 结构化程序设计。

3. 面向对象的程序设计方法，对象，方法，属性及继承与多态性。

**四、软件工程基础**

1. 软件工程基本概念，软件生命周期概念，软件工具与软件开发环境。

2. 结构化分析方法，数据流图，数据字典，软件需求规格说明书。

3. 结构化设计方法，总体设计与详细设计。

4. 软件测试的方法，白盒测试与黑盒测试，测试用例设计，软件测试的实施，单元测试、集成测试和系统测试。

　　5. 程序的调试，静态调试与动态调试。

## 五、数据库设计基础

　　1. 数据库的基本概念：数据库，数据库管理系统，数据库系统。

　　2. 数据模型，实体联系模型及 E-R 图，从 E-R 图导出关系数据模型。

　　3. 关系代数运算，包括集合运算及选择、投影、连接运算，数据库规范化理论。

　　4. 数据库设计方法和步骤：需求分析、概念设计、逻辑设计和物理设计的相关策略。

### 考试方式

　　1. 公共基础知识不单独考试，与其他二级科目组合在一起，作为二级科目考核内容的一部分。

　　2. 上机考试，10 道单项选择题，占 10 分。

# 附录 C　全国计算机等级考试二级 MS Office 高级应用考试大纲（2018 年版修订版）

**基本要求**

1. 正确采集信息并能在文字处理软件 Word、电子表格软件 Excel、演示文稿制作软件 PowerPoint 中熟练应用。

2. 掌握 Word 的操作技能，并熟练应用编制文档。

3. 掌握 Excel 的操作技能，并熟练应用进行数据计算及分析。

4. 掌握 PowerPoint 的操作技能，并熟练应用制作演示文稿。

**考试内容**

**一、Microsoft Office 应用基础**

1. Office 应用界面使用和功能设置。

2. Office 各模块之间的信息共享。

**二、Word 的功能和使用**

1. Word 的基本功能，文档的创建、编辑、保存、打印和保护等基本操作。

2. 设置字体和段落格式、应用文档样式和主题、调整页面布局等排版操作。

3. 文档中表格的制作与编辑。

4. 文档中图形、图像（片）对象的编辑和处理，文本框和文档部件的使用，符号与数学公式的输入与编辑。

5. 文档的分栏、分页和分节操作，文档页眉、页脚的设置，文档内容引用操作。

6. 文档审阅和修订。

7. 利用邮件合并功能批量制作和处理文档。

8. 多窗口和多文档的编辑，文档视图的使用。

9. 分析图文素材，并根据需求提取相关信息引用到 Word 文档中。

**三、Excel 的功能和使用**

1. Excel 的基本功能，工作簿和工作表的基本操作，工作视图的控制。

2. 工作表数据的输入、编辑和修改。

3. 单元格格式化操作、数据格式的设置。

4. 工作簿和工作表的保护、共享及修订。

5. 单元格的引用、公式和函数的使用。

6. 多个工作表的联动操作。

7. 迷你图和图表的创建、编辑与修饰。

8. 数据的排序、筛选、分类汇总、分组显示和合并计算。

9. 数据透视表和数据透视图的使用。

10. 数据模拟分析和运算。

11. 宏功能的简单使用。

12. 获取外部数据并分析处理。

13. 分析数据素材，并根据需求提取相关信息引用到 Excel 文档中。

### 四、PowerPoint 的功能和使用

1. PowerPoint 的基本功能和基本操作，演示文稿的视图模式和使用。

2. 演示文稿中幻灯片的主题设置、背景设置、母版制作和使用。

3. 幻灯片中文本、图形、SmartArt、图像（片）、图表、音频、视频、艺术字等对象的编辑和应用。

4. 幻灯片中对象动画、幻灯片切换效果、链接操作等交互设置。

5. 幻灯片放映设置，演示文稿的打包和输出。

6. 分析图文素材，并根据需求提取相关信息引用到 PowerPoint 文档中。

### 考试方式

上机考试，考试时长 120 分钟，满分 100 分。

#### 一、题型及分值

单项选择题 20 分（含公共基础知识部分 10 分）；

Word 操作 30 分；

Excel 操作 30 分；

PowerPoint 操作 20 分。

#### 二、考试环境

操作系统：中文版 Windows7。

考试环境：Microsoft Office 2010。

注：自 2021 年起，二级 MS Office 高级应用软件升级到 MS Office 2016（中文专业版）。

# 参 考 文 献

1. 教育部考试中心 . 全国计算机等级考试二级教程——MS Office 高级应用 [M]. 北京：高等教育出版社，2016.

2. 教育部考试中心 . 全国计算机等级考试二级教程——公共基础知识 [M]. 北京：高等教育出版社，2019.

3. 全国计算机等级考试上机考试题库 [M]. 四川：电子科技大学出版社，2019.

4. 全国计算机等级考试模拟考场 [M]. 四川：电子科技大学出版社，2019.

5. 刘艳慧 . 大学计算机应用基础教程（Windows7+MSOffice2010）[M]. 北京：人民邮电出版社，2016.

6. 刘艳慧 . 大学计算机应用基础实践教程（Windows7+MSOffice2010）[M]. 北京：人民邮电出版社，2019.

7. 石永福 . 大学计算机基础教程（第二版）[M]. 北京：清华大学出版社，2014.

8. 崔婕 .Excel 在财务管理中的应用 [M]. 北京：人民邮电出版社，2014.

9. 沈伟 .Office 高级应用案例教程 [M]. 北京：人民邮电出版社，2015.

10. 许久成、王岁花 . 大学计算机基础（修订版）[M]. 北京：科学出版社，2013.

11. 张志敏 . 大学计算机基础及上机指导 [M]. 北京：清华大学出版社，2012.

12 马睿，李丽芬 . 大学计算机基础及应用 [M]. 北京：人民邮电出版社，2014.

13. 杨瑞良 . 大学计算机基础 [M]. 辽宁：东软电子出版社，2012.

14. 李廉 . 计算思维——概念与挑战 [J]. 中国大学教学，2012（01）：7—12.

15. 黄华生 . "新工科"理念下大学计算机基础教学中的计算思维培养 [J]. 软件工程，2019，22（12）：57—59.

16. 维克托·迈尔 - 舍恩伯格，肯尼斯·库克耶 . 大数据时代 [M]. 盛杨燕，周涛，译 . 浙江：浙江人民出版社，2015.

## 作者简介

刘艳慧，女，汉族，中共党员，1979 年 1 月生，甘肃酒泉人，西北师范大学知行学院副教授、教务处处长。

主持或参加完成各类项目 10 项，主编和参编教材 8 部，发表论文 12 篇。2017 年荣获甘肃省"园丁奖"优秀教师荣誉称号。近 5 年获得甘肃省高等教育教学成果奖省级二等奖（团体）2 次，甘肃省高等教育教学成果奖教育厅级奖（团体）2 次，校级青年教师讲课比赛三等奖 2 次。同时，指导学生参加中国大学生计算机设计大赛获国家级三等奖、西北赛区一等奖，指导学生参加全国大学生电子设计大赛获甘肃赛区特等奖，指导学生参加大学生"创新杯"计算机应用能力竞赛、"挑战杯"甘肃省大学生课外学术科技作品竞赛、全国信息技术应用水平大赛等比赛并获多个奖项，实践经验丰富。